"十三五"江苏省高等学校重点教材(编号:2019-2-018)

兵器科学与技术丛书

Small Arms Ammunition

自动武器弹药学

吴志林 李忠新 刘坤 贺琪 霍永清 编著

北京理工大学出版社
BEIJING INSTITUTE OF TECHNOLOGY PRESS

内 容 简 介

本书主要介绍自动武器弹药的基础知识、弹药结构、作用原理、总体设计与结构设计，结构特征量、发射强度、飞行稳定性分析与计算，以及药筒（弹壳）设计等内容。附录中介绍了自动武器弹药性能测试及有关问题的讨论。

本书可作为自动武器、弹药工程等专业本科生的教材，也可以作为相关专业的本科生、研究生选修课教材或参考书，同时也可供从事步兵自动武器及弹药研究、设计、生产的工程技术人员使用。

版权专有　侵权必究

图书在版编目（CIP）数据

自动武器弹药学／吴志林等编著．—北京：北京理工大学出版社，2020.3（2025.1重印）
ISBN 978-7-5682-7078-6

Ⅰ.①自…　Ⅱ.①吴…　Ⅲ.①自动武器－弹药－高等学校－教材　Ⅳ.①TJ41

中国版本图书馆 CIP 数据核字（2019）第 098091 号

出版发行 ／ 北京理工大学出版社有限责任公司
社　　址 ／ 北京市海淀区中关村南大街 5 号
邮　　编 ／ 100081
电　　话 ／ (010)68914775（总编室）
　　　　　　(010)82562903（教材售后服务热线）
　　　　　　(010)68948351（其他图书服务热线）
网　　址 ／ http://www.bitpress.com.cn
经　　销 ／ 全国各地新华书店
印　　刷 ／ 廊坊市印艺阁数字科技有限公司
开　　本 ／ 787 毫米 × 1092 毫米　1/16
印　　张 ／ 15　　　　　　　　　　　　　　　　责任编辑 ／ 王玲玲
字　　数 ／ 342 千字　　　　　　　　　　　　　　文案编辑 ／ 王玲玲
版　　次 ／ 2020 年 3 月第 1 版　2025 年 1 月第 2 次印刷　责任校对 ／ 周瑞红
定　　价 ／ 54.00 元　　　　　　　　　　　　　　责任印制 ／ 李志强

图书出现印装质量问题，请拨打售后服务热线，本社负责调换

前 言

自动武器弹药主要是指枪弹和自动榴弹发射器用弹药等。20 世纪 80 年代以来，我国自动武器弹药从过去的仿制、仿研进入自主研制阶段，一大批新型枪弹陆续设计定型并装备部队。为了适应国防现代化人才培养、教学和科研的需要，我们把最近 30 年的科研最新成果融入本书内容中。

本书主要介绍了自动武器弹药的一般知识、战术技术指标要求和研制与试验程序、构造组成、装药基本知识，以及自动武器弹药作用及其原理，在此基础上，介绍自动武器弹药总体与结构设计、结构特征量计算与测试、弹丸发射强度与飞行稳定性计算及药筒（弹壳）的设计与计算。

本书正文共 8 章，附录 3 部分。第 1~4 章主要由南京理工大学吴志林教授编著，第 5、6 章由李忠新副教授编著，第 7、8 章由刘坤副教授编著，附录章节及正文中部分结构内容由国营第 791 厂贺琪研高工、451 厂霍永清研高工编著和校阅。在本书编著过程中，得到了 791 厂程永全研高工、赵智研高工，451 厂吴胜荣研高工、陈一进研高工等专家的大力支持，同时参考了大量国内外文献资料；博士生冯杰、蔡松、陈川琳、蒋明飞、黄陈磊、许辉、谢凯及硕士生李坤全、梅武松、王鹏宇、刁贞君、孙维亚、宋凯、张瑞洁等在本书编著过程中完成了很多资料的查阅、校对和绘制插图等工作，在此一并表示感谢。同时，感谢国家自然科学基金（11372137，11602025）和武器装备预先研究项目（301090102）的资助和支持。

本书可作为自动武器、弹药工程等专业本科生的教材，也可以作为相关专业的本科生、研究生选修课教材或参考书，同时也可供从事步兵自动武器及弹药研究、设计、生产的工程技术人员使用。由于作者水平有限，书中不妥之处在所难免，恳请读者批评指正，并提宝贵意见，在此表示衷心的感谢。

编著者

目 录
CONTENTS

第1章 概论 ·· 001
  1.1 自动武器弹药的一般知识 ··· 001
    1.1.1 自动武器弹药组成 ··· 001
    1.1.2 自动武器弹药分类 ··· 002
  1.2 对自动武器弹药的战术技术要求 ·· 004
    1.2.1 威力要求 ··· 004
    1.2.2 作用可靠性要求 ·· 007
    1.2.3 勤务性要求 ··· 007
    1.2.4 生产经济性要求 ·· 008
  1.3 自动武器弹药研制程序 ·· 008
    1.3.1 设计任务的提出 ·· 008
    1.3.2 自动武器弹药研制程序 ··· 009

第2章 自动武器弹药的构造 ·· 016
  2.1 自动武器弹药的结构组成 ··· 016
  2.2 弹丸的构造 ·· 018
    2.2.1 枪弹弹头 ·· 018
    2.2.2 榴弹发射器用弹药 ··· 027
  2.3 药筒（弹壳）的构造和作用 ·· 030
    2.3.1 弹壳的分类 ··· 031
    2.3.2 药筒（弹壳）的构造 ··· 033
    2.3.3 可燃弹壳、无壳枪弹和高低压弹壳 ······································· 034
  2.4 底火的构造和作用 ··· 035

第3章 自动武器弹药装药基础知识 ··· 038
  3.1 自动武器弹药用发射药 ·· 038

3.1.1 发射药组成 ·· 038
3.1.2 发射药分类 ·· 039
3.1.3 发射药的一般性能 ·· 043
3.1.4 发射药的选择原则 ·· 046
3.1.5 发射药的标识 ·· 050
3.1.6 发射药装药量的确定 ·· 051
3.2 自动武器弹药用炸药 ·· 052
3.2.1 炸药爆炸的特征 ·· 052
3.2.2 炸药的分类 ·· 052
3.2.3 炸药的爆炸作用 ·· 053
3.2.4 几种常用的猛炸药 ·· 054
3.3 自动武器弹药用烟火剂 ··· 057

第4章 自动武器弹药的作用原理 ·· 061

4.1 杀伤作用 ·· 061
4.1.1 杀伤破片形成机理 ·· 061
4.1.2 榴弹杀伤破片作用的测试方法 ···························· 062
4.1.3 弹头及破片对有机体的致伤机理 ························ 066
4.1.4 影响杀伤作用的因素 ·· 067
4.1.5 致伤效应的判据 ·· 070
4.2 穿甲作用 ·· 072
4.2.1 穿甲作用分类 ·· 072
4.2.2 弹丸撞击装甲靶板作用机理简介 ························ 074
4.2.3 弹丸撞击装甲靶板破坏的几种形式 ····················· 077
4.2.4 倾斜穿甲和跳弹 ·· 078
4.2.5 穿甲计算的经验公式 ·· 080
4.2.6 影响穿甲作用的因素 ·· 082
4.3 破甲作用 ·· 083
4.3.1 聚能效应 ··· 083
4.3.2 破甲深度计算 ·· 087
4.3.3 影响破甲效应的因素 ·· 090

第5章 自动武器弹药的总体和结构设计 ······························· 102

5.1 总体设计 ·· 102
5.1.1 总体设计过程 ·· 102
5.1.2 弹种的选择 ·· 103
5.1.3 弹丸质量的确定 ·· 103
5.2 弹丸结构方案设计 ·· 105
5.2.1 弹丸外形结构 ·· 106

5.2.2	弹丸内腔结构	111
5.2.3	脱壳弹结构	116
5.3	炸药和引信的设计	123
5.3.1	炸药的结构设计与选择	123
5.3.2	引信的设计与选择	124

第6章　结构特征量计算与测量　126

6.1	基本计算法	126
6.1.1	截锥体	126
6.1.2	圆弧回转体	128
6.1.3	圆弧回转体母线半径的圆心有下移量时结构特征量的计算	130
6.2	弹丸结构特征量的计算	131
6.2.1	弹丸质量 M	131
6.2.2	弹丸质心位置 X_c	132
6.2.3	弹丸极转动惯量 A	132
6.2.4	弹丸的赤道转动惯量 B	132
6.3	弹丸结构特征量的测量	133
6.3.1	弹丸质心位置的测定方法	133
6.3.2	弹丸质量偏心距的测定方法	134
6.3.3	弹丸极转动惯量和赤道转动惯量的测定方法	135

第7章　弹丸发射强度及飞行稳定性计算　138

7.1	发射时的受力分析	138
7.1.1	火药气体压力	138
7.1.2	惯性力	139
7.1.3	装填物压力	141
7.1.4	导转侧力	144
7.1.5	弹头圆柱部压力	146
7.1.6	不平衡力	147
7.1.7	摩擦力	147
7.2	弹丸发射时的强度	148
7.2.1	发射时弹体的应力与变形	148
7.2.2	发射时弹体强度计算	151
7.3	弹头壳的强度	155
7.3.1	弹头壳的膛内性能	156
7.3.2	弹头壳的膛外性能	156
7.4	弹丸的飞行稳定性	158
7.4.1	飞行稳定性的几种形式	158
7.4.2	旋转弹丸的飞行稳定性	160

第 8 章　药筒（弹壳）设计 ……………………………………………………… 168

8.1　药筒材料及各部分尺寸的确定 …………………………………………… 169
  - 8.1.1　药筒材料 ………………………………………………………… 169
  - 8.1.2　药筒的瓶形系数 ………………………………………………… 170
  - 8.1.3　药筒各部分尺寸的确定 ………………………………………… 171

8.2　初始间隙的选择 …………………………………………………………… 182

8.3　抽壳理论 …………………………………………………………………… 185
  - 8.3.1　射击过程中药筒的移动和变形 ………………………………… 185
  - 8.3.2　抽壳理论 ………………………………………………………… 186

8.4　最终间隙计算 ……………………………………………………………… 190
  - 8.4.1　第一种计算方法 ………………………………………………… 191
  - 8.4.2　第二种计算方法 ………………………………………………… 196

8.5　抽壳力的计算 ……………………………………………………………… 199
  - 8.5.1　在一定膛压下抽壳时抽壳力的计算 …………………………… 199
  - 8.5.2　膛压降至大气压时抽壳力的计算 ……………………………… 203

8.6　影响抽壳力的因素 ………………………………………………………… 204
  - 8.6.1　药筒的材料和力学性能 ………………………………………… 204
  - 8.6.2　药筒尺寸 ………………………………………………………… 206
  - 8.6.3　初始间隙 ………………………………………………………… 206
  - 8.6.4　最大膛压 ………………………………………………………… 207
  - 8.6.5　弹膛的壁厚 ……………………………………………………… 208
  - 8.6.6　药筒与弹膛的表面状态 ………………………………………… 209
  - 8.6.7　闭锁机构的刚度 ………………………………………………… 209
  - 8.6.8　抽壳时机 ………………………………………………………… 209
  - 8.6.9　弹膛温度 ………………………………………………………… 209

8.7　药筒的强度校核 …………………………………………………………… 209
  - 8.7.1　药筒的轴向变形 ………………………………………………… 210
  - 8.7.2　药筒壁的强度 …………………………………………………… 211
  - 8.7.3　药筒底缘的强度 ………………………………………………… 213
  - 8.7.4　药筒底部的强度 ………………………………………………… 213

附录　枪弹主要性能测试及有关问题 …………………………………………… 216

F1　速度测试 …………………………………………………………………… 216
  - F1.1　速度特征值 ……………………………………………………… 216
  - F1.2　枪弹速度测试方法 ……………………………………………… 217
  - F1.3　关于速度的极差与标准偏差 …………………………………… 218
  - F1.4　关于速度的高低温性能的讨论 ………………………………… 219

F2　膛压测试 …………………………………………………………………… 220
  - F2.1　膛压特征值 ……………………………………………………… 220

  F2.2 膛压的测试方法 ·· 221
  F2.3 有关测压问题的讨论 ·· 221
 F3 射击密集度测试 ·· 223
  F3.1 射弹散布的基本特征 ·· 223
  F3.2 射击密集度的特征值及测量计算方法 ······································ 223
  F3.3 对射击密集度的有关讨论 ··· 224
参考文献 ··· 227

第 1 章
概　　论

自动武器弹药通常是指由自动武器发射，能对人员、器材、车辆或其他目标起毁伤作用或完成其他作战任务的弹药。本书所写的自动武器弹药，主要包括枪弹、自动榴弹发射器用弹药等。本章主要介绍自动武器弹药的一般知识、自动武器弹药战术技术要求和研制试验程序等内容。

1.1　自动武器弹药的一般知识

1.1.1　自动武器弹药组成

自动武器弹药一般由弹丸、药筒、发射药和火帽四部分组成，在枪弹中习惯将弹丸称为弹头，药筒称为弹壳，火帽称为底火，如图 1.1.1～图 1.1.4 所示。其中图 1.1.1 是 53 式 7.62 mm 普通弹总体结构组成图，图 1.1.2 是普通弹弹头组成图，图 1.1.3 是 54 式 12.7 mm 穿甲燃烧弹照片，图 1.1.4 是 02 式 14.5 mm 脱壳穿甲燃烧曳光弹照片。

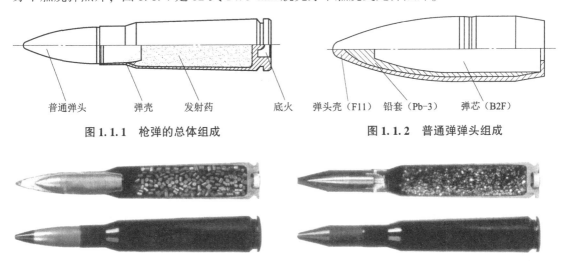

图 1.1.1　枪弹的总体组成　　　　　图 1.1.2　普通弹弹头组成

图 1.1.3　54 式 12.7 mm 穿甲燃烧弹照片　　图 1.1.4　02 式 14.5 mm 脱壳穿甲燃烧曳光弹照片

首先介绍一下枪弹和炮弹在口径上的区分方法，从用途看，枪弹和炮弹都是用来杀伤和破坏目标的。一般来说，枪弹和炮弹以口径来区分，以 20 mm 为界限，口径大于 20 mm 的称为"炮弹"，小于 20 mm 的称为"枪弹"。但军用榴弹发射器弹药口径一般都大于20 mm，美国为 30 mm，中国为 35 mm，俄罗斯为 40 mm。本书在介绍自动武器弹药时以枪弹为主，其他弹药如自动榴弹发射器弹药主要介绍其与枪弹的差异。

一般而言，枪弹弹头结构可分为弹头壳、铅套和弹芯（内部配件）三部分，如图 1.1.2 所示。弹头壳是用来保持弹头外形，组合各元件成为一个整体，并在发射时嵌入膛线赋予弹头旋转运动的元件。铅套的作用是在弹头装配时，易使各元件填充紧密，发射时缓冲弹头嵌入膛线时所承受的压力，防止内部配件被压坏，还能减少对枪膛的磨损。例如普通钢芯、穿甲钢芯、曳光管、击针等。

自动榴弹发射器弹药与枪弹总体组成基本相同，都是由弹丸、发射药、药筒和底火四部分组成的。其弹丸结构比枪弹相对复杂得多，主要可分为引信、弹体、战斗部三部分，战斗部会因弹丸种类不同而有所不同，如杀伤弹战斗部就由预制破片、炸药柱、垫圈和下垫片四部分组成，如图 1.1.5 所示。

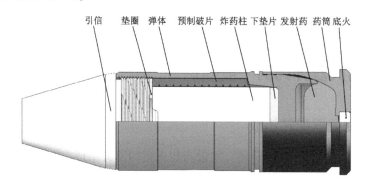

图 1.1.5　自动榴弹发射器用破甲杀伤弹组成图

1.1.2　自动武器弹药分类

在步兵分队中装备着不同战斗用途的步兵武器，并且同一种步兵武器需对不同的地面目标和空中目标进行射击，因而需要各种不同用途的弹药，所以弹药的种类很多并且有不同的分类方式。

1. 按配属武器分类

自动武器弹药按配属武器，可分为枪弹、榴弹发射器用弹药、霰弹等。

枪弹按配属枪种，可分为：

①手枪弹，配属手枪和冲锋枪的枪弹，如 7.62 mm 手枪弹、5.8 mm 手枪弹、5.7 mm 手枪弹、9 mm 手枪弹、.45 手枪弹等。

②步机枪弹，配属步枪、班用机枪、通用机枪、狙击步枪等武器的枪弹，如 5.8 mm 步枪弹、5.8 mm 机枪弹、7.62 mm 步枪弹、7.62 mm 狙击步枪弹、8.6 mm 狙击步枪弹等。

③大口径机枪弹，配属大口径重机枪、高射机枪等武器的枪弹，如 12.7 mm 机枪弹、14.5 mm 机枪弹等。

④榴弹发射器用弹药，配属榴弹发射器的各类弹药，如自动榴弹发射器用的破甲杀伤弹、地面标识弹等，枪挂榴弹发射器用榴弹，还有防暴榴弹发射器用 35 mm 系列防暴弹

药等。

2. 按战术用途分类

自动武器弹药按战术用途,分为战斗用弹药、辅助用弹药两类,如图1.1.6所示。

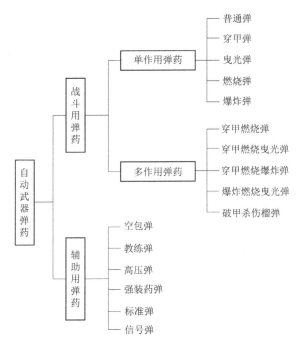

图1.1.6 自动武器弹药分类

战斗用弹:主要指供直接杀伤敌有生力量和摧毁目标的弹药,如普通弹、穿甲弹、曳光弹、燃烧弹、爆炸弹等单作用弹药,双头弹、穿甲燃烧弹、穿甲曳光弹、穿甲燃烧曳光弹、穿甲燃烧爆炸弹、自动榴弹发射器破甲杀伤弹等多作用弹药等。目前,枪弹中爆炸弹因爆炸作用有限、安全性能不足等因素,在列装枪弹中已不再装备。

辅助用弹:主要用于供完成某些特殊战斗任务、靶场试验、部队训练及教学目的的弹药,如照明、烟幕弹、信号弹、空包弹、教练弹、地面标示弹等。

3. 按口径分类

自动武器弹药按口径分,可以分为四类,前三类主要是枪弹,第四类是榴弹发射器用弹药,即:

①口径在6 mm以下的为小口径枪弹,如德国的4.7 mm枪弹、北约的5.56 mm枪弹、俄罗斯的5.45 mm枪弹、中国的5.8 mm枪弹等。

②6~12 mm口径的称为普通口径枪弹,如6.5 mm、6.8 mm、7.62 mm、8 mm、8.6 mm、9 mm、10 mm、.30、.38、.40、.45等口径枪弹。

③12~20 mm口径的为大口径枪弹,如俄罗斯和中国的12.7 mm机枪弹、14.5 mm机枪弹,北约的.50机枪弹,奥地利的15.2 mm机枪弹等。

④榴弹发射器弹药一般都是20 mm以上口径,如俄罗斯的30 mm榴弹、中国的35 mm口径榴弹、美国的40 mm榴弹,单兵综合作战系统中20 mm枪挂榴弹,班组作战武器系统25 mm榴弹,防暴榴弹发射器有35 mm、38 mm和40 mm榴弹等。

4. 按稳定方式分类

按稳定方式，可分为旋转稳定式弹药和尾翼稳定式弹药两类。

对于自动武器弹药而言，绝大多数都是旋转稳定弹药，目前国内列装弹药尚没有尾翼稳定弹药，正在研制的自动武器修正弹药中有尾翼稳定弹药。

5. 按控制程度分类

根据对弹药的控制程度，可将其分为无控弹药、修正弹药和制导弹药。

无控弹药：整个飞行弹道上无探测、识别、控制和导引能力的弹药，普通枪弹和榴弹发射器弹药属于这一类。

修正弹药：在外弹道某段上或目标区具有一定的探测、识别、导引跟踪功能并对弹丸飞行轨迹进行修正的弹药，如修正榴弹。

制导弹药：在外弹道上具有探测、识别、导引跟踪并攻击目标能力的弹药，如目前正在预研的制导枪弹或制导榴弹。

弹道修正弹药和制导弹药是未来发展的一个重要方向。

1.2　对自动武器弹药的战术技术要求

自动武器弹药的战术技术要求是设计弹药的基本依据，它是根据战术上的必要性和技术上的可能性提出来的。对自动武器弹药的战术技术要求一般可概括为四个方面：威力要求、作用可靠性要求、勤务性要求和生产经济性要求。

1.2.1　威力要求

自动武器弹药的威力是指弹头（丸）在一定距离上杀伤、破坏目标的能力，这种能力与弹头（丸）对目标的作用效果、精度和弹道性能等有关。

自动武器的威力用下式表示

$$M = E \cdot n \cdot P \tag{1.2.1}$$

式中，M 为威力；E 为击中目标的能量；n 为战斗射速；P 为命中率。

可见，自动武器的威力 M 与击中目标的能量 E、战斗射速 n 和命中率 P 相关。能量 E 是保证武器威力的必要条件，但不是决定条件，对目标的破坏效果，不仅取决于能量大小，更主要的是取决于侵彻目标过程中传递给目标能量的多少，能量传递越多，对目标的破坏效果越好。战斗射速 n 和命中率 P 关系到对目标的命中概率，命中概率越高，武器威力越大。

1. 弹头（丸）对目标的作用效果

弹头（丸）对目标的作用效果与弹头（丸）的种类、结构、材料及目标的性质等有关，各种不同用途的弹头（丸）对它们有不同的要求，评定的标准也随目标的性质与弹头（丸）的性能不同而异。

例如，普通枪弹主要用于杀伤有生目标，所以它对目标的作用效果主要以杀伤作用来评定；穿甲枪弹主要用于射击装甲目标，所以它对目标的作用效果首先以穿甲作用来评定；榴弹发射器用杀伤弹以杀伤目标为主，故通常以杀伤半径或杀伤面积来评定。

2. 射击精度

要使弹头（丸）能够杀伤或破坏目标，其首要的条件是要能打得准，即要求它的命中率高。只有命中精度高，才能在短时间内用最少量的弹药消灭敌人。为此，就要求弹头有良好的射击准确度和合理的散布密集度，几种步枪发射 5.56 mm 枪弹时的散布如图 1.2.1 所示。

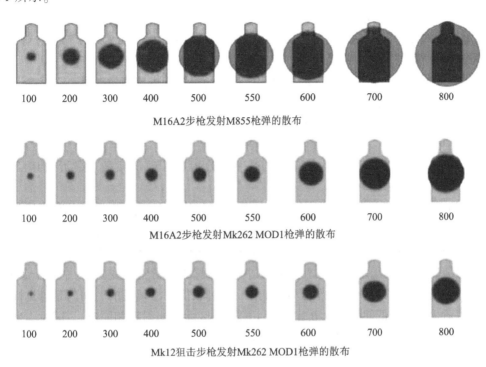

图 1.2.1　几种步枪发射 5.56 mm 枪弹时的散布示意图

射击准确度是指射弹散布中心与目标中心的偏差，对于狙击武器而言，就是指射弹落点与目标点的偏离程度。

射击散布密集度是指射弹的密集程度，通常用射弹散布的中间误差来表示。通常有以下几种表示方式：

1) 散布圆半径，如半数散布圆半径 R_{50}、全数散布圆半径 R_{100}，这是枪弹最常用的方式。对狙击步枪弹来说，最常用的是全数散布圆直径 D_{100}，即射击 3 发或者 5 发的全部散布圆直径。

2) 中间误差，包括距离中间误差 E_x、高低中间误差 E_y 和方向中间误差 E_z，一般枪弹或者榴弹通常用高低和方向中间误差表示。

产生射弹散布的原因是多方面的，有武器和弹药发射时的差异等原因：

①弹丸质量公差；

②发射药质量公差；

③发射药药形尺寸公差导致火药燃烧的不一致；

④发射时环境温度不一致；

⑤弹药膛内位置不一致导致弹丸挤进过程的差异；

⑥武器振动导致的身管弯曲变形不一致；
⑦各发弹的弹膛温度不一致；
⑧弹丸空中飞行时空气温度、密度的变化；
⑨飞行过程中风的大小和方向在不同时刻、不同位置的差异。

这些差异的存在，使得即使射击诸元完全相同，射弹也不会落在同一点上。

对于引起射弹散布的因素，除了环境因素难以人工控制和解决外，主要还是从弹、药自身，以及弹和武器匹配等方面来努力提高射弹密集度，其途径就是要减小初速、弹道系数、射角和膛口章动角的散布。具体地说，有如下几个方面：

①弹的质量、弹形和尺寸、火药成分和质量、药室容积等要尽量一致；
②弹头（丸）质量偏心、推力偏心和枪口章动角等要尽量减小；
③弹头（丸）要有足够的飞行稳定性等。

3. 弹道性能

武器弹道参数主要有口径、质量、初速、有效射程、弹形系数、最大膛压、药室容积等。

良好的弹道性能是弹头（丸）命中目标的保证条件。在具体设计时，还需考虑所设计弹种各个方面的要求，综合考虑确定。例如普通枪弹，它除要求有良好的弹道性能外，还要求弹头命中目标后能产生较大的杀伤效果。这就需要全面考虑各个方面的要求。

在步兵武器战斗使用条件下（直接瞄准射击，目标距离常常改变），为了易于命中目标，应该力求使弹道诸元的组合能使弹道尽量低伸，使弹头能在尽量短的时间内到达目标。由图1.2.2 可以看出，比较低伸的弹道 B 比弹道 A 的杀伤区大（当射程相同时）。同时，当目标移近时，可避免变动表尺。为了得到低伸的弹道，可以采取提高初速（如增加装填密度、增加装药量、改进火药性能、增长枪管等方法）或减小空气阻力（如改进弹形、增大断面密度等）的方法，但二者均有一定限制，合理的弹道方案也是保障射击精度的重要条件。

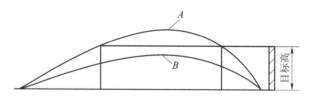

图 1.2.2 弹道比较

直射射程（直射距离）是衡量弹道低伸性能的标志，直射射程以最大弹道高等于目标高的全水平距离来表示，也就是不调整表尺，瞄准线上的弹道高不超过目标高的最大射击距离。根据第二次世界大战以来的作战频率统计，步枪 96% 的作战距离在 400 m 内，故自动步枪的直射距离定在 400 m 左右。

4. 连发精度

武器自动化带来的主要问题之一，是连发射击精度。影响连发精度的因素很多，但就弹道方案本身而言，主要与枪口冲量有关。

如美 M16 型 5.56 mm 自动步枪连发精度好，在 46 m（50 码）处，最大散布为 4.32 cm。在同等条件下，苏 AK47 型 7.62 mm 自动步枪最大散布为 9.14 cm，两者相差一倍多。究其原因,是 M16 型 5.56 mm 武器弹药系统的枪口冲量小,枪的可控性好。两种枪弹的枪口冲量对比见表 1.2.1。

表 1.2.1 两种枪弹枪口冲量对比

枪型	弹种	弹头质量/g	装药量/g	初速/(m·s^{-1})	枪口冲量/(kg·m·s^{-1})
苏 AK47	M43 型 7.62 mm 弹	7.9	1.6	735	0.79
美 M16	M193 型 5.56 mm 弹	3.56	1.8	990.6	0.58

1.2.2 作用可靠性要求

对弹药的作用可靠性要求,既要保证弹药在射击过程中安全和不发生故障,又要保证弹头(丸)在命中目标后可靠地起作用,以下为可靠性要求的几个实例:

①自动武器射速高,供弹时惯性力大,所以要求弹头(丸)与弹壳连接牢固,保证在装填时,弹头(丸)不被惯性力拔掉而发生故障;

②底火与弹壳间固定要牢固,击发时不允许有瞎火或迟发火现象;

③发射药引燃要可靠;

④弹壳要能顺利入膛,可靠闭气,保证强度,顺利退壳;

⑤弹头(丸)发射强度要足够,在膛内运动和空气中飞行时不破裂;

⑥曳光弹的曳光剂引燃要可靠,不产生短迹;

⑦燃烧弹在击中目标后应可靠发火;

⑧引信的保险机构应确实可靠;

⑨火工品和炸药能够承受强烈震动而不爆炸等。

弹药和武器系统的可靠性是武器适用、实用、好用的关键性指标。近年来,我国枪械系统在实弹演习过程中出现了诸多问题,其中大部分都是因可靠性不够,出现早发火、膛外发火、迟发火、弹头留膛等诸多现象。所以,在枪弹设计时,一定要处理好内弹道和外弹道的关系,以及枪弹匹配关系,以满足使用可靠性要求。

1.2.3 勤务性要求

勤务性要求主要是指弹药的运输、保管和供应方面的要求,具体要求如下:

①弹药在储存、运输、装填、携带时要绝对安全。

②弹药在储存时,对外界环境影响的敏感度要低,在各种使用条件下,能保持原有的性能不变,即弹头(丸)、弹壳不腐蚀生锈,发射药密封可靠、不受潮、不分解,火工品长期储存不失效,炸药不分解变质等。

③弹药供应方便,特别是在战时枪弹消耗量极大,供应及时就是个极其重要的问题。为此,希望枪弹具有通用性,即同口径的同级武器尽可能地使用同一种弹药。例如,半自动步枪、冲锋枪、班用轻机枪所配的枪弹要能通用。枪弹通用既简化了供应,又能使生产成本降低。

当然,根据战术要求的不同,也不能一味追求通用和简化供应等要求,如 10 式 5.8 mm

通用普通弹就是 21 世纪初我国追求 9 种枪械通用而设计的弹药，虽然研制成功，但因要兼顾到短步枪和通用机枪等各种枪械的作用效果，再加上与武器的匹配上欠系统考虑，从而出现了热偏、热散、枪管寿命不足等问题。

1.2.4 生产经济性要求

在现代战争中，自动武器弹药的消耗量很大，其生产经济性具有重要的意义。为了降低成本，在保证弹药战术技术要求的条件下，结构应尽可能简单，工艺性好，原材料便宜并应立足于国内，生产设备和工具不特殊，以便在战时有广大的动员范围。

上述对弹药的各项要求，它们既统一，又互相矛盾，促进了弹药的不断发展。当战术性能要求与生产经济性要求有矛盾时，一般来说，生产经济性应服从于战术性能要求；但在不大影响战术性能要求的情况下，应尽可能地使生产经济性好。战术性能要求之间也是互相矛盾的。例如，当口径一定时，为了减小空气阻力，就需要增加弹的质量和改善弹形，增加质量会影响初速和弹头（丸）的长度尺寸，良好的弹形会影响弹头（丸）的内腔容积，它们又会影响威力和飞行稳定性。因此，在具体设计时，需全面地看问题，要看到事物的各个侧面，创造条件，使矛盾向有利的方向转化。

1.3 自动武器弹药研制程序

随着科学的进步和技术的发展，战场上会不断出现新的目标，部队在装备序列、战术和使用方面会对武器和弹药提出各种新的要求，使武器和弹药不断改进或更新；生产技术的发展，新工艺、新材料的应用，使武器和弹药的生产经济性和动员性大为改善，也就为设计新的武器和弹药创造了条件。

1.3.1 设计任务的提出

自动武器弹药的设计任务就是从上述几方面的要求出发提出来的。例如，当目标防护能力加强时（如装甲增厚、采用防弹衣），要求提高弹药的侵彻能力；当目标运动速度加快时，要求提高弹丸飞行速度，缩短飞行时间；科学技术上出现新成就（如新材料、新能源、新工艺），也会引起弹药设计的改变，以提高性能和增加产量；工艺水平提高，采用代用材料来降低成本时，也需改变弹药设计，例如以钢弹壳代替铜弹壳、以钢心弹头代替铅芯弹头等。此外，在供应勤务方面也会对弹药提出改进意见。

设计新弹药一般有以下两种情况：

第一种情况是武器已定，仅改进弹药就能够满足所提出的战术技术要求。在这种情况下，设计的重点是弹丸。新设计的弹丸不仅威力应满足要求，还要适应已定武器的强度，更为重要的是，其外弹道应与原有弹药的外弹道有一定的一致性，以便使表尺通用或射表通用。

第二种情况是整个武器系统都要重新设计。这时涉及面较广，问题较复杂。对于诸如口径、弹的质量、药室容积、装药量、初速等主要参数，应反复分析论证及试验后再确定。对于弹种的配备、工艺性和经济性等问题，应全面慎重考虑，要从整个武器系统出发来优化设计方案。

1.3.2 自动武器弹药研制程序

随着科学技术的发展和现代战争的需求,对武器和弹药会提出各种新的使用要求,促使武器和弹药不断地改进或更新。按我国现行规定,一个新产品从无到有,要经过五个阶段,即方案论证、设计方案论证、工程研制、设计定型和生产定型,见表1.3.1。每个阶段都有明确的要求和具体的工作内容,只有在完成本阶段全部工作后,才能转入下一阶段,下面介绍弹药研制试验程序。

1. 方案论证

好的论证报告要求论点明确、论据翔实,达到必要性和可行性的统一。论证工作分为两部分,一是为供领导机关决策进行的研制任务论证,二是设计方案的论证。

(1) 研制任务论证

设计任务一般是由轻武器论证部门经过充分论证后形成论证报告,报请上级领导机关批准后提出来的。

(2) 宏观论证

主要任务是对我国轻武器发展方向、规划和装备体制的论证,根据现代战争的特点和国家总体战略,提出轻武器研制的规划和路线图。轻武器装备体制不是只从步兵一个兵种来考虑,而是要求从全军装备系统来制定。

宏观论证不只是定性的,也包括定量的内容。其中,"预测"是一项十分重要的任务,其对轻武器发展的近期、中期和远景规划的决策有直接影响。

(3) 型号论证

对于决策机构已确定或有某种意图要求研制的武器弹药,第一步是战术技术指标的论证。在论证中,战术使命是前提,总体设想是核心,战术技术指标是保证。总体设想是在当代科技发展水平条件下由主要战术使命决定的,而战术指标则是总体设想的具体体现。论证的深入程度主要体现在战术与技术的结合上,体现在战术必要性与技术可行性的协调、统一上。所有指标都是先进的,不一定是最佳的论证结果,因此,有时需要"折中"和平衡。

(4) 论证成果的评定

论证研究成果大多以论证报告、专题报告、咨询报告、调查(考察)报告、试验报告、信息分析报告等"软件"形式出现,一部分软件可以显现出经济效益,如某种武器弹药论证方案已转入型号研制并投入生产使用,但相当多的软件只有在决策机构认可、采纳后,才能产生效益。

2. 设计方案论证

设计方案论证就是把战术技术指标转化成一种技术可行的设计方案。所谓论,就是全面分析该弹药的作战使命及战术技术指标的内涵,科学地分析主要矛盾所在及突破口;所谓证,就是对构思的技术方案进行理论可行性分析和样品的试验验证。这就是在论证报告中所写的《对战术技术指标的分析和主要关键技术》《拟采取的技术措施和初步形成设计方案概述》及《技术措施实施效果和存在问题》等内容。就枪弹而言,这段工作所需时间较长,工作量较大,论证的充分与否将直接影响后续工作的顺利进行。为此,对初步设计进行认真的评审后再投入施工是非常必要的。

表 1.3.1　产品研制过程质量控制程序

阶段	方案阶段		工程研制阶段						设计定型阶段	
依据	战术技术要求		研制总要求						研制总要求	
性质	初步设计评审	技术方案评审	初样机设计评审	初样机评审	正样机设计评审	正样机工艺评审	正样机质量评审	正样机鉴定	定型产品检验	定型试验
形式	总师系统组织	上级主管部门组织	总师系统组织	上级主管部门组织	总师系统组织			上级主管部门组织	总师系统组织	指定试验基地组织
时机	完成初步设计	形成设计方案	完成初样机设计与技术攻关		正样机试制之前		交付正样机鉴定之前	正样机试验之后	交付试验基地之前	按年度计划进行
提供评审资料	原理样机有关图及其和说明计算	1. 方案论证报告 2. 研制工作总结 3. 原理样机试验报告 4. 质量保证文件及原理样机结构图	1. 初样机图样 2. 重大技术问题解决措施及结果 3. 试验情况汇总资料	1. 研制工作总结 2. 重大技术问题攻关报告 3. 试验报告 4. 初样机图样	1. 正样机设计工作报告 2. 设计计算说明书 3. 标准化工作执行情况说明	1. 工艺设计工作总结 2. 保证产品质量的工艺分析报告	1. 正样机试制、试验报告 2. 对产品质量可控性、稳定性的评估报告	按 GJB 1362A—2007 所规定的全部资料（初稿）	1. 产品图与制造规范 2. 验收规范 3. 产品试制总结 4. 定型批产品（包装标志）	1. 产品图与制造规范 2. 设计计算说明书 3. 定型批产品数量及质量证明书 4. 所用试验器材

续表

阶段	方案阶段	工程研制阶段					设计定型阶段	
评审要点	1. 对研制总要求理解程度及外弹道计算输出的正确性 2. 技术难点及技术突破口是否准确 3. 几种技术方案的构思依据及可能存在的技术风险	1. 不同方案优选的依据和优选结果 2. 所用方案的先进性、合理性、适用性、经济性 3. 满足战技指标的程度 4. 制定的质量保证文件是否切实可行 5. 主要技术问题解决的措施和程度	1. 产品图修改情况检查 2. 技术攻关的有效性及存在的问题 3. 方案评审组有关建议是否整改落实 4. 对试制、试验情况检查	1. 技术攻关所采取的措施及其有效性 2. 方案评审时，评审组有关建议是否整改落实 3. 试验结果的完整性、可靠性及达标程度 4. 标准化工作审查	1. 产品设计与技术指标调整情况 2. 系统与分系统之间接口设计的协调性 3. 系统参数误差设计的合理性 4. 设计更改验证情况	1. 工艺总方案评审 2. 对产品结构特点和特性要求的工艺分析是否正确 3. 产品设计和保证制造质量能力的分析 4. 需补充、完善的试制条件	1. 主要质量问题分析及纠正措施落实情况 2. 制造过程中质量保证工作的执行情况 3. 产品质量的自我评价 4. 工程设计的更改情况	1. 全部图样及技术文件完备正确程度及符合标准化要求程度 2. 产品达标能力是否存在问题是否形成闭环 4. 所用原材料是否有质量保证	经驻厂军代表抽验、出具产品质量说明书	1. 达到研制总要求和使用要求的程度 2. 存在的问题及处理意见
结论	能否投入施工	能否转阶段	能否申请进行方案评审	能否转阶段	能否进行正样机试制	能否进行正样机试制	能否进行正样机鉴定试验	能否转阶段	能否交付试验基地	能否通过设计定型

战术技术要求包含战术要求和技术要求。其中,战术要求体现了该弹药所担负的作战使命和战术任务,如有效射程、威力、射击精度、直射距离、弹道一致性、枪弹重量、药温系数及射击可靠性等;技术要求是为实现战术要求而采用的技术措施,如口径、初速、膛压、弹头重量、枪口冲量及勤务性能等。所以,设计方案的论证首先应满足战术性能要求,而战术要求是通过外弹道设计而实现的。可见,新产品论证应从外弹道设计开始,并以外弹道设计的输出参数(如口径、弹道系数、弹形系数、初速、弹头基本结构)来指导原理样机的结构设计和内弹道设计。

外弹道论证的输出结果是对型号产品进行总体布局设计,需利用所学专业知识和实践经验进行技术方案设计,在多种能满足战术技术指标的方案中进行优选,并作为重点研究发展对象。方案优选的原则是:照顾主要战术指标,兼顾其他指标;处理好外弹道性能需求与内弹道可行性的关系,做到协调一致;考虑结构设计与工艺可行性的关系。同时,所选择的方案应有一定的先进性、新颖性,并具有较强的技术进步亮点和特色。

方案阶段的必要试验是对技术方案可行性的初步验证,也是最终方案取舍的重要依据。由于此阶段的参试样品不止一种,且样品制作手段也不完善,设计上未经优化,试验带有探索性、模拟性、偶然性,故应慎重对待有关试验结果。对每一组试验数据应经过数理统计的科学处理,获得更接近真实情况的结论,并对每个参试样品的潜力做出科学的评估,以指导方案的进一步优化和最终选择。

3. 工程研制

工程研制就是把方案阶段形成的原理样机,经逐步改进,使之能满足战术技术要求,且其技术性能得以固化的研制过程。为了使产品设计定型试验一次通过,不留隐患,要求所发生的技术问题尽可能全部解决。因此,工程研制一般分为初样机和正样机两个程序进行,目的是增加一次评审,以便尽早发现问题,及时纠偏。

(1) 初样机研制

初样机研制是优化产品结构、确定设计参数、解决重大技术问题的重要阶段,其研究方法是通过对技术方案的试制、试验,发现问题并解决问题。

1) 样品试制

在经过工装、材料、加工设备准备后,即可投入样品试制。在试制过程中,设计人员应深入现场,并充分发挥操作者的作用,按设计要求认真加工样品,使每个零件或部件都达到原设计试图达到的水平,不可随意改动设计要求。如此强调这一过程是为了从试制中发现设计的合理性及原计算尺寸、重量等的准确性,如发现设计上的问题,需经慎重考虑后,及时修改产品设计图纸;如发现工装设计问题,应及时修改工装图纸。所有设计修改后,应在图纸上加以标识,以便追踪。样品试制不是一次完成,需经两次或多次才能达到设计合理状态。特别注意的是,在样品试制过程中,设计人员应详细做好样品技术参数和工艺参数记录;在样品未达到设计要求时,不可盲目进行射击试验,以防发生安全事故和造成浪费。

2) 技术攻关

由于弹药每个型号项目的设计输入不同,出现的技术问题也会各不相同。随着研制逐步深入,暴露的问题就越充分,技术攻关就是通过单项的或综合性的各种试验来发现问题并解决问题的过程。此阶段是整个研制工作的重头戏，其所用时间较长，工作量较大，对产品的最终技术和使用性能起着决定性作用。

技术攻关与解决其他技术问题的方法基本一致，即事实描述、原因分析、制定解决措施并加以验证。但解决问题的思路与解决生产中出现的技术问题的思路大不相同。已经设计定型的产品试生产过程中出现质量问题和质量波动时，只能在产品图、制造与验收规范的规定范围内，从人、机、料、法、环五种因素中查找原因；而研制阶段的技术攻关是从产品设计（包括弹头、弹壳、底火、发射药及所用枪械）、加工方法及试验方法等多方面查找原因，即应把枪、弹、药视为一个大系统，弹头、弹壳、底火、发射药视为子系统，通过产品结构、内外弹道参数、枪管内膛结构尺寸（包括弹膛和线膛）等调整来化解矛盾，使小系统有得有失，大系统协调统一，达到总体性能优越的效果。

3）编制研制总要求

在申请立项时提出的主要战术技术要求，要求侧重从该型号所担负的战术任务方面提出来，有些技术要求并未做出明确规定，其目的是给设计者留有"回旋"余地，以便使战术需求和技术可行性得到更好的统一。通过原理样机、初样机和技术攻关一系列工作后，产品设计日趋成熟，固有性能基本形成，对主要战术技术指标达标的程度和风险已能进行较准确的评估。在此条件下，需对研制工作做出总体安排和要求，即需编制《研制总要求》，以规范研制工作并作为设计定型的依据。

研制总要求的主要内容包括作战使用要求、总体技术方案、可靠性控制措施及研制进度、定型时间、经费预算等，其中重要的一项工作是对战术技术指标的细化，如对某指标的适当调整（一般不超过两项）、对某些指标的补充（如初速、膛压）或对某些指标判定方法的说明等，使战术指标更加完整和严谨，可操作性更强。

（2）正样机研制

正样机研制是对初样机的进一步完善，达到最终确定产品技术状态并加以固化的过程。

1）技术状态固化

产品技术状态固化的标志，是具备了可供产品试生产的产品图样、制造与验收规范、工装资料和简易工检规程。为此，需慎重确定产品图的每一个标注的合理性，如尺寸公差、底火与底火室的配合关系、底火装入深度与底火感度及与枪械的配合关系、底火击发能量、药面高度、火台高度、底火装入深度、击针突出量等极限状态；新配方击发药、曳光药剂的相容性和长储性等火工示性数测定；枪弹对枪械的适应性，如闭锁间隙校核及闭锁量规、口径塞规的制定、极限温度下射击可靠性等。

为了优化合理的设计参数和工艺参数，通常采用正交试验或容差设计。通过正交试验，确定影响某一性能的主次关系，进而选择最优参数；容差设计是考虑产品结构参数及零部件参数波动对产品性能的影响。有些结构参数及零部件的容差大时，会显著影响产品质量，对此应收小容差；某些参量或参数的容差较大时，对产品技术状态和良品率的影响并不明显，则容差可以适当放宽，做到宽严有度，既保证产品质量，又可减少不必要的损失。

2）提高工艺质量控制能力

产品质量是在设计和制造过程中形成的。所以，在正样机阶段，除对产品结构优化外，更重要的是加强工艺可控性研究。为此，应加大产品试制和试验数量，观察工艺方案的可行性和产品质量的可控性。在此工作中，重点关注枪弹性能的"三度"，即弹头射击密集度、弹壳强度和底火感度，此外，还要关注特种工艺（如热处理、表面处理）的稳定性、可控性，以及关键、重要工序的质量水平。在工艺质量攻关过程中，注意及时收集、整理工艺控制参数和工装改进情况，为编制工艺资料提供依据。通过对工艺设计的自我完善，为设计定型后顺利投入生产打下基础。

3）抓好三个评审

设计评审、工艺评审、质量评审是保证研制质量的重要环节，它与由上级主管部门组织的转段评审（方案评审、初样机评审、正样机鉴定、设计定型审查）不同。三个评审是承研单位对研制质量自我审查、自我完善的技术活动，根据各项目的难易程度和系统组成的复杂性，在每个阶段视具体情况组织评审工作。在正样机鉴定结束交付设计定型之前，必须对设计要求、达标程度、产品质量及质量保证能力，以及产品图样及技术文件的完整性、正确性和标准化工作进行全面、系统的审查，做出能否交付设计定型试验的意见，并接受上级主管部门的审查。

4. 设计定型

（1）定型批产品的试制

设计定型批产品的试制，是对设计能力和制造保障能力的综合考核。由于枪弹生产具有量大、工序多、流水线作业的特点，其产品质量只有通过在生产线上试制考核，才能真正得到体现。因此，定型批产品与工程阶段的试制品有本质的不同。主要差别是：试制数量增加，试制纳入承制单位新产品试制计划，试制过程中严格按图样、工检规程进行制造和检查，并完成由研制人员一手操控到研制人员与工序操作人员的对接。可见，通过定型批产品的试制，不但是为定型提供足够数量、满足战术技术指标和使用要求的产品，更重要的是对在试制数量增大，并使之处于小批量试生产条件下的产品的质量稳定性和工艺适应性的考核，以便发现问题，及时改进。

（2）设计定型批产品检验

定型批产品需经军事代表机构检验合格后，才能交付试验基地使用。通过检验，来证明产品主要战术指标达到研制总要求，产品的静态检查、勤务性能、射击功能等符合制造与验收规范的规定，产品技术状态已确定，产品验收所需测试条件已具备。同时，产品的检验过程也是设计定型试验的一次预演，从中发现准备工作的不足之处和注意事项，确保万无一失，一次成功。

（3）设计定型试验前的技术准备

为按时、保质、顺利进入试验基地，除做好产品的试制、试验外，还需做好以下技术准备：技术文件，有产品图、制造与验收规范、设计计算说明书、产品质量证明书；试验器材，如所提供的枪械、枪械量具、产品量具、钢板等的合格证及所用标准弹（或临时标准弹）的标准值。认真消化设计定型试验大纲和有关规定，以满足试验基地的需求。

（4）设计定型试验

设计定型是对产品的战术技术指标和作战使用性能进行全面考核，确认其达到批准的研制总要求和规定标准的活动。设计定型分为试验基地试验和部队试验，试验基地试验主要考核产品是否达到战术技术指标、作战使用要求和维修保障要求；部队试验主要考核产品在不同地区、不同环境下的使用性能和部队适应性。

对于设计定型工作，国家已有详细的程序和要求，并形成国军标，研制单位遵照执行即可。在此阶段，研制单位主要是做好定型批产品的试制，以及交付定型前的试验和评审工作。

5. 生产定型

生产定型是对产品批量生产的质量稳定性和成套、批量生产条件进行全面考核，确认其达到批量生产要求的活动。

需要生产定型的军工产品，在完成设计定型并经小批量试生产后，正式进行批量生产前，应进行生产定型。生产定型的工作程序，国家已有明确规定和要求，可参照有关国军标执行。

综上所述，一个型号项目从无到有，是经过研制人员科学地辛勤创造和众多专家参与的多次评审，最后才形成可供实施和保障军事行动的军工产品。为了认真总结设计经验和教训，在完成定型后，应进行一次认真的总结。一是应及时编制《产品研制履历》，从项目的开始，重要会议决策、重大技术问题解决、存在的问题等，按时间先后一一记录下来，为日后查阅作历史见证；二是应对某些技术问题进行由表及里的分析，从感性认识上升为理性认识，并形成专题报告或论文，以丰富设计理论和提高研制水平。从某种意义讲，产品能顺利通过定型并投入生产，至少能形成一本研制分析的专题报告或论文集，才能称得上是一次成功的研制。

第2章
自动武器弹药的构造

如第1章所述,自动武器弹药一般由弹丸、药筒、发射药和火帽四部分组成。本章将重点介绍自动武器弹药的总体构造,以及各种类型弹丸(弹头)、药筒(弹壳)、火帽(底火)的构造。

2.1 自动武器弹药的结构组成

自动武器弹药一般由弹丸(弹头)、药筒(弹壳)、发射药和火帽(底火)四部分组成。

图 2.1.1~图 2.1.8 分别为 51 式 7.62 mm 手枪弹、56 式 7.62 mm 步枪弹、87 式 5.8 mm 普通弹、89 式 12.7 mm 穿甲燃烧曳光弹、DGJ02 式 14.5 mm 钨芯脱壳穿甲燃烧曳光弹、DVD06 式 12.7 mm 双头弹、DBD09 式 18.4 mm 军用霰弹和 DFD87 式 35 mm 地面标示弹 8 种典型的自动武器弹药结构组成图。

(1) 51 式 7.62 mm 手枪弹(图 2.1.1)

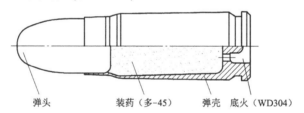

图 2.1.1　51 式 7.62 mm 手枪弹

(2) 56 式 7.62 mm 步枪弹(图 2.1.2)

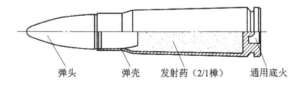

图 2.1.2　56 式 7.62 mm 步枪弹

(3) 87 式 5.8 mm 普通弹(图 2.1.3)

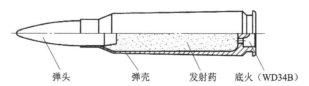

图 2.1.3　87 式 5.8 mm 普通弹

(4) 89 式 12.7 mm 穿甲燃烧曳光弹（图 2.1.4）

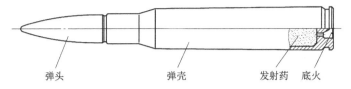

图 2.1.4　89 式 12.7 mm 穿甲燃烧曳光弹

(5) DGJ02 式 14.5 mm 钨芯脱壳穿甲燃烧曳光弹（图 2.1.5）

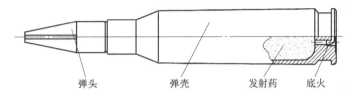

图 2.1.5　DGJ02 式 14.5 mm 钨芯脱壳穿甲燃烧曳光弹

(6) DVD06 式 12.7 mm 双头弹（图 2.1.6）

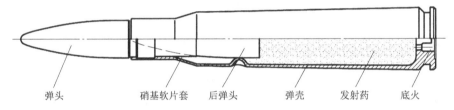

图 2.1.6　DVD06 式 12.7 mm 双头弹全弹结构

(7) DBD09 式 18.4 mm 军用霰弹（图 2.1.7）

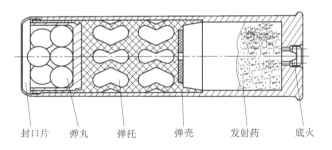

图 2.1.7　DBD09 式 18.4 mm 军用霰弹全弹结构

(8) DFD87 式 35 mm 地面标示弹（图 2.1.8）

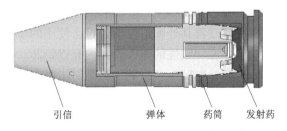

图 2.1.8　DFD87 式 35 mm 地面标示弹

2.2 弹丸的构造

2.2.1 枪弹弹头

1. 普通弹

普通弹主要用于杀伤人员、马匹等有生目标,它是手枪、步机枪的基本弹种,消耗量最大。

普通弹应满足的主要要求:杀伤效果优,射击密集度好,在有效射程内弹道低伸,结构简单,经济性和动员性好等。

普通弹设计时,一般用对目标的侵彻能力和杀伤效果来判定。侵彻能力是指弹头穿透目标的能力和对目标的破坏能力;杀伤效果是指使有生目标受到弹头作用后失去战斗力的能力。通过大量试验研究,影响穿透头盔、防弹衣等个体防护的主要因素是弹头的比动能、弹头的结构和飞行稳定性;影响杀伤能力的主要因素是传递给目标能量的多少和传递的速率。在侵彻过程中,弹头的比动能大,碰到目标时弹头变形量小,且飞行稳定,则侵彻能力强。弹头在生物体内变得不稳定,变形量大(甚至破碎),则传递给目标的能量多,传递的速率快,杀伤力大。在实战条件下,士兵都穿着军服和必要的防护装备,碰到这些防护物后,都会使弹头不同程度地失稳而增大杀伤效果。因此,在设计弹头时,更侧重保证侵彻威力。

普通弹常用结构:常见的普通弹弹头一般都是由弹头壳和弹心组成的,主要有两种形式,即两件套或三件套结构,下面分别介绍这两种典型的结构实例。

(1) 两件套结构弹头

两件套结构就是由弹头壳和铅芯两个零件组成,这在传统的手枪和步机枪弹、狙击步枪弹中比较普遍,图 2.2.1 和图 2.2.2 分别为 51 式 7.62 mm 手枪弹、64 式 7.62 mm 手枪弹弹头结构图。

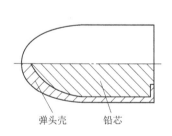

图 2.2.1 51 式 7.62 mm 手枪弹弹头

图 2.2.2 64 式 7.62 mm 手枪弹弹头

为了增大弹头的断面密度和改善其外弹道性能,过去使用的步机枪普通弹是铅芯弹,结构简单,就是外面是具有一定强度和塑性的弹头壳,内充以铅芯。铅的塑性好、密度大,易于加工,对膛线磨损小,弹头的长度较短,有利于提高射击密集度和延长枪管寿命。弹头壳是用紫铜、黄铜或铜镍合金制造的,也可用覆铜钢或低碳钢镀铜来制造。

图 2.2.3 为美国 M193 5.56 mm 铅芯普通弹弹头,它由黄铜弹头壳和铅芯组成。当时的设计思想为距离近、火力猛、机动性好,它充分显示了小口径武器的优越性,即大幅度减小

了弹药的质量,增加了弹药携带量;明显地提高了武器的点射精度;且有低伸的弹道、巨大的杀伤能力和良好的经济性等。

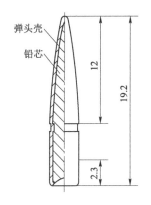 

图 2.2.3　M193 5.56 mm 普通弹弹头

(2) 三件套结构普通弹弹头

随着单兵防护能力的增强,对枪弹的侵彻能力要求越来越高,传统的手枪弹和步机枪弹开始转变为三件套结构。

常见的三件套结构弹头零部件也有几种形式,最典型的就是弹头壳、钢芯和铅柱或铅碗;弹头壳、铅套和钢芯。

第一种形式为普通弹头,由弹头壳、钢芯和铅柱或铅碗等三零件组成,如 DAP92 式 9 mm 手枪弹弹头(图 2.2.4)、DAP92 式 5.8 mm 手枪弹弹头(图 2.2.5)和 SS109 5.56 mm 普通弹弹头等。

手枪普通弹弹头采用钢芯加铅柱或铅芯前后布置这种结构,主要是为了提高手枪弹对一定防护目标的侵彻能力。这对 5.8 mm 手枪弹弹头显得尤其重要,这是因为弹头口径小、弹头质量小,需要增加侵彻能力才能击穿一定的防护。

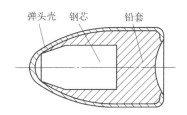 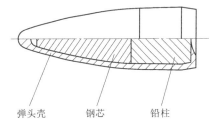

图 2.2.4　DAP92 式 9 mm 手枪弹弹头　　　图 2.2.5　DAP92 式 5.8 mm 手枪弹弹头

图 2.2.6 为比利时 SS109 5.56 mm 普通弹,它采用了前部是淬火钢芯、钢芯后部为铅柱,即采用钢/铅复合式弹芯结构,以提高其远距离的侵彻能力,它的杀伤性能比 M193 5.56 mm 普通弹有所降低。后部铅柱也有利于弹头嵌入膛线,降低弹头对枪管的磨损。

第二种为外面弹头壳、内部为铅套包覆钢芯的弹芯结构形式,这也是比较传统的三件套结构形式。铅套的作用主要是利用其嵌入膛线时铅的塑性变形好的特性,减少枪管磨损。

图 2.2.7 ~ 图 2.2.10 分别为 53 式 7.62 mm 普通弹、56 式 7.62 mm 普通弹、87 式 5.8 mm 普通弹、10A 式 5.8 mm 普通弹弹头的结构组成,常见普通弹诸元见表 2.2.1。

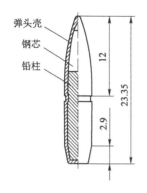 

图 2.2.6 SS109 5.56 mm 普通弹弹头

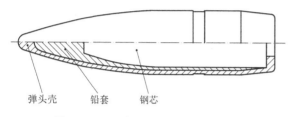 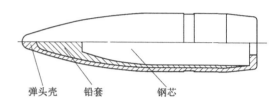

图 2.2.7 53 式 7.62 mm 普通弹弹头　　　　图 2.2.8 56 式 7.62 mm 普通弹弹头

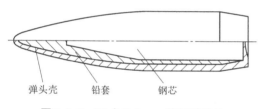 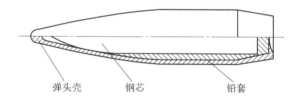

图 2.2.9 87 式 5.8 mm 普通弹弹头　　　　图 2.2.10 10A 式 5.8 mm 普通弹弹头

除了常规的三件套结构外，为了增加弹头的杀伤效果，小口径枪弹常采用弹头前部空腔的结构形式，如俄罗斯的 5.45 mm 钢芯普通弹，如图 2.2.11 所示。

5.45 mm 钢芯普通弹是由弹头壳、铅套和钢芯组成。铅套很薄，钢芯的相对质量较大，以便提高侵彻性能。弹头前部有一个空腔，弹头的长细比较大，这样弹头较轻，但十分锐长，既改善了弹形，又可增大进入肌体后的翻转力矩。同时，为了保持飞行中的稳定性，须减小缠度，这就使弹头的外弹道性能和进入有生目标后的杀伤效果得到兼顾。

常见普通弹诸元见表 2.2.1。

2. 穿甲弹

穿甲弹主要用于对付具有薄装甲防护的目标，例如飞机、装甲车辆、舰艇等，以便击穿钢甲，击毁掩蔽在钢甲后面的有生力量和器材等。单一作用的穿甲弹目前已很少采用，多采用组合作用的穿甲弹，例如穿甲燃烧弹、穿甲燃烧曳光弹等。

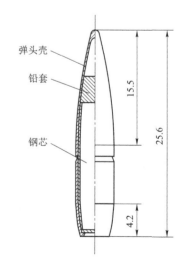

图 2.2.11 5.45 mm 钢芯普通弹

表 2.2.1 常见普通弹诸元

弹种	口径/mm	弹头质量/g	弹头长/mm	全弹长/mm	全弹质量/g	缠度	初速/(m·s^{-1})	质心距尾端面距离/mm	质心相对位置/%	长径比
M193 5.56 mm 普通弹	5.56	3.56	18.8	57.3	11.65	54.9	995	7.5	39.6	3.38
SS109 5.56 mm 普通弹	5.56	4.0	23.1	57.3	12.44	32.0	946	8.7	37.5	4.15
苏 M74 5.45 mm 普通弹	5.45	3.45	25.4	56.7	10.65	35.8	900（步枪）995（机枪）	10.8	42.6	4.66
87 式 5.8 mm 普通弹	5.8	4.15	24.2	58	13.1	41.4	950	9.83	40.6	4.17
NATO 7.62 mm 普通弹	7.62	9.7	29.2	71.7	24.3	40.0	850	11.6	39.6	3.83
56 式 7.62 mm 普通弹	7.62	7.9	26.8	56.0	16.4	31.5	735	10.7	39.8	3.52

穿甲弹与普通弹结构的主要区别是它有一个强度很高很硬的穿甲钢芯，典型的穿甲弹是由弹头壳、铅套和穿甲钢芯三个元件构成的，如图 2.2.12 和图 2.2.13 所示。穿甲钢芯是穿甲弹的主要零件，铅套是为了减少弹头在膛内运动时对膛线的磨损。当弹头与钢甲撞击时，弹头壳和铅套首先产生变形，这就减少了钢芯头部破坏的可能性。这也会减少跳弹的概率，使弹头可靠地起穿甲作用。

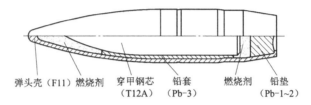

图 2.2.12　53 式 7.62 mm 穿甲燃烧弹弹头

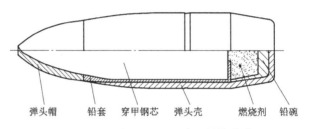

图 2.2.13　56 式 7.62 mm 穿甲燃烧弹弹头

从以上两种弹头看，一般穿甲弹弹头中都带有燃烧或燃烧曳光功能。下面介绍我国研制的 5.8 mm 穿甲弹，如图 2.2.14 所示。为增加穿甲元件的质量，提高穿甲性能，采用相对密度大、硬度高的硬质合金材料作穿甲元件，使穿甲元件的质量占到弹头质量的 64% 以上；为了防止硬而脆的硬质合金元件穿甲时断尖，元件的尖部由两个锥体组成，以增加其头部强度，同时，在弹头壳内以铅作为填充物，对元件的头部有很好的保护和稳定穿甲性能的作用。试验证明，该弹在 1 000 m 射程上，以 284.2 J 的动能可穿过 4 mm 低碳钢板，侵彻威力已大大超过 53 式 7.62 mm 普通弹。

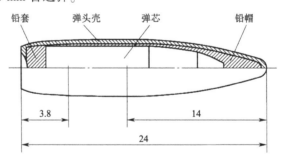

图 2.2.14　5.8 mm 穿甲弹头

3. 曳光弹

曳光弹的主要用途是修正射击和指示目标，它多用于对活动目标如飞机、装甲车辆等的射击，以便及时修正射向，达到有效地击中目标的目的。使用时，一般在数发主用弹之间夹一发曳光弹。曳光弹还可以用于发射信号和教练等，用于教练时，可使射手对弹头的飞行轨迹一目了然。

曳光弹也应具有对目标的毁伤作用,例如单一作用的曳光弹,它在100～150 m内的杀伤作用与普通弹相差甚微,超过此距离后,则作用效果降低。同时,它也有微弱的燃烧作用,对干草堆、汽油等易燃目标有一定的引燃效果。

曳光弹的弹迹曾采用过光迹和烟迹,烟迹曳光弹因夜间无法辨别,已被淘汰。在光迹曳光弹中,有红光、白光、黄光等几种,白光和黄光的光度没有红光的大,对周围背景的衬托力也差,特别是白天弹迹更不明显,故不采用。

根据曳光弹的用途,对它提出以下一些要求:
①不论昼夜,在规定的曳光距离上,应有清晰易见的光迹;
②出枪口一定距离(一般要求100 m以上)才开始曳光,以免暴露射击位置;
③曳光弹弹道应与主用弹一致,即具有弹道一致性;
④作用和点燃可靠,曳光连续,发光和亮度均匀;
⑤结构简单,工艺性好,生产安全,储存中性能稳定。

图2.2.15为53式7.62 mm曳光弹,曳光管内的曳光剂和引燃剂接触面压成凹凸形,以增加传火面积。引燃剂表面压成花纹,以便增加点火面积,使点着容易。弹头内部的环状小垫(小圆环)用于防止弹头卷边时曳光管变形、引燃剂松散、影响点火和射击密集度。这种曳光弹的缺点是:曳光剂在膛内就开始燃烧,加速了枪管的烧蚀,降低了武器寿命,影响内弹道性能(初速和膛压);出枪口即发光易暴露射击位置;当曳光药剂压药密度不足时,膛内火药气体冲击其表面,使曳光药剂破碎而不能正常曳光。因此,曳光药剂的压药压力应大大超过最大膛压值。图2.2.16和图2.2.17分别为95式5.8 mm曳光弹弹头、88式5.8 mm机枪曳光弹弹头,它们的结构与53式7.62 mm曳光弹结构基本类似。

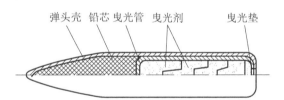

图2.2.15　53式7.62 mm曳光弹弹头

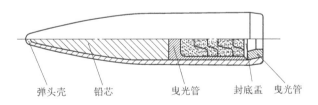

图2.2.16　95式5.8 mm曳光弹弹头

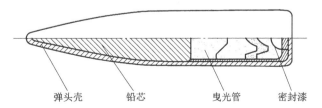

图2.2.17　88式5.8 mm机枪曳光弹弹头

图 2.2.18 为美 7.62 mm NATO 曳光弹。它没有曳光管，曳光药剂压成药柱直接装入弹头壳内，药柱后端有一锥形穴，上盖一薄铜片，借以延迟曳光。发射时，火药气体压力将铜片压入穴内并点燃周围露出的引燃剂。弹头出枪口后，由于有铜片（已变形）挡住大部分药面，所以看不到曳光。待弹头离枪口 150 m 左右，曳光剂燃去一部分后，铜片即从尾部脱落，这时才可见到红色曳光。此外，小铜片还可防止火药气体和发射药粒冲击曳光剂。

4. 燃烧弹

燃烧弹主要是用于引燃易燃目标，如木材、草堆、液体燃料（汽油、煤油等），同时也广泛用于射击敌方的飞机和车辆。由于现代战争中大量使用各种飞机和车辆，所以各种燃烧弹的作用就更加显著。但当今装备的自动武器弹药已经没有单作用的燃烧弹，而是与穿甲、爆炸等作用在一起的多作用枪弹。

燃烧弹的结构样式很多，最早的燃烧弹是以磷作为燃烧剂的。图 2.2.19 为英国磷燃烧弹弹头（7.7 mm），它的弹头壳下都有三个小孔且用易熔金属焊死。当弹头在膛内运动时，由于摩擦，使弹头壳温度升高，将易熔金属熔化；同时，装于弹头部的磷由于惯性及温度升高膨胀，填满了惯性铅芯的三条纵沟，通过三个小孔与空气接触，使弹头在弹道上飞行时产生白色烟迹。碰击目标时，惯性铅芯向前运动，将剩余的磷从孔中挤出并向四方飞散，引燃目标。若射程远，弹头在飞行中会燃去过多的磷，使得对目标的引燃作用降低。

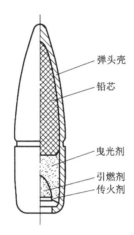

图 2.2.18 美 7.62 mm NATO 曳光弹弹头

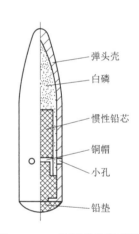

图 2.2.19 英国磷燃烧弹弹头

图 2.2.20 为 56 式 7.62 mm 燃烧曳光弹弹头。当弹头与目标相碰时，钢块因惯性向前，挤压燃烧剂而发火。弹头壳内前部有一减弱沟，以减少弹尖破坏时的能量消耗；弹头为钝形，用来增加击中目标后的阻力，使钢块挤压燃烧剂的惯性力增加，提高了发火能力。与带击针的燃烧弹相比，它结构简单，发火可靠性稍差。

图 2.2.21 为 56 式 14.5 mm 燃烧曳光弹弹头（又称试射燃烧弹）。它的用途与 53 式 7.62 mm 试射燃烧弹相同，对软目标有良好的发火性能，并有曳光作用。实践证明，在远距离（速度低）时，它的曳光火焰也可将草堆引燃。击针及其后面的铅块组成了击发体，击发体外有保险帽。为了使用安全，在保险帽外铆三点，以固定击发体。发射时，保险帽惯性后坐，击针刺穿它的底部（很薄），使击针处于待发状态。当弹头命中目标时，击发体惯性

向前，使击针刺发火帽，点燃燃烧剂。击发体后面的铅垫在发射时起缓冲作用。击发体外壳有沟槽，以防辊紧口槽时击发体变形而失效。

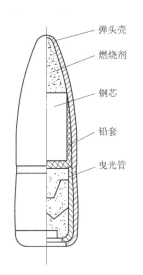

图 2.2.20　56 式 7.62 mm 燃烧曳光弹弹头

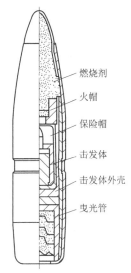

图 2.2.21　56 式 14.5 mm 燃烧曳光弹弹头

53 式 7.62 mm 穿甲燃烧弹弹头如图 2.2.12 所示，它用于射击有钢甲防护的易燃目标，即穿透钢甲并点燃其后面的易燃物。当击中钢甲时，穿甲钢芯向前运动，挤压燃烧剂使之发火。这种弹头结构简单，但对软目标不能起作用。

图 2.2.22～图 2.2.24 分别为 54 式 12.7 mm 穿甲燃烧弹、56 式 14.5 mm 穿甲燃烧弹和 89 式 12.7 mm 穿甲燃烧曳光弹三种大口径枪弹弹头的结构示意图。其燃烧剂都是由硝酸钡和铝镁合金粉两种材料组成，且都在弹头穿甲钢芯的前部。还有一种燃烧弹，在穿甲弹芯前、后都有燃烧剂，是两种燃烧作用的综合。因此，燃烧率高，但结构复杂。

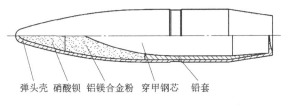

图 2.2.22　54 式 12.7 mm 穿甲燃烧弹弹头

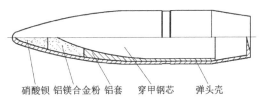

图 2.2.23　56 式 14.5 mm 穿甲燃烧弹弹头

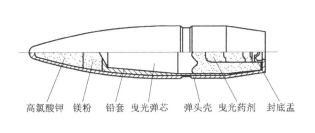

图 2.2.24　89 式 12.7 mm 穿甲燃烧曳光弹

5. 爆炸弹

爆炸弹是通过一定的起爆装置使弹头爆炸，用以毁伤目标。同时，它也具有燃烧作用。爆炸弹可以使薄壁储油器、飞机、木质掩体等强度低而易燃的目标爆炸、燃烧，对目标的破坏作用大。爆炸弹起爆装置的结构根据目标的不同而异，它是一种便于大量生产的小型信管。要求这种信管在撞击目标时有足够的敏感度，使用时安全可靠。

图 2.2.25 为 89 式 12.7 mm 穿甲爆炸燃烧弹（以下简称 89 式 12.7 mm 穿爆燃弹）弹头。该弹是一种威力大、火力强，集穿甲、爆炸和燃烧多功能为一体的特种枪弹，它采用无引信起爆装置，依靠弹头高速撞击目标的冲击和摩擦产生爆炸与燃烧效果，弹芯采用硬质合金材料，具有较强的穿甲能力，爆炸后依靠弹头壳和钢套碎片完成杀伤效应。

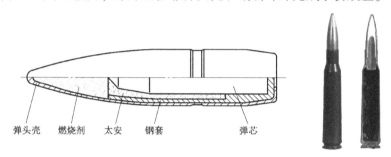

图 2.2.25　89 式 12.7 mm 穿甲爆炸燃烧弹

6. 狙击弹

狙击弹是供狙击步枪使用的枪弹，用于对单个有生目标的射击，具有高的射击密集度（一般 5 发弹的全散布圆直径小于 1 MOA）和首发命中率高（对 $\phi 40$ mm 以上目标的首发命中率可靠度大于 90%）的特点。目前，国内外高精度狙击步枪弹的弹头大都采用加工过程中易于控制质量均匀性和对称性的铅芯弹头，其典型结构如图 2.2.26 所示。

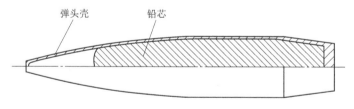

图 2.2.26　典型狙击弹头结构简图

该弹头的弹头壳是一个引长壳，在引长壳内压入铅芯后再收出弧形部和尾锥部。因此，尖部是一个带孔的星梅花状的小平面，尾锥底面呈封闭状态。通过分析和大量试验，该结构可大大提高射击密集度，主要体现在：

①结构简单、零件少，为提高制造精度提供了先决条件；

②采用钢弹头壳，便于加工和收弧；

③克服了传统弹头壳的尖厚、尖径不易控制，以及冲尖引起的弹头壳弧形部壁厚差大的不足；

④内设有空腔，有利于弹头重量和重心的调整；

⑤尾锥部几何形状一致性好。

注：MOA 为计量单位，国外狙击步枪散布精度最常用角分（Minute of Angle，MOA）作

为计量单位。

$$1 \text{ 角分 (MOA)} = \frac{1}{60} \text{ (度)}$$

1 角分在不同距离上对应圆的直径即为 D_{100}。

$$D_{100} = K \cdot X$$

式中，K 为系数，$K = \tan\left(\frac{1}{60}\right) = 0.000\ 291$；$X$ 为射程。

如射程为 100 m 时，$D_{100} = K \cdot 100 = 0.029\ 1$ m；

射程为 300 m 时，$D_{100} = K \cdot 300 = 0.087\ 3$ m；

射程为 600 m 时，$D_{100} = K \cdot 600 = 0.175$ m；

射程为 800 m 时，$D_{100} = K \cdot 800 = 0.233$ m。

2.2.2 榴弹发射器用弹药

榴弹发射器的主要特点为口径小（通常为 30~40 mm）、质量小，有单发和自动连发两种结构。连发自动榴弹发射器，通常配有三脚架，可在地面使用，也可在直升机或装甲车上使用，发射速度可达 300~400 发/min，可直接瞄准或间接瞄准，最大射角可达 70°，最大射程通常为 1 000~2 200 m，配用的弹药有榴弹、破甲弹、照明弹等。

1. 榴弹

榴弹发射器用榴弹是靠弹丸爆炸后形成的破片和冲击波毁伤目标，其主要特点是口径小、质量小、膛压低，战斗部通常为全预制或半预制破片，扇形靶密集杀伤半径为 5~15 m。杀伤威力比重机枪大得多，与手榴弹相当，主要用于杀伤敌有生力量、武器装备和各种无装甲车辆及轻型装甲车辆。另外，由于射角大（可达 70°），所以能从遮蔽的发射阵地上间接瞄准射击，摧毁遮蔽物后面和反斜坡上的有生目标。下面介绍典型的美国 M684 杀伤榴弹、俄罗斯 30 mm 杀伤榴弹和瑞士 40 mm 预制破片弹。

（1）美国 M684 杀伤榴弹

美国 M684 杀伤榴弹配用无线电近炸引信，口径 40 mm，为空炸杀伤榴弹，采用 M75 和 M129 榴弹发射器发射，弹链供弹，每条弹链装弹 50 发，其结构如图 2.2.27 所示。

该弹为钢弹体，压有紫铜弹带，内装 A5 混合炸药（主要成分为黑索金）。弹丸前端为无线电近炸引信，它含有线路、液体电源、电雷管、机械安全保险机构和一个独立的碰炸机构。弹丸压配合在铝制药筒内，药筒为高低压药室结构，发射药放在高压室内，高压药室的前部放有铜制密封盖箔，高压室后部为带有底火的密封螺塞。

主要诸元为：口径 40 mm；质量（含药筒）335 g；长度（含药筒）112 mm；初速 244 m/s；最大射程 2 200 m。

发射时，榴弹发射器击针击发底火，点燃高压室内的火药，火药气体压力达到一定值时，火药气体冲破小孔处密封盖箔，进入低压室，使弹丸向前运动。与此同时，弹带嵌入膛线，使弹丸旋转，保证弹丸稳定飞行。膛口初速 244 m/s，弹丸飞离膛口 18~36 m

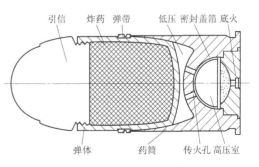

图 2.2.27 M684 杀伤榴弹

时,引信解除保险,离膛口 125 m 时电路保险解除。当弹丸接近目标时,引信发射的电磁波由目标返回,经检测后使点火电路接通,电雷管起爆,弹丸离地面一定高度爆炸,爆炸高度随目标反射无线电电波的能力和接近时的角度而变化。当电路系统产生故障而未能起作用时,引信碰击目标或地面,则引信的触发机构起作用,使弹丸起爆。

(2) 苏 30 mm 杀伤弹

该弹用于苏制 30 mm AGS17 榴弹发射器,结构如图 2.2.28 所示,弹体和药筒都是用钢制成的。弹体内装有截面为六边形的弹簧,弹簧的外表面刻有轴向预制槽,爆炸时形成质量为 0.2~0.3 g 的破片。弹丸内装有 A-IX-I(钝化黑索金)炸药。该弹配用的引信是带有时间药盘自炸机构的触发引信,引信底部的传爆管插入弹体炸药的中间孔内,用来起爆炸药。因该引信带有药盘自炸机构,所以可对直升机射击。

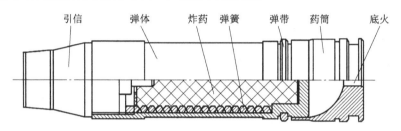

图 2.2.28 苏 30 mm 自动榴弹发射器用杀伤榴弹

主要诸元为:全弹质量(含药筒)350 g;弹丸全长(含引信)112 mm;弹丸质量(含引信)275 g;引信质量 48.5 g;初速 182 m/s;最大射程 1 730 m。

(3) 瑞士 40 mm 预制破片弹

该弹是瑞士"厄利空"公司研制的系列空爆弹药之一,口径 40 mm,适用于目前装备的大多数自动榴弹发射器,如 CIS 40AGL、MK19 Saco Defence 等,可有效对付轻型和步兵战车,也可对付隐蔽物后面的有生力量。该弹采用类似于 AHEAD 弹的可编程引信的设计思想,当弹丸通过炮口的装定线圈时,根据攻击目标类型及目标的信息,装定引信的功能模式或者起爆时间。

弹丸结构如图 2.2.29 所示,该弹为预制破片式杀伤榴弹,主要由底座、弹体、弹带、预制破片、炸药及引信等部分组成。底座外部刻有弹带槽,用于装配弹带,内部旋装弹底引

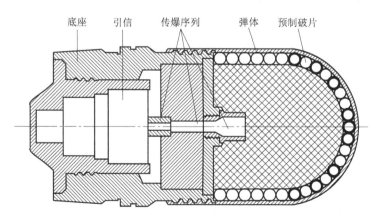

图 2.2.29 瑞士 40 mm 预制破片弹

信,前部和弹体相连;弹体为轻质材料,头部为拱形,内部放置高能炸药和预制破片,破片为 0.25 g 的钨球,共 330 枚。引信为可编程的电子时间引信,由电源、电子时间模块、安全保险装置和传爆序列等部分构成。引信的作用距离为 40~1 600 m,自毁距离为 1 600 m,可以编程控制引信是碰炸模式或者是定时起爆模式,如果没有装定起爆时间,能自动激活碰炸和自毁功能。引信在无能源供给的情况下,将处于碰炸模式。

该弹的主要优点为头部放置了预制破片,增大了破片的飞散范围,增大了杀伤面积和对目标的命中概率;采用弹底引信,炸药由底部起爆,附加了一定的破片速度,相应地增大了对目标的杀伤能力,图 2.2.30 为 40 mm 杀伤枪榴弹破片飞散 X 光照片;向后飞散的低能量破片很少,近程射击时具有较高的安全性。

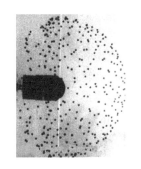

图 2.2.30　40 mm 杀伤枪榴弹破片飞散 X 光照片

主要诸元为:弹总长 112 mm;弹质量 350 g;弹丸质量 248 g;初速 242 m/s;炸药质量 30 g;预制破片 330 枚,共 80 g;炮口安全距离 40 m;自毁时间 11.3 s;射程/飞行时间 500 m/2.3 s、1 000 m/5.3 s、1 500 m/9.3 s。

2. 破甲和杀伤双用途弹

此类弹药主要用来摧毁敌人的步兵战车、非装甲车辆和混凝土工事,必要时也可对坦克的侧甲和顶甲射击。

(1) 美 M433 杀伤和破甲双用途弹

该弹口径为 40 mm,用 M79、M203 40 mm 榴弹发射器发射,它是成型装药破甲弹,弹丸爆炸时,除药型罩形成金属射流外,弹体和弹底还形成大量破片,所以它同时具有杀伤和破甲两种作用。该弹材料为铝合金,弹底用钢制成,药型罩材料为紫铜。药筒和铝合金制成的高低压药室结构,高压室内装有 M9 火药 0.33 g,该弹配用 M550 高灵敏度弹头触发引信,结构如图 2.2.31 所示。

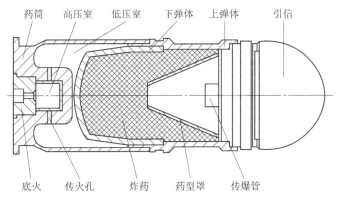

图 2.2.31　美 M433 杀伤和破甲双用途弹

性能诸元:全弹质量(含药筒)230 g;全弹长(含药筒)103 mm;弹丸质量 179 g;弹丸长 82 mm;发射药(M9)0.33 g;初速 76 m/s;破甲威力(着角 0°时,可穿透装甲钢板)50 mm;最大射程 400 m。

发射时，榴弹发射器击针击发药筒低部火帽，点燃高压室火药，当压力增至一定高度时，在高压室小孔处，铜制密封盖箔被剪切，燃气经小孔进入低压室，当低压室压力约为1.47 MPa 时，弹丸与药筒分离，开始嵌入膛线，沿炮膛运动。弹丸初速为 76 m/s，转速为 3 750 r/min。弹丸飞离炮口 14~27 m 时，引信解除保险。撞击目标后，引信作用，引信底部的传爆管爆炸，并通过药型罩中间的孔起爆炸药，使药型罩闭合，形成金属射流，同时，弹体破碎，形成杀伤破片。

（2）美 XM430 杀伤和破甲双用途弹

该成型装药破甲弹与 M433 相比，最大特点是初速高（244 m/s）、射程远（最大射程 2 200 m）、转速高。药型罩采用了抗旋错位药型罩，钢制弹体内壁刻有预制槽。炸药爆炸时，药型罩形成金属射流，弹体形成大量半预制破片，该弹同时具有破甲和杀伤两种作用。药筒采用高、低压药室，作用过程与 M433 的相似，结构如图 2.2.32 所示。

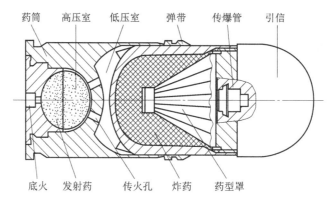

图 2.2.32 美 XM430 杀伤和破甲双用途弹

性能数据：全弹质量（含药筒）340 g；全弹长（含药筒）112 mm；初速 244 m/s；破甲威力（着角 0°时，可穿透装甲钢板）50 mm；最大射程 2 200 m。

2.3 药筒（弹壳）的构造和作用

药筒（弹壳）是自动武器弹药的重要组成部分，由于习惯上的原因，在枪弹中称为弹壳，而在炮弹中称为药筒。它的出现对武器的发展起了积极的作用，引起了武器的重大革新，使装填大为简化，从而提高了射速，增大了武器的威力，并且为武器向自动化发展创造了有利的条件。

弹壳的作用是把弹头（丸）、底火（火帽）、发射药等组成一个整体，并使全弹在弹膛内准确定位；盛装与密封发射药，防止受潮，并使它具有规定的药室容积；发射时密封弹膛，防止高温高压的火药气体烧蚀弹膛，或从武器尾部冲出。

为了完成上述任务，除对弹壳有一定的尺寸形状要求外，还要求它具有一定的力学性能，这是保证顺利抽壳、牢固固定弹头（丸）和可靠地密封弹膛所必需的。弹壳的结构、形状、尺寸与武器和发射药都有密切联系。例如，弹壳的定位方式会影响武器的结构，弹壳的瓶形系数会影响武器的尺寸和质量，弹壳与弹膛的间隙和最大膛压会影响抽壳性能和弹壳强度等。

就弹壳本身来说，它是弹药质量中的消极因素，射击后要清理，尤其是那些装在车辆或掩体内的武器，因内部体积小，清理更不方便。另外，弹壳要消耗金属。因此，相关研究人员正在探索塑料弹壳、可燃弹壳等方面的应用。

2.3.1 弹壳的分类

实际使用中的弹壳种类较多，有多种分类方法。

1. 按装填方式分类

弹壳可分为定装式和分装式，定装式和分装式药筒如图 2.3.1 所示。自动武器弹药所用的弹壳皆为定装式，常用滚压或者收口的方法与弹丸紧密结合成一体，并要求有一定的拔弹力，保证勤务处理和装填时不松动，发射时一次装入膛内，所以发射速度快。

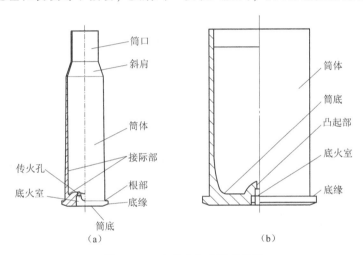

图 2.3.1 定装式和分装式药筒
(a) 定装式药筒；(b) 分装式药筒

2. 按所使用的材料分类

弹壳可分为黄铜弹壳、钢弹壳、铝弹壳、可燃弹壳、塑料弹壳等，过去应用较多的是黄铜弹壳，由于铜材较贵，现已普遍被钢弹壳所代替。钢弹壳在某些性能上较黄铜弹壳差，但随着生产技术水平的提高，这些性能正在不断地得到改善。从经济意义上来说，钢弹壳是比较受欢迎的，它来源广、成本低。为了轻量化，国际上又开始研制铝弹壳和塑料弹壳，如 35 mm 榴弹发射器药筒大多数都是铝弹壳或塑料弹壳，国内也正在针对大口径枪弹研究铝合金弹壳的应用。

可燃弹壳是用可燃物制成的，射击时在膛内就燃烧完毕，无须退壳，对于简化武器动作、提高射速都是有利的。可燃弹壳有全可燃和半可燃之分，半可燃弹壳带一金属底。

3. 按弹壳在膛内定位方法分类

弹壳可分为底缘定位、部分底缘定位、斜肩定位、口部端面定位，下面对四种定位方式进行介绍。

①底缘定位就是靠弹壳的底缘来限制它在弹膛内的轴向位置，如图 2.3.2 所示。这种定位方式的定位精度仅由底缘厚度公差决定，容易达到。但这种弹壳的底缘突出，增大了枪机的横向尺寸，对自动武器而言，会使弹匣的尺寸加大，同时增加了武器的质量。

②部分底缘定位和底缘定位的原理基本相同,不同的是在弹壳底部车一底槽,这样就改善了底缘定位的部分缺点,如图2.3.3所示。但其底厚增大,使弹壳底部质量占弹壳全部质量的45%~50%,未被广泛采用,日本"三八"式枪弹曾使用过这种定位方式。

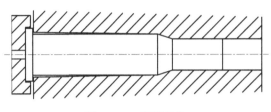

图 2.3.2　底缘定位　　　　　　　图 2.3.3　部分底缘定位

③斜肩定位方式是利用弹壳的斜肩支撑在弹膛的相应部位实现定位,如图2.3.4所示。由于弹壳斜肩角度和弹膛的相应角度不可能完全相等,因此定位位置为斜肩上部或下部,这种弹壳底部的直径和体下部直径相等。为了便于抽壳,在底部车有底槽,这种定位方式完全克服了底缘定位的缺点,它具有供弹机构简单、横向尺寸小、武器质量小等优点。同时,还可以利用弹壳斜肩的弹性和塑性变形来减少自动机复进到位的冲击。这种定位方式的缺点是弹壳和弹膛的制造精度要求高。另外,弹壳底槽若用车削法生产,会切断该处金属的"纤维组织",影响底缘强度,如图2.3.5所示。为防止底缘拉缺,底缘必须加厚。目前,国内外大多数枪弹都采用斜肩定位方式。

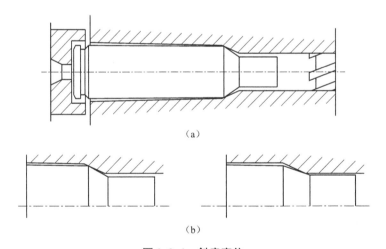

图 2.3.4　斜肩定位
(a) 斜肩下部定位;(b) 斜肩上部定位

④口部端面定位方式多用于手枪弹,如图2.3.6所示。手枪弹弹壳大多为圆筒形,没有斜肩。这种定位方式的特点基本上与斜肩定位的相同。采用弹壳口部端面定位,不能利用紧口来提高拔弹力,而是用口部点铆。51式7.62 mm手枪弹为瓶形弹壳,它在手枪上是口部端面定位,而在冲锋枪上则利用斜肩定位。

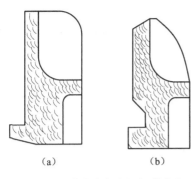

图 2.3.5 弹壳底部金属纤维方向
（a）纤维未被切断；（b）纤维被切断

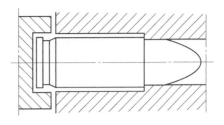

图 2.3.6 口部端面定位

2.3.2 药筒（弹壳）的构造

定装式弹壳在结构上一般可分为口部（筒口）、斜肩、体部（筒体）和底部等，如图 2.3.7 所示。

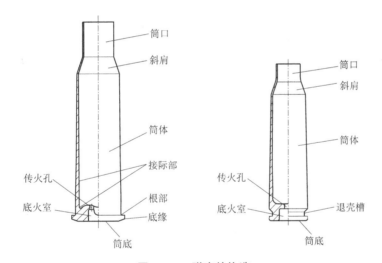

图 2.3.7 弹壳的构造

1. 口部

药筒口部主要作用是固定弹头，保持一定的拔弹力；密封发射药，防止受潮；发射时紧贴膛壁，密闭火药气体。

结合长度：弹壳口部的长度对弹壳和弹头的连接强度有影响，口部和弹头的接触面越大，则连接得越牢固，但实际上还受弹头与之相接触部分的长度的限制。

结合强度：要求弹壳口部的强度要高一点，材料不容易变形，结合强度就大。但为了可靠地密闭火药气体，口部的强度也不宜过高。

口部直径：弹壳口部的内径略小于弹头处的外径，即有一过盈值，它的大小取决于弹壳与弹头结合的牢固性，通常用拔弹力来检验弹头与弹壳结合的牢固程度。

2. 斜肩

瓶形弹壳有斜肩部，它是从口部过渡到体部所必需的，有些弹壳用它在膛内定位。弹壳斜肩部分的锥度不宜过大,因为锥角过大,则进膛困难,弹壳制造时收口也困难;锥角过小,则制造误差对斜肩定位误差影响较大,并且药室容积相同的情况下,使弹壳长度增加。

3. 体部

药筒(弹壳)体部用来盛装发射药,它的大小决定了药室容积的大小。为便于抽壳,体部外表面有一定的锥度。

4. 底部

药筒(弹壳)底部一般由底火室、底缘和底槽等组成,底火室的形状与底火的形状、结构有关。底火室一般分为带底火台和不带底火台两种,具体结构将在后续章节进行介绍。

2.3.3 可燃弹壳、无壳枪弹和高低压弹壳

可燃弹壳(药筒)采用可燃物制成,发射时在膛内燃烧完,无须退壳,这就简化了武器结构。半可燃弹壳带有一个金属的筒底,以便发射时密闭火药气体,如图2.3.8所示。使用全可燃弹壳(药筒),闭气则要通过枪机(炮闩)实现,这将使武器结构复杂。目前可燃弹壳的组成成分主要是硝化棉、纸纤维、黏结剂及二苯胺,也可使用其他高能可燃材料与纤维材料混合制造。从内弹道性能上讲,可燃弹壳应为发射药的一部分,在内弹道计算时予以考虑。

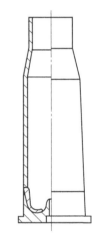

图 2.3.8 半可燃弹壳

无壳枪弹是指不带常规弹壳的枪弹,常规弹壳的功能,分别由枪械和新的装药结构来完成,带全可燃弹壳的枪弹也可视为一种无壳枪弹。

在粒状发射药内加进适当的填料,制成具有较高机械强度的药柱,再与可燃火帽和常规弹头黏结,就制成了无壳弹。根据弹头与药柱的相对位置,可分为非埋入式和埋入式两种,埋入式结构用在口径较大的弹药上较适宜。非埋入式无壳弹如图2.3.9所示,埋入式无壳弹如图2.3.10所示。

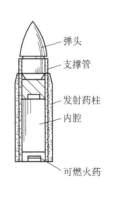 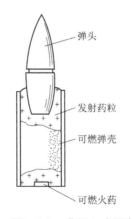 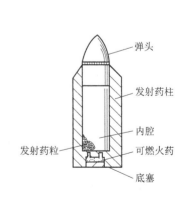

图 2.3.9 非埋入式无壳弹

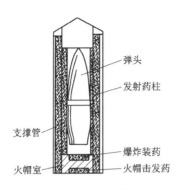
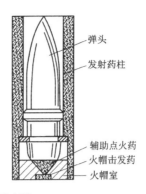

图 2.3.10 埋入式无壳弹

无壳弹的发展给弹药轻量化创造了良好的条件，金属弹壳为枪弹全部质量的 42% ~ 56%，口径越小，占的比重越大。对于小口径枪弹，金属弹壳占到全弹质量的一半以上。采用无壳弹，可以大大增加战士的弹药携带量，20 ~ 30 mm 无壳弹，全弹质量可减小约 45%。此外，没有弹壳，弹药的尺寸减小了，会使武器的结构简化，尺寸更加紧凑，武器质量减小，且有利于提高射速，并适于在战车或飞机等空间有限的场合使用。取消弹壳也会使弹药的加工工艺大为简化，节约了原材料，降低了生产成本。

目前，无壳弹仍然是自动武器弹药研究中的重要项目之一。经多年的努力，取得了一些进展，但性能尚不够完善，现在仍未正式装备部队。

高低压弹壳是为了适应单兵使用的发射榴弹（口径比枪弹大得多）的武器的特殊要求而设计的，图 2.3.11 为美国 M79 榴弹枪配用的 M406 榴弹的高低压弹壳，图 2.3.11（a）为低速弹壳（初速为 76 m/s），图 2.3.11（b）为高速弹壳（初速为 244 m/s）。

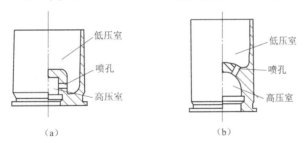

图 2.3.11　高低压弹壳
(a) 低速弹壳；(b) 高速弹壳

火药在高压室中燃烧，产生的高温高压火药气体通过喷孔流入低压室，然后推动弹丸运动。这样弹丸是在低压作用下运动，这对于弹丸和武器的强度设计是有利的，可减小弹壁厚度，增加炸药质量。而火药是在高压情况下燃烧的，这可保证火药正常点火和燃烧。

但在给定初速的条件下，膛压越低，则武器的身管也就越长，这会使武器笨重，操作使用不便，所以这种武器的初速都比较低，弹丸质量系数 C_m 也比较小。

2.4　底火的构造和作用

火药在受到一定的外来能量后才能燃烧，自动武器弹药通过击针撞击底火（火帽），产生热冲量，点燃火药装药。

一般口径在 25 mm 以下的弹药可以单独使用火帽（枪弹中称为底火）作为点火具，37 mm 口径以上的弹药发射药量较大，需要更大的击发冲量才能保证正常点火，因此，往往需要少量的有烟火药作为辅助点火剂，将火帽与有烟火药合成一体的装置称为底火。

火帽的性能会影响到弹丸的弹道性能，甚至影响武器的发射情况，对它应有一定的要求，主要有以下几个方面：

①有适当的感度，感度是指火帽受外力作用而发火的难易程度，要求在一定的冲击冲量的作用下，能可靠发火。

②有良好的点火能力，能可靠地点燃辅助点火药或发射药。点火能力是指火帽发火后能及时点燃辅助点火药或发射药的能力，火帽产生的火焰温度和火焰强度（即火焰长度和燃烧生成物气体的压力）是火帽点火能力的主要标志。火帽的火焰温度越高，装药越接近于瞬时发火；火焰强度越大和作用于发射药的时间越长，火帽可以点燃的表面越大。如果火帽点火能力不够，就可能出现迟发火或瞎火现象。

③作用一致，火帽产生的火焰温度和强度对装药的燃烧性能有影响，一般来说，点火能量强度增大，会导致膛压升高。为保证弹丸有良好的弹道性能，要求火帽作用一致。

④容易制造，使用安全。

⑤长期存储性能稳定。

一般的火帽结构如图 2.4.1 所示，枪弹底火多配用这种火帽。图 2.4.2 是带火台的火帽，它配用在某些枪弹中，这种弹壳的制造比较容易，不用冲火台。图 2.4.3 是一种边缘发火枪弹，它没有专门的火帽，是将击发药装在弹壳底部，击针直接打击弹壳底部边缘发火。

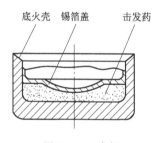

图 2.4.1 火帽

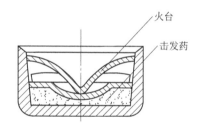

图 2.4.2 带火台的火帽

击发药通常是由雷汞 $Hg(ONC)_2$（起爆药）、氯酸钾 $KClO_3$（氧化剂）和硫化锑 Sb_2S_3（可燃物）混合而成，火帽的点火能力主要取决于击发药的成分比例、药剂质量、混合的均一性和颗粒度等。

雷汞击发药的爆炸及燃烧反应可以用下式表示：

$$3Hg(ONC)_2 + 5KClO_3 + Sb_2S_3 \longrightarrow 3Hg + 3N_2 + 5KCl + 6CO_2 + 3SO_2 + Sb_2O_3$$

雷汞击发药的反应生成物中有汞蒸气，它会凝结在膛壁上与钢及其杂质生成汞剂，使膛壁生成斑疤。另外，汞蒸气附在黄铜药筒上，会使药筒变脆，容易破裂，降低了药筒的复装利用次数。反应生成物中，KCl、Sb_2O_3 等固态生成物对膛壁多次冲刷，容易造成膛壁的烧蚀。其中氯化钾易附于膛壁，当受到

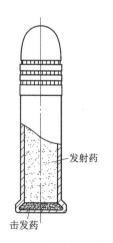

图 2.4.3 边缘发火枪弹

潮湿空气作用时，其中的氯离子也要腐蚀膛壁，这些都会降低武器身管的使用寿命。

雷汞在生产过程中产生的废气、废水、废渣需妥善处理，否则会污染环境。另外，在密闭条件下进行射击时，燃烧产物含有汞蒸气，对人体也有影响。

由于雷汞击发药存在着一定的问题，故已逐渐被无雷汞和无锈蚀击发药所代替。

无雷汞和无锈蚀击发药，一般是以斯蒂芬酸铅加四氮烯、二硝基重氮酚或氧化铅代替雷汞作起爆药，以硝酸钡、二氧化铅或四氧化三铅等代替氯酸钾作氧化剂；仍保留硫化锑，但引进了硫氰酸铅、铝镁合金、硅钙合金、铝粉、锆粉等多种可燃剂。为了调整击发药的感度和猛度，有的增加太安、梯恩梯等猛炸药。实践证明，采用史蒂芬酸铅加四氮烯为起爆药，以硝酸钡为氧化剂，硫化锑为可燃剂等组成的无锈蚀击发药制造枪弹底火，对枪管的腐蚀大为减小。

底火中的有烟火药量应保证底火有足够的点火能力，使发射药正常燃烧，并获得稳定的弹道性能。底火本体应有足够的强度，要能够承受火药气体的压力，防止火药气体由枪机冲出。在射击后，底火应容易从药筒中取出。底火须保证在运输、勤务处理等情况下的安全。

第3章
自动武器弹药装药基础知识

本章主要介绍自动武器弹药用发射药、炸药和烟火剂的组成、分类、性能和特征。

3.1 自动武器弹药用发射药

发射药是枪弹的重要组成部分,是自动武器系统完成射击的能源,在武器系统中发挥着重要作用。了解发射药基本特性,对正确选用发射药及处理实践中有关内弹道问题是很有帮助的,本节主要介绍自动武器弹药所使用的发射药组成、理化性能和发射药的选用原则。

3.1.1 发射药组成

发射药由可燃剂兼氧化剂、胶化剂、安定剂和其他成分组成,下面对各成分进行详细介绍。

1. 可燃剂兼氧化剂

该成分本身既可燃又能提供氧,是火药的能量来源。目前一般采用硝酸酯类炸药,如硝化棉、硝化甘油、硝化二乙二醇、硝基胍等,其中硝化棉是不可缺少的成分。到目前为止,自动武器弹药发射药主要采用硝化棉和硝化甘油作能量成分。

(1) 硝化棉 $[C_6H_7O_2(ONO_2)_3]_n$

化学名称为纤维素硝酸酯,有时也称为硝化纤维素。硝化棉是白色絮状的固体物质,比棉花稍硬而脆,纤维由曲卷变伸直。硝化棉的能量大小由含氮量(N)的多少来决定,硝化棉按含氮量不同,分为1号、2号、3号。

1号硝化棉,又称为强棉,含氮量为13.0%~13.5%;

2号硝化棉,又称为强棉,含氮量为12.05%~12.4%;

3号硝化棉,又称为弱棉,含氮量为11.8%~12.1%。

(2) 硝化甘油 $[C_3H_5(ONO_2)_3]$

硝化甘油化学名称为丙三醇三硝酸酯,是甘油与硝酸起酯化反应的产物。甘油与硝酸作用,除生成三硝酸甘油酯外,还可生成一硝酸甘油酯 $[C_3H_5(OH)_2(ONO_2)]$ 和二硝酸甘油酯 $[C_3H_5(OH)(ONO_2)_2]$,但是一般所说的硝化甘油指的都是三硝酸甘油酯。

硝化甘油的外观是无色、透明油状液体,在10℃左右即可结晶。变态过程中,内部分子间的摩擦增大,所以异常敏感,在轻微冲击摩擦震动下,便可发生爆炸。所以,硝化甘油应保存在17℃以上。

2. 胶化剂

能溶解硝化棉并使之变为胶体的物质,一般为有机溶剂或其他硝酸酯,如醇醚溶剂、丙酮、硝化甘油、硝化二乙二醇等。由于硝化棉含氮量不同，胶化剂的种类也就不同。

3. 安定剂

安定剂使发射药的分解速度减慢，提高发射药的化学安定性，常用的有二苯胺、中定剂等。

4. 其他成分

主要是为了满足发射药的某些特殊要求、改善发射药的某些性质而加入的成分，包括辅助胶化剂或增塑剂、减湿剂，如二硝基甲苯、凡士林等；表面加光剂，如石墨；钝化剂，如樟脑等。

3.1.2 发射药分类

发射药的分类方法很多，目前常用的分类方法有以下四种。

1. 以配属武器分类

①枪用发射药。

②榴弹发射器用发射药。

2. 以火药燃烧时表面积变化情况分类

①减面燃烧火药（片状、球状、带状、圆柱状、方条状）：燃烧时燃烧面积不断减小的发射药。

②恒面燃烧火药（单孔长管状）：燃烧时燃烧面积近似恒定的发射药。

③增面燃烧火药（多孔粒状、多孔花边粒状药）：燃烧时燃烧面积增大的发射药。

3. 以火药的物理、化学性质为基础分类

（1）混合火药

所谓混合火药，就是以某种氧化剂和某种还原剂为主要成分，并配合其他成分，经过机械混合和压制成型等过程制成的火药。它是由75%硝石、15%木炭和10%硫黄三种成分组成。过去这种火药曾作发射药使用，但因它的能量较小，燃烧后又有较多的固体残渣，使弹膛污染，所以在溶塑火药出现之后，很快被淘汰。然而，由于黑火药的着火速度快，燃烧后所形成的炽热粒子易于起引燃作用，所以目前它仍被广泛地用作点火药。

（2）溶塑火药

溶塑火药的基本成分是硝化纤维素，任何纤维素脱脂后，用浓硝酸和浓硫酸组成的混酸处理，并经过硝化作用，即可制成硝化纤维素。由于它一般都以棉花为原料，所以习惯上称它为硝化棉。如果混酸的组成不同，硝化程度又不同，则制成硝化棉的化学组成也就不同，通常都以单位质量硝化棉的含氮质量分数来表示这种组成。

目前混合火药已基本不用于军事用途，军事上主要采用溶塑火药，下面介绍溶塑火药按能量成分种类分类。

4. 以发射药中的能量成分种类分类

按发射药中的能量成分种类进行分类，可分为单基发射药、双基发射药和三基发射药三类。

（1）单基发射药

这类发射药成分中90%以上是硝化棉，故又称它为硝化棉发射药。它是用乙醇、乙醚混合溶剂使硝化棉溶解，再经过压制成型和驱除溶剂而制成。单基发射药的组分及含量见表3.1.1，部分枪弹使用的单基发射药主要组分列于表3.1.2。

表 3.1.1　单基发射药的组分及含量　　　　　　　　　　　　　　　　　　　　%

组分	种类	
	枪弹发射药	炮弹发射药
硝化棉	95~96	94~98
醇醚溶剂	1.2	0.2~0.3
二苯胺	1~2	1~2
水分	1~2	0.2~2.0
樟脑	1.5~1.8	—
石墨	0.2~0.3	—
硝化棉含氮量	≥13	12.75~12.97

表 3.1.2　部分枪弹单基发射药主要组分　　　　　　　　　　　　　　　　　　%

品号	外挥发分	内挥发分	总挥发分	二苯胺	樟脑	石墨	剩余硝酸钾	硝化棉
多-45	1.0~1.8	≥0.2	≤18	1.0~2.0	—	≤0.9	≤0.2	余量
多-125	1.0~1.8	≥0.2	≤2.0	1.0~2.0	—	≤0.9	≤0.2	余量
2/1 樟	1.0~1.8	≥0.4	≤2.9	1.0~2.0	≤1.8	≤0.4	—	余量
3/1 樟	1.0~1.8	≥0.7	≤3.2	1.0~2.0	≤1.8	≤0.28	—	余量
DBEF-1/3 樟	≤1.5	≤2.0	≤3.5	0.5~1.5	二硝基甲苯 1.0~5.0 或苯二甲酸二丁酯≤2.0	≤0.4	≤1.0	余量

单基发射药中各个组分的作用如下：

①硝化棉是发射药中唯一的能源，也是保证发射药强度的成分。单基药所用的硝化棉是 1 号硝化棉和 2 号硝化棉的混合棉。

②醇醚溶剂为胶化剂，使硝化棉溶解并胶化，最终成型。

③二苯胺是单基发射药的安定剂，它可以减慢发射药的分解速度，提高发射药的化学安定性。

④水分的作用是与空气中的水分达到动态平衡，使发射药的吸湿性减小。

⑤樟脑是发射药的钝化剂，减小发射药的初始燃速，使膛压升得慢一些。

⑥石墨是发射药的表面加光剂，可防止药粒的静电集中，提高安全性，也可提高装药密度和装药流散性。

⑦硝酸钾是发射药的消焰剂，降低枪口的火焰。

⑧在单基发射药成品中，总挥发分包含水分和残留溶剂两部分。残留溶剂主要表现为内挥，保持少量的水分主要表现为外挥。

下面介绍外挥发分和内挥发分的区别：

外挥发分是指用定量的发射药在95℃经过烘干6 h，烘出物质总量的质量分数。外挥的多少是当时发射药中可挥发物质质量的总和，经过烘干的成品中，外挥主要成分是水分。内挥发分是指于95℃烘干6 h没有烘出的挥发性物质，不论是成品还是半成品，其主要成分都是溶剂。

（2）双基发射药

它的主要成分除硝化棉外，还有硝化甘油。这种发射药的能量来源为硝化棉和硝化甘油，所以称为双基发射药，也称为硝化甘油发射药。双基发射药又分为巴力斯特型（低含氮量的硝化棉及硝化甘油为基本成分）和柯达型（高含氮量的硝化棉及硝化甘油为主）两大类。

巴力斯特型双基发射药一般采用3号硝化棉（弱棉），并用二硝基甲苯和三硝基甲苯等芳香族硝基化合物为助溶剂。

柯达型双基发射药一般采用1号硝化棉（强棉），并以丙酮为助溶剂。双基发射药的组分及含量见表3.1.3。

表3.1.3 双基发射药的组分及含量　　　　　　　　　　　　　　　%

组分	种类		
	枪弹发射药	炮弹发射药	
硝化棉	80±2.5	40.0	56
硝化甘油	14±2.0	58.7	26.5
二硝基甲苯	—	—	9.0
中定剂（2号）	≥1.2	0.8	3.0
凡士林	—	0.5	1.0
苯二甲酸二丁酯	4±2.0	—	4.5
石墨	≤0.4	—	—
硝化棉含氮量	12	12	12
适用武器	轻武器	迫击炮	高射炮、后膛炮

部分枪弹使用的双基发射药主要组分见表3.1.4。

双基发射药中各个组分的作用如下：

①硝化甘油是双基发射药的能源之一，也是胶化剂，能溶解低含氮量的硝化棉并使其胶化。

②中定剂的作用是减缓发射药的分解速度，提高其化学安定性。硝化甘油发射药常用2号中定剂（二甲基二苯脲），一般不用二苯胺，这是因为二苯胺碱性太强，和硝化甘油易起皂化反应。

③凡士林的作用是有利于采用压伸工艺成型的双基发射药加工成型。

④二硝基甲苯的作用是做硝化棉的增塑剂，改善硝化甘油对硝化棉的混溶性，做发射药的钝化剂和降温剂。

⑤苯二甲酸二丁酯的作用是做增塑剂及表面钝化剂，改善发射药的烧蚀性。

⑥硝化三乙二醇的作用是做硝化棉的助溶剂、增塑剂。

表 3.1.4 部分枪弹双基发射药主要组分 %

发射药品号	硝化棉	硝化甘油	水分	外挥	2号中定剂	石墨	苯二甲酸二丁酯	硝化三乙二醇	乙酸乙酯	剩余硝酸钾
双粒17	63.5±2	34±2	≤0.5	1.0~1.8	≥1.5	≤0.6	—	—	≤0.6	—
S-3/1-D25	85±4	13±2	0.3~1.0	总挥≤2.0 残留溶剂≤0.9	≤1.0 或二苯胺≤1.0	—	—	—	—	≤0.4
SC-12A-Q16×70	余量	28±1.5	0.2~0.8	—	≥1.2	≤0.4	—	—	≤0.5	≤0.2
SZHXI-11-Q30×80	余量	9.5±1.5	0.2~0.8	—	2.0~8.0 或二苯胺 0.2~1.0	≤0.4	≤3.0	—	≤1.0	0.2~1.0
SZHXI-11-Q30×90	余量	13.3±1.5	0.3~0.2	—	≥1.1	≤0.3	2.0~6.0	—	≤1.0	0.2~1.0
ZT-13-Q30×90	余量	8.5±2	0.2~0.9	—	1.3~2.3	≤0.3	2.0~5.0	2.5~5.0	≤1.0	801添加剂 0.2~0.4
ZT-14-Q27×80	余量	9.0±2	0.2~0.8	—	≥1.2	≤0.4	2.5~5.5	2.5~5.5	≤0.8	—
SBE-13-Q30×90	余量	14.3±1.3	0.3~0.9	—	1.5~2.5	≤0.3	2.5~5.0	2.5~5.5	≤1.0	801添加剂 0.35~0.65

⑦乙酸乙酯的作用是做硝化棉的溶剂，使硝化棉变为胶体物质。

（3）三基发射药

三基发射药是在双基发射药的基础上加入硝基胍或相类似的炸药成分而制成的。由于硝基胍中含氢量和氮量比较多，含氧量少，所以硝基胍火药的燃烧温度比较低，对枪管的烧蚀较双基药的小，故称为"冷火药"。又因为它有三种主要成分，所以又称为三基药。

3.1.3 发射药的一般性能

1. 发射药能量特征量

在介绍发射药的一般性能前，先复习一下内弹道学中表征发射药能量的特征量。由于发射药种类较多，性质也各不相同，为便于描述不同发射药的性质，内弹道学中引进了一些描述能量的物理量参数，称为能量特征量。

自动武器弹药通过击针撞击底火（火帽），产生热冲量，点燃火药装药，其原因即在于它在燃烧时能放出大量的气体和热量，而放出的热量又以增高气体温度的形式表现出来。因此，热量、气体生成量及气体温度就体现了该种发射药做功能力的大小。

爆热 Q_w：1 kg 发射药在定容下燃烧后，将其气体冷却到 15 ℃时所放出的热量即为爆热 Q_w，单位为 $J \cdot kg^{-1}$。Q_w 值越高，则发射药的能量越大。

爆温 T：发射药在绝热条件下定容燃烧时，产物所达到的最高温度即为发射药的爆温 T，单位为 K（K 表示绝对温度，如果用绝对温度来表示水的冰点，即为 273.15 K）。

比容 W：1 kg 发射药燃烧所产生的气体，冷却到标准状态（0 ℃和 10^5 Pa）下所占体积称为比容，单位为 $L \cdot kg^{-1}$。比容越大，则发射药气体在膛内做的功也就越大。

火药力 f：1 kg 发射药完全燃烧后，所产生的气体生成物在 10^5 Pa 下，温度从 0 K 升高到 T 时所做的膨胀功即为火药力，单位为 $J \cdot kg^{-1}$。火药力越大，则其在膛内做的功也越大。

双基发射药因为硝化甘油成分含量变化大，能量特征量的变化范围也大。单基发射药因为硝化棉含氮量及各种成分含量变化范围小，能量特征量变化范围也小。发射药的能量特征量见表 3.1.5。

表 3.1.5 三种发射药能量特征量变化范围

特征量	种类		
	单基发射药	双基发射药	三基发射药
$Q_w/(MJ \cdot kg^{-1})$	3.265～3.349	2.638～5.024	3.349～5.861
T/K	2 770～2 920	2 500～3 400	2 600～3 500
$W/(L \cdot kg^{-1})$	910～950	850～1 020	950～1 050
$f/(kJ \cdot kg^{-1})$	880～1 029	833～1 176	1 029～1 176

2. 发射药增面燃烧的两种形式

发射药在膛内燃烧时的气体生成速率与发射药的几何形状、燃烧速度有关。燃烧气体生成速率逐渐稳定增加的称为渐猛燃烧；具有渐猛燃烧性质的发射药称为渐猛发射药。如果发射药开始燃烧时气体生成速率较大，随后迅速降低，那么膛内压力也会出现开始骤升，随即迅速下降。如果渐猛发射药与普通发射药在膛内对弹头所做的膨胀功相等，则渐猛性发射药的最大膛压比普通发射药的低。

目前有两种方法可使发射药成为渐猛燃烧：一是控制药形，将发射药制成多孔药形，另一种是将发射药表面钝感，即使发射药表面渗入缓燃物质，以减小燃烧初期的气体生成速率，缓燃物随渗入厚度而减少。当缓燃层燃尽后，气体生成速率逐渐增大，形成渐猛燃烧。要制成厚度小于 0.3 mm 的多孔药，在工艺上有一定困难，故小粒药多采用钝感方法来达到渐猛燃烧。

在单基发射药生产中较常用的钝感剂是樟脑。樟脑是一种含氧量较少的高级磷氢化合物，燃烧缓慢。当它用作钝感剂时，将其溶解于酒精中。因此，药粒吸收樟脑后，需要将酒精排出，以免由于酒精的蒸发而影响樟脑在发射药中的分布。

在钝感过程中，需加入一定数量的石墨，以增加药粒的导电性和减少钝感过程中药粒互相黏结的现象。同时，石墨可以增加药粒的流散性，有利于装药。

一般都要求单基发射药致密，机械强度好，密度为 1.58～1.64 g/cm^3，要符合这些要求，才能使发射药保持平行层燃烧。在一些短身管武器（如冲锋枪、手枪等）和空包弹中，发射药在膛内的燃烧时间短，采用质量致密的发射药，必须将燃烧层厚度减薄，才能保证发射药在弹丸飞出膛口前燃完。但这样薄的发射药在实际生产中存在较大的困难，为了增加燃速，可制成多气孔发射药。这种发射药的燃烧层厚度较大，但组织较疏松，因而燃速增大，所以在短身管武器中仍可以燃完。

制造多气孔发射药，是在胶化时加入水溶性的无机盐－硝酸钾。在压制成型并将溶剂驱出后，用水将硝酸钾浸出，药粒就形成了大量均匀的小孔。药粒中孔的大小和数量取决于加入硝酸钾的细度和数量，孔细而多的药粒，燃烧面要大些。表 3.1.6 列出了几种多孔发射药的性能和用途。

表 3.1.6　几种多孔发射药的性能和用途

发射药	燃烧层厚度/mm	孔径/mm	长度/mm	全挥/%	外挥/%	硝酸钾含量/%	用途
多－45	0.27～0.37	0.10～0.20	<1.3	<1.8	1.0～1.6	<0.1	51 式 7.62 mm 手枪、12 mm 和 16 mm 猎枪、9 mm 手枪、5.6 mm 小口径运动步枪
多－60	0.32～0.38	0.10～0.20	0.5～0.7	<2.0	1.0～1.8	<0.1	
多－125	0.30～0.40	0.10～0.20	<1.1	<2.0	1.0～1.8	<0.1	

3. 发射药的一般性能

（1）火药的均一性

纤维素硝酸酯（俗称硝化纤维素或硝化棉）是火药的主要能量来源，其结构、性质和火药的结构、性质有直接关系。但由于精制纤维素具有聚合度的多分散性和酯化过程中酯化反应的不均匀性，使硝化纤维素的聚合度、酯化度及酯基的位置不同，就形成了硝化纤维素的物理和化学的非均一性。

从火药的几何燃烧定律和武器射击过程来看，都要求火药具有良好的均一性，首先要求硝化纤维素的聚合度和酯化度尽可能均一，其次要求火药制造过程及工艺条件合理稳定，使所制得的火药形状、几何尺寸、理化性能具有均一性。

（2）发射药的物理安定性

物理安定性是指发射药在储存过程中能够抵抗组分发生变化的能力，对单基发射药来说，是指其吸湿性和挥发性，也就是通常说的"老化"问题。吸湿性与发射药本身的性质及空气的相对湿度有关，发射药吸湿后会影响弹道性能，要加以防止。挥发性与挥发性物质含量及外界条件有关。醇醚溶剂挥发性很强，随着它的挥发和水分变化，将会使火药的弹道性能发生变化。因此，这类火药在储存时应有良好的密封条件。

双基发射药的吸湿性和挥发性较单基药的小，但有渗出现象和晶析现象。渗出是指难挥发的硝化甘油由药粒的内部渗透到药粒的表面，即出现所谓渗油现象，影响火药的安定性，增加储存的困难。晶析是指中定剂等在发射药表面形成一层结晶，这种现象造成发射药成分不均匀，从而使弹道性能变坏。

（3）发射药的化学安定性

火药在储存过程中，能防止其自然发生化学变化的能力称为火药的化学安定性。硝酸酯类发射药都含有不稳定基（ONO_2），在外界条件作用下，结构容易破坏而分解。这就使得发射药的化学安定性较差，容易分解。

发射药的分解有三种形式：一是热分解，在常温下缓慢分解，温度升高后分解速度加快。二是自动催化作用，热分解产物中的 NO_2 对发射药起氧化作用，使发射药进一步分解；分解产物中的 NO 和 NO_2 起氧化作用后，被还原产生的 NO 与空气中的氧气起作用生成 NO_2，也就是说，NO 间接使空气中的氧气去氧化发射药，这种循环作用对发射药的分解影响很大。三是水解，酯和水作用还原成醇和酸。硝酸酯的水解作用称为脱硝，发射药的分解是在酸、碱作用条件下进行的，所以是加速进行的。这三种方式中，热分解是基础，它们互相影响，互相促进。理论和试验证明，单基发射药的硝化棉含氮量越高，越容易分解。另外，发射药的分解与制造质量、外界条件也有关。双基发射药中硝化甘油含量越高，越不安定，而中定剂和凡士林可提高其安定性。

（4）发射药的感度

火药在制造、使用、保管、运输过程中都会遇到撞击、摩擦、振动等作用，这些都可能使火药燃烧，甚至爆炸。火药遇到强烈摩擦时产生静电，放电所产生的火花容易引起发射药燃烧甚至爆炸。火药的机械感度一般小于起爆药，而大于猛性炸药（如梯恩梯），发射药的热感度比猛炸药的热感度大。

火药的冲击感度一般取决于其化学成分、性质、物理状态和温度（表 3.1.7），其冲击

表 3.1.7　各种火药的冲击感度

火药名称	不同温度下的爆炸率/%			附注
	+50 ℃	+18 ℃	-50 ℃	
梯恩梯	—	8	—	冲击试验：锤质量 10 kg，每项试验 50 次，药质量 0.2 g
有烟火药	100	100	100	
枪用单基药	88	68	56	
炮用单基药（N=12.95%）	92	68	64	
单基火药（N=13.2%）	100	80	75	
薄硝化甘油火药（双迫带状药）	80	50	90	
厚硝化甘油火药（19/1 管状药）	65	45	70	

感度将随硝化棉的含氮量和硝化甘油的含量增加而增大。双基药的机械感度则随硝化甘油含量的增加而增大；单基药的机械感度随硝化纤维素含氮量的增加和温度的升高而增大。

3.1.4 发射药的选择原则

1. 武器系统设计对火药性能的要求

火药是武器发射弹丸的能源，它以化学能的形式把能量储存起来，在点火具的作用下，有规律地迅速地把能量释放出来，并以火药自身燃烧后生成的气体迅速膨胀而向外做功，使弹丸以一定的速度飞向目标，从而达到战术技术要求。火药能量的大小最终表现为武器所做有效功的大小。因此，研究火药的能量，不仅要研究火药所储存的能量大小，还要研究火药化学潜能在释放和转化为功时的机理，以及效率的大小。

现代战争对武器提出了很多要求，这些要求与火药有密切关系，也可以说是对火药的要求，如射程远、威力大、寿命长、机动性好等。这些要求是相互矛盾的，例如，要求射程远，就必然提高弹丸的初速，为了满足初速的要求，需要提高火药的热量或燃烧温度，这就引起膛压和膛口压力的升高，从而造成后坐力大、精度差、寿命低、抽壳困难等。武器的弹道设计就是要把这些互相矛盾的东西在一定条件下统一起来，即在一定的膛压条件下，保证有足够的初速，从而保证一定的射程和弹丸动能。从火药方面考虑来解决上述矛盾，一般有以下几种方法：

（1）适当增加装药量

在武器质量、机动性许可的条件下，适当增加火药容积和提高火药的假密度，来达到增加装药量，从而提高初速的目的。

（2）提高火药能量利用率

火药能量中，用于使弹丸做直线运动的仅有30%~35%，用于热传导和摩擦散热损失的约为20%，尚有45%~50%的能量未被利用。如何提高火药能量利用率，是武器设计人员当前艰巨而繁重的研究课题之一。

（3）提高火药的化学潜能

为了提高弹丸的初速，除提高火药的能量利用率外，从研究火药的观点出发，还应提高火药的化学潜能。为此，就必须提高火药力或爆热，但这样做会给武器使用寿命带来一定的影响。因此，应在武器寿命许可的条件下提高火药的化学潜能，或相应采取弥补武器寿命损失的措施。

（4）提高火药的比容

身管的寿命受火药气体烧蚀作用影响较大，而其中主要的是燃烧后生成气体的温度（即爆温）。爆温越高，烧蚀越严重，身管寿命越低。因此，对火药的要求是能量高、烧蚀小，即化学潜能大、爆温低。可见，必须提高火药的比容，即提高火药燃烧后生成气体的体积，以提升气体膨胀做功的能力，从而达到提高弹丸初速的效果。

综上所述，为满足武器的要求，火药必须具有高能量、低烧蚀的性能。也就是在一定爆温的范围内，尽量提高火药的做功能力，或在一定爆热范围内尽量提高火药气体的比容。

2. 选择发射药的原则

对自动武器而言，一般可根据弹药的用途来选择发射药。

(1) 手枪弹（冲锋枪弹）、空包弹

手枪及使用手枪弹的冲锋枪，枪管短，枪弹的药室容积小，要求发射药必须具有速燃性，即发射药应有很高的燃烧速度。为此，需要提高发射药的热量，即提高硝化棉含氮量，或提高硝化甘油的含量，或降低发射药的热量，增大发射药的微孔性，使发射药燃烧面积增加，从而提高发射药的气体生成速率。在药形上，可以选用多孔性单基球形药、单孔小管状药，或双基小粒药、球扁药等。枪用普通空包弹的发射药普遍使用多气孔单基药（多-125），部分手枪弹和空包弹使用的发射药品号见表3.1.8。

表3.1.8 部分手枪弹和空包弹使用的发射药品号

弹种	弹头平均质量/g	速度平均值/$(m \cdot s^{-1})$	最大膛压平均值/MPa	发射药品号	装药量/g
51式7.62 mm手枪弹	5.525	420~450 (v_{10})	≤206	多-45	0.56
64式7.62 mm手枪弹	4.795	290~310 (v_{10})	≤123	双粒17	0.18
59式9 mm手枪弹	6.1	290~315 (v_{10})	≤118	多-125	0.25
.38手枪弹	10.24	247~271 ($v_{4.57}$)	≤110	双粒17	0.30
NATO 9×19 mm手枪弹	8.0	365~385 (v_{16})	≤215	S-3/1-D25	0.40
92式5.8 mm手枪弹	3.0	470~490 (v_5)	≤220	双粒17	0.30
05式5.8 mm微声弹	4.0	320~336 (v_3)	≤165	Sc-12A-Q-16×70	0.15
各种型式步机枪普通空包弹	—	—	—	多-125	按弹种确定

(2) 步机枪弹

此类武器枪管较长，弹头初速高、膛压高，发射药的装量一般在1.6~3.0 g范围内。随着装药量的增加、弹头在膛内运动时间的增长，需要通过调整发射药燃烧初期的燃速来满足弹头发射时的初速，并满足武器射击时有良好的功能性。步机枪弹发射药与手枪弹、空包弹发射药的燃烧性质不同，发射药需要进行钝化处理，使其在膛内产生渐猛燃烧的效果。目前有两种方法可改变发射药的燃速：一是把发射药制成单孔或多孔的管状药形（多孔管状药形用在大口径机枪弹上），并用化学方法进行钝化处理，使发射药的燃烧速度成渐猛性，如2/1樟、3/1樟；另一种方法是对双基球扁形小粒发射药的表面进行钝化处理，使其渗入缓燃的物质,以减小发射药燃烧初期的气体生成速率,当缓燃层逐渐燃尽后,气体生成速率逐渐增大,产生渐猛燃烧的效果,如 ZT、SBE、SQB 等双基发射药。表 3.1.9 列出了部分步机枪弹及使用的发射药品号。

表 3.1.9　部分步机枪弹及使用的发射药品号

弹种	弹头质量平均值/g	速度平均值/(m·s^{-1})	最大膛压平均值/MPa	发射药品号	装药量/g
56 式 7.62 mm 普通弹	7.85	710~725 (v_{25})	≤274.6	2/1 樟	1.6
53 式 7.62 mm 普通弹	9.60	820~835 (v_{25})	≤304	3/1 樟	3.0
M193 型 5.56 mm 普通弹	3.55	953~977 (v_{25})	≤357.9	SZHXI-11-Q 30×80	1.75
SS109 型 5.56 mm 普通弹	4.0	903~927 (v_{25})	≤357.9	SZHXI-11-Q 30×90	1.65
M80 型 7.62 mm 普通弹	9.30	22~852 (v_{25})	≤325	DBEF-3/1	2.75
95 式 5.8 mm 普通弹	4.15	940~960 (v_{25})	≤284.4	ZT-13-Q30×90	1.7
88 式 5.8 mm 机枪弹	4.80	885~905 (v_{25})	≤294.2	SBE-13-Q30×90	1.65
10 式 5.8 mm 普通弹	4.55	905~925 (v_{25})	≤289.3	ZT-14-Q27×80	1.7

(3) 大口径机枪弹

这类武器要求初速高、威力大、机动性好,由于武器的口径较大,故可制成多孔形的增面燃烧火药或多孔钝感火药,如 5/7、4/7、5/7 高樟等。表 3.1.10 列出了部分大口径机枪弹使用的发射药品号。

表 3.1.10　部分大口径机枪弹及使用的发射药品号

弹种	弹头质量平均值/g	速度平均值/(m·s^{-1})	最大膛压平均值/MPa	发射药品号	装药量/g
54 式 12.7 mm 穿燃弹	47.4~49.0	810~825 (v_{25})	≤294.2	4/7 石	17
54 式 12.7 mm 穿燃曳弹	43.2~44.8	820~835 (v_{25})	≤294.2	4/7 石	17
56 式 14.5 mm 穿甲燃烧弹	63.0~64.8	980~995 (v_{25})	≤318.72	5/7 石	31

续表

弹种	弹头质量平均值/g	速度平均值/(m·s⁻¹)	最大膛压平均值/MPa	发射药 品号	发射药 装药量/g
56式14.5 mm 穿甲燃烧曳光弹	58.5~60.5	955~1 015 (v_{25})	≤318.72	5/7 石	32
84式12.7 mm 钨芯脱壳穿甲弹	27.2~28.7	1 150 (v_{25})	≤326.3	SBe-15-Q39×150	19
89式12.7 mm 穿甲燃烧曳光弹	59.0~60.5	≥820 (v_{25})	≤329	SBe-Q49×210	19
89式12.7 mm 穿爆燃弹	47.4~49.0	810~825 (v_{25})	≤294.2	4/7 石	16
02式14.5 mm 钨芯脱壳穿甲燃烧曳光弹	43.85~45.50	≥1 250 (v_{25})	≤355.7	SBe-16-Q64×150	36
02式14.5 mm 穿爆燃弹	47.4~49.0	810~825 (v_{25})	≤294.2	4/7 石	36
06式12.7 mm 双头弹	≤69.5	前弹头≥765 (v_{25})	≤294.2	SBe-Q49×210	17

(4) 榴弹发射器弹药

这类武器要求初速不高、膛压也不高,但武器口径大,故可制成多气孔发射药,如多-125等。表3.1.11列出了部分榴弹发射器弹药使用的发射药品号。

表3.1.11 部分榴弹发射器弹药及使用的发射药品号

弹种	弹头质量平均值/g	速度平均值/(m·s⁻¹)	最大膛压平均值/MPa	发射药 品号	发射药 装药量/g
DFJ87式35 mm 自动榴弹发射器破甲杀伤弹	248	200 (v_{25})	≤98	多-125	2.65
DFD87式35 mm 地面标示弹	248	200	≤98	多-125	2.65
美国40 mm 自动榴弹发射器破甲杀伤弹(M430)	344	244	≤83	M2	4.64

3.1.5 发射药的标识

自动武器弹药常用的发射药形状有单孔或多孔管状药、片状药、多气孔粒状药、小粒药、球形药、球扁药，它们的尺寸和形状按以下方法标识。

1. 单孔或多孔管状药

用分式表示，分母表示药粒的孔数，分子表示药粒燃烧层平均厚度，以 1/10 mm 为单位。如：

2/1 樟：表示单基单孔管状药，燃烧层平均厚度 0.2 mm，"樟"表示是用樟脑钝感处理过的药。用途：56 式 7.62 mm 枪弹。

3/1 樟：表示单基单孔粒状药，燃烧层平均厚度 0.3 mm，"樟"表示是用樟脑钝感处理过的药。用途：53 式 7.62 mm 枪弹。

DBEF-3/1：单基单孔管状药。"DBEF"是汉语拼音"单苯芳"的缩写，"D"代表单基、"BE"代表"苯二甲酸二丁酯"、"F"代表"二硝基甲苯（芳香族化合物）"，3/1 的含义同上。用途：7.62×51 mm 枪弹。

5/7 石：表示七孔粒状药，燃烧层厚度近似为 0.5 mm，用石墨光泽过的发射药。

2. 片状药

用数字中间夹"-"及"×"依次表示药粒平均厚度、宽度和长度，厚度以 1/100 mm 为单位，宽度和长度以 mm 为单位，如：

10-1×1：表示单基片状药，药粒平均厚度 0.1 mm、宽度和长度均约为 1 mm。由于方片药的流散性不如其他药形，枪弹一般不采用。

3. 多气孔粒状药

用"多"表示多气孔，横线后面的数字表示在胶化时加入硝酸钾为硝化棉含量的近似百分数。如：

多-45：表示在胶化时加入约 45% 的硝酸钾制成的单基多气孔药。用途：51 式 7.62 mm 手枪弹。

多-125：表示在胶化时加入约 125% 的硝酸钾制成的单基多气孔药。用途：59 式 9 mm 手枪弹、5.6 mm 运动枪弹，以及各种型号的普通空包弹。

4. 小粒药

用"双"表示双基药（单基药不标识），"粒"表示药形，数字表示燃烧层平均厚度，以 1/100 mm 为单位。如：

粒 25：表示单基小粒药，药粒平均厚度 0.25 mm。

双粒 17：表示双基小粒药，药粒平均厚度 0.17 mm。用途：64 式 7.62 mm 手枪弹、.38 手枪弹。

5. 球形药

用"单"或"双"表示发射药的能量成分是单基或双基，"球"表示球形，数字表示药粒平均直径，以 1/100 mm 为单位。如：

单球 38 表示单基球形药，平均直径约为 0.38 mm。用途：56 式 7.62 mm 反坦克枪榴空包弹。

6. 球扁药

标识由发射药的类型（字母）标记、编号（两位数）标记、药粒的形状标记（Q）以及尺寸（平均厚度×直径）标记组成，它们之间分别用"-"连接。尺寸以1/100 mm为单位。如：

SZHXI-11-Q30×80："SZHXI"是汉语拼音"双中硝"的缩写，"S"代表双基，"ZH"代表2号中定剂，"XI"代表硝酸钾，"11"为编号，"Q"表示药形近似于球形，30表示药粒的平均厚度近似0.3 mm，80表示直径近似0.8 mm。用途：5.56×45 mm枪弹。

ZT-13-Q30×90："ZT"是汉语拼音"酯态"的缩写，表示的是混合酯类型的双基药，药的组分中同时添加硝化三乙二醇和苯二甲酸二丁酯，"Q"表示药形近似于球形，30表示药粒的平均厚度近似0.3 mm，90表示直径近似0.9 mm。用途：5.8 mm普通弹。

SBE-13-Q30×90："SBE"表示"双苯"类型的发射药，"BE"代表苯二甲酸二丁酯，与"ZT"药不同，组分中不添加硝化三乙二醇。用途：5.8 mm机枪弹。

SC-12A-Q16×70："SC"表示"双醋"类型的发射药，"C"表示成分中添加了乙酸乙酯（醋酸醚）。用途：5.8 mm微声弹。

在自动武器弹药用的双基发射药标识中，常见的还有用"SB"代表"双扁"药，以及用"SQB"代表"双球扁"的品号标识方法。

为了区分硝化棉含氮量的不同，或含有其他附加物，或进一步标明形状，则常在标识后面附加一些文字作为补助标记：

①比正常含氮量高或低的混合硝化棉制成的药形近似的发射药，其标识后加上"高"或"低"字以示区别。如"5/7高"是指比一般5/7药的混合硝化棉的含氮量高。

②用樟脑钝感处理过的药，在标志后加"樟"字，如2/1樟。

③用石墨光泽过的药，在标志后加"石"字。

④含有地蜡，表面又经石墨光泽过的药，在标志后加"蜡石"，如4/7蜡石。

⑤含有松香（起消焰作用）的药，在标志后加"松"字，如6/7松。

⑥花边形多孔药，在标志后加"花"字，如7/14花，表示花边形十四孔药，药厚约为0.7 mm。

发射药批的组分、含量、药形尺寸偏差、安定性试验要求，以及弹道性能（速度、膛压）的检验结果，可查阅发射药批的验收合格证。

3.1.6　发射药装药量的确定

在药批使用前，应查验发射药批合格证的内容，了解发射药批检验的理化性能，初速、膛压试验的装药量和测试结果，并以此装药量作基准，用增、减装药量的方法测试枪弹速度，预选并最终确定枪弹批量投产时所需的公称药量。

常用方法是，从发射药批的包装箱中任取三个药箱，先对其中的一个药箱取样，以合格证上的装药量为基准，通过调整装药量的方法测试枪弹初速，直至预选出适合弹种规定速度平均值范围中限值的装药量。然后用该装药量分别对三个药箱的发射药样做初速测试，并用其中的一箱药样做膛压测试，当三组速度和一组膛压的测试结果同时达到该弹种的速度、膛压指标要求，且三组速度的总平均值在初速指标中限值 ±3 m/s之内时，此量可确定为该药批投产的公称药量。当枪弹有高、低温性能测试要求时，发射药还应按确定的公称药量装弹做高、标、低温的初速、膛压测试。经高、低温测试所得的高温膛压和低温速度降均达到技术指标要求时，才能办理药批的公称装药量及装药量偏差审批手续并投产。对批量投产的最初枪弹产品应及时抽样做初速、膛压的测试，以确认所确定的公称药量能达到枪弹性能指标的要求。

3.2 自动武器弹药用炸药

自动武器弹药用炸药主要是榴弹发射器弹药，目前列装的枪弹中少量大口径枪弹如穿甲爆炸燃烧曳光弹用少量炸药。因此，本书中简单介绍一下炸药的有关特征、分类、性能等。

3.2.1 炸药爆炸的特征

现以雷管引爆炸药为例，当雷管引爆后，炸药在瞬间形成一团烟雾，出现强烈的火光，伴随有声响效应，在爆炸点附近的介质和建筑物受到破坏、震动和产生位移。在上述过程中出现强烈的火光，说明炸药爆炸过程是放热的，因而形成高温而发光；爆炸是瞬间完成的，表明爆炸过程是极迅速的；烟雾的产生表明炸药爆炸过程中产生大量气体和固体微粒；高温高压气体的迅速膨胀，则是周围介质和建筑物受到破坏、震动和产生位移的根本原因。所以，炸药爆炸过程有三个特征：放热性、迅速性（或瞬时性）、生成大量的气体产物。

爆炸过程放出大量的热是爆炸反应具备的第一个必要条件，对于这一点，所有炸药都没有例外。没有这个条件，爆炸过程就根本不能发生，也就不可能出现爆炸过程的自动传播。

反应过程的迅速性也是炸药爆炸变化的必要条件，并且是更重要的条件。它是爆炸过程区别于一般化学反应过程的重要标志。就单位质量物质的放热性而言，炸药比不上普通的燃料，但是普通燃料燃烧时，一般都不具有爆炸的特征，其根本原因在于它们的反应过程进行得很慢。例如，煤炭燃烧反应的放热量为 8.928 MJ/kg，苯燃烧的放热量为 9.337 MJ/kg，而梯恩梯的爆炸反应放出的热量只有 4.187 MJ/kg。前两者反应完了所需的时间为数分钟或更多一些时间，燃烧反应速度慢，生成的气体、放出的热量能立即扩散到周围介质中去。而后者仅需要十到几十微秒的时间，反应放出的热量来不及向外扩散，这才能使生成的气体产物具有高温高压，在膨胀过程中对外做功。

反应过程中生成大量的气体也是一个重要因素，如若一个反应过程不生成大量的气体物质，那么爆炸瞬间就不能产生高压状态，因此也就不可能产生由高压到低压的膨胀过程及爆炸破坏效应。只有反应过程生成大量的气体产物，才能在高温下形成高温高压的气体，将热能转变为机械功。

放热性给爆炸变化提供能源，反应迅速性则使有限的能量迅速地放出，因此放出的能量集中，功率大。反应生成大量的气体产物是能量转换的本质，三个特征必须同时具备。

3.2.2 炸药的分类

炸药的品种很多，可以按它在武器中的用途和组成两种方式进行分类。

1. 按炸药在武器中的用途分类

（1）起爆药

起爆药是一种对外界作用很敏感的药剂，在较小的外界作用（机械作用或热作用等）

下，就能引起爆炸变化。这类炸药的特点是感度大，一般用于装填各种起爆器材和点火器材，如火帽、雷管等。它常用来引爆其他高级炸药，使之发生爆炸变化。

常用的起爆药有雷汞、叠氮化铅 $Pb(N_3)_2$、斯蒂芬酸铅 $C_6H(NO_2)_3O_2Pb$、二硝基重氮酚 $C_6H_2O(NO_2)_2$ 及特屈拉辛 $C_2H_8N_{10}O$ 等。

(2) 猛炸药

与起爆药相比，它的特点是比较不敏感，即需要较大的外界作用才能引起它的爆炸，猛炸药通常用起爆药来引爆。它的另一个特点是，爆炸时对周围介质有强烈的破坏作用，故用作爆炸装药，装填各种弹体和爆破器材等。

常用的猛炸药有：梯恩梯（三硝基甲苯）$CH_3C_6H_2(NO_2)_3$、特屈儿（三硝基苯甲硝胺）$C_7H_5N(NO_2)_4$、黑索金（环三亚甲基三硝胺）$(CH_2)_3N_3(NO_2)_3$ 和太安（季戊四醇四硝酸酯）$C(CH_2ONO_2)_4$ 等。

(3) 火药（发射药）

火药接受一定的能量进行有规律的燃烧，产生高温、高压的气体，在膛内膨胀做功，实现弹丸的发射。

常用的火药有硝化棉火药、硝化甘油火药和黑火药等，前面已有叙述，不再赘述。

2. 按炸药的组成分类

炸药可分为单质炸药和混合炸药。

(1) 单质炸药（又称爆炸化合物）

这类炸药大多数都是含氧的有机化合物，如梯恩梯、特屈儿、黑索金、太安等。

(2) 混合炸药

混合炸药种类繁多，其由两种或两种以上成分混合制成。

一种为含氧丰富的成分（或称氧化剂），另一种为不含氧或含氧较少的成分（或称可燃物），以一定的比例均匀混合，有时加入某些附加物，用于改善炸药的爆炸性能、安全性能、力学性能、成型性能及抗高、低温性能等。

混合炸药可分为爆炸气体混合物、液态混合物、固体混合物及多相混合物，爆炸气体混合物由于它的爆炸能量密度小等原因而较少应用，目前应用最广泛的是固体混合炸药。

3.2.3 炸药的爆炸作用

炸药的爆炸作用主要体现在炸药的做功能力、猛度和感度三个方面。

1. 炸药的做功能力

炸药的做功能力是炸药总的破坏能力，即炸药的位能，理论上只取决于炸药的爆热。而实际上，炸药做功能力还与炸药的比容有关。这是因为爆炸气体产物是做功的工质，工质很少时，热能就不能充分转换为机械功，比容较大时，工质多，热能转换为机械功的效率也较高，即能量损失较少。因此，比容大的炸药实际上做的功比较多。在考虑如何提高炸药的实际做功能力时，就要从增加爆热与比容这两个方面去考虑。为此，在梯恩梯或黑索金中加入铝、镁等金属粉，以及在梯恩梯中加硝酸铵等，都能够大大提高炸药的做功能力。

炸药的做功能力常用铅铸法来测定，即以一定量的炸药在铅铸孔中爆炸，按爆炸气体产物膨胀所引起的铅铸扩孔的体积数值大小来判断和比较炸药的做功能力。

2. 炸药的猛度

爆炸的直接作用或猛炸作用的能力称为炸药的猛度。决定炸药猛度的因素，主要是爆炸产物压力的大小及其作用时间的长短，即爆炸产物作用于目标的压力和冲量。

炸药的猛度通常用铅柱压缩法测定，用一定尺寸的铅柱，将炸药置于端面，爆炸后铅柱被压缩成蘑菇形，测出铅柱压缩前后的高度差，高度差大，则猛度大，以此来比较炸药猛度的大小。

猛度是局部的破坏能力，对于单质炸药，一般做功能力大的，猛度也大。但有一些混合炸药同单质炸药比，做功能力大的，猛度并不一定大。

3. 炸药的感度

炸药是一种能够发生爆炸变化的物质，但它同时具有一定的稳定性，要引起炸药的爆炸变化，还必须给予一定的外界作用。炸药的感度表示在外界作用下，炸药发生爆炸变化的难易程度。炸药的感度大，表示在较弱的外界作用下，就能引起它发生爆炸变化。外界作用的形式很多，一般常见的有机械作用（冲击、摩擦、针刺、射击）、热作用（均匀加热、火焰、电火花）和爆炸作用（爆炸的直接作用、冲击波破片）等。炸药对不同的外界作用有不同的感度，如冲击感度、摩擦感度、针刺感度、热感度、火焰感度、冲击波感度、爆轰感度等。

各种炸药对不同形式的初始冲能具有一定的选择性，如起爆药特屈拉辛对机械作用很敏感，而斯蒂芬酸铅对火焰作用很敏感。

同一种炸药激起爆炸所需的某种形式的能量，也不是一个严格固定的值。它随着加载的方式、加载的速度不同而不同，如静压力作用条件下需要很大的能量才能使炸药爆炸；而冲击压力作用条件下，只需较小的能量。

同一种炸药的各种不同的感度之间没有一个当量关系。炸药的感度不仅和炸药本身的物理化学性质有关，还和炸药的物理状态有关，如压装的和注装的梯恩梯爆轰感度是不相同的。

炸药的热感度通常用发火点（爆发点）来表示，即指在一定的试验条件下，将炸药加热到发火所需加热介质的最低温度。为了比较各种炸药热感度的大小，必须固定一个延滞期，一般采用 5 s（或 5 min）延滞期发火点。如果超过 5 s 才发火，则须增加温度；如果不到 5 s 就发火，则需降低温度。

炸药的冲击感度，一般用落锤试验来测定。即以一定质量的锤在一定落高下，冲击一定质量的炸药，以其爆炸百分数来表示。

炸药的爆轰感度，也就是对起爆药的爆炸感度。起爆感度的大小一般用极限起爆药量来表示，即以一定质量的锤在一定落高下，猛炸药完全爆轰所需的最小起爆药量。

3.2.4 几种常用的猛炸药

常见的几种猛炸药有梯恩梯、特屈儿、黑索金、奥克托今、太安，还有北京理工大学研制的 CL20 等。

1. 梯恩梯

梯恩梯学名三硝基甲苯，缩写为 TNT。它是淡黄色的结晶物质，工业生产的是片状，在阳光照射下，会逐渐变成褐色。这是由于紫外线的作用，其发生光学异构化而生成了敏感的化合物，这种化合物对梯恩梯的质量有很大的影响。梯恩梯的密度为 1.66 g/cm^3，假密度为 0.9 g/cm^3，当压力为 300 MPa 时，它可压缩到 1.6 g/cm^3，熔铸的密度是 1.55~1.59 g/cm^3。纯三硝基甲苯的熔点为 80.9 ℃，它在熔化时不分解，故可用熔铸法来装填弹丸。它的吸湿性很小，一般为 0.05%，难溶于水，但易溶于一般有机溶剂和硝酸、硫酸中。

它与金属不起化学反应，但和碱类反应能生成比梯恩梯更敏感的爆炸性物质。

梯恩梯的化学安定性好。在 150 ℃ 时它开始缓慢分解，到 200 ℃ 才急剧分解。它的 5 s 发火点为 475 ℃，在空气中被点燃时，只能缓慢燃烧，不会发生爆炸。

梯恩梯的机械感度很低，在立式落锤仪上试验，当锤质量为 10 kg，落高为 25 cm 时，冲击感度 4%~8% 爆炸。

压装的和熔铸的梯恩梯的起爆感度是不同的，对于压装而言，雷汞的极限起爆量为 0.36 g，叠氮化铅的为 0.09 g；而熔铸用 1 g 雷汞也不能使它爆炸，因此需用其他威力更大的猛炸药作传爆药柱来引爆它。

梯恩梯的爆速为 6 700 m/s（当密度为 1.5 g/cm^3 时），铅铸扩张值（威力）为 285 mL，铅柱压缩量（猛度）为 13 mm，比容为 7 301 $L \cdot kg^{-1}$，爆热为 4.187 MJ/kg。梯恩梯是一种有毒物质，多数是通过皮肤沾染和呼吸道吸入而使人中毒。但只要工房有良好的通风设备，并按规程操作，基本上可以避免中毒事故发生。

TNT 主要用于装填各种炮弹、航弹、手榴弹等弹药作爆炸装药，以及用于各种爆破器材；与多种炸药混合作混合炸药用，例如和二硝基萘混合成"梯萘炸药"，可装填迫击炮弹；和硝酸铵混合成"铵梯炸药"，在战时装填各种炮弹；和一些威力较大的炸药如黑索金混合为"黑梯炸药"，用于装填破甲弹等。

2. 特屈儿

特屈儿学名三硝基苯甲硝胺。它是淡黄色结晶物质，密度为 1.78 g/cm^3，假密度为 0.9~1.0 g/cm^3，它很容易被压缩到 1.60~1.65 g/cm^3。当压药压力为 200 MPa 时，密度可达 1.71 g/cm^3。特屈儿的熔点为 127.9 ℃，但在熔化时稍微分解，故不能用熔装方法来装填弹丸。

特屈儿不吸湿，也不溶于水，很难溶于乙醇，但易溶于苯和二氯乙烷，特别易溶于丙酮，它与金属不起化学作用。

特屈儿的安定性比梯恩梯的稍差些，但在常温下储存时，有足够的安定性。在空气中燃烧猛，5 s 的发火点为 257 ℃。

特屈儿的威力大于梯恩梯，起爆感度比梯恩梯的高，其极限起爆药量为：雷汞 0.29 g、叠氮化铅 0.03 g。

它的爆速为 7 000 m/s（当密度为 1.63 g/cm^3 时），冲击感度为 50%~60% 爆炸，铅铸值为 340 mL，铅柱压缩值为 19 mm，比容为 7 651 $L \cdot kg^{-1}$，爆热 4.605 MJ/kg。

它的毒性比梯恩梯的大，在生产和使用时应予以注意，主要用于各种弹药的传爆药柱和雷管中的第二装药，以及小口径炮弹的爆炸装药或与梯恩梯混合作弹丸装药。因其毒性较大，成本又较高，现已渐趋淘汰。

3. 黑索金

黑索金学名环三亚甲基三硝胺，代号为 RDX。它是白色结晶物质，密度约为 1.8 g/cm^3，假密度为 0.8~0.9 g/cm^3。工业用的黑索金为细晶粉末，很难压缩。因此，常用钝化剂（地蜡 60%、硬脂酸 38.8%、油溶性染料 1.2%）来钝化。这样既能降低对外界作用的感度，又能改善其压缩性（可被压缩到密度为 1.65 g/cm³）。纯黑索金的熔点为 203 ℃，但在熔化时随即分解。

黑索金不吸湿，不溶于水，也不溶于一般有机溶剂，只在丙酮或浓硝酸中溶解性较好，故可作为重结晶的溶剂。稀硫酸或稀苛性碱与黑索金煮沸较长时间，可使其水解，在生产上常用来处理废药和清洗生产设备，它与金属不起化学作用。

黑索金的安定性好（稍次于梯恩梯），它的 5 s 发火点为 260 ℃，少量黑索金在空气中燃烧较猛烈，烟较少。1 kg 以上的黑索金燃烧时，往往因急速受热分解而导致爆炸。

黑索金的机械感度比特屈儿的高，在落锤仪上试验，冲击感度为 70%～80% 爆炸。黑索金的起爆感度也较特屈儿的高，起爆极限药量为：雷汞 0.19 g，叠氮化铅 0.05 g。

黑索金在威力方面超过特屈儿，是威力较大的炸药之一。未钝化的黑索金的爆速为 8 660 m/s（当密度为 1.755 g/cm³ 时），铅铸扩张值为 475 mL，铅柱压缩值为 24 mm，比容为 9 101 L·kg^{-1}，爆热为 5.527 MJ/kg。

黑索金也是一种有毒物质，但比梯恩梯和特屈儿的毒性小，一般经呼吸道、消化道或经皮肤吸收后，在肌体内积储，有一定的潜伏期。只要生产和使用时加以注意，其中毒是可以预防的。

由于黑索金的威力大，又有很好的起爆感度，原料基地广，且非常安定，因此应用较广泛。

为了扩大黑索金的使用范围，常采用以下三种处理方法：

（1）加入钝感剂

常用的钝感剂有石蜡、地蜡、蜂蜡等，将少量钝化剂包覆在黑索金颗粒表面，可降低其冲击感度，如 A-IX-1 炸药，是在黑索金中加入 5.5%～6.5% 的提纯地蜡及硬脂酸后制成的，它可作为中、小口径炮弹，火箭弹及航空弹药的爆炸装药。

（2）和其他钝感炸药混合

如"黑梯炸药"（TNT 50%～60%、RDX 50%～40% 的熔合物），可用于空心装药破甲弹的装药。

（3）制成塑性炸药

以黑索金为主体，加入少量黏合剂及增塑剂等制成具有塑性的混合炸药（可以任意捏合与成型），是一种比较优良的爆炸装药。例如"塑-1 炸药"（黑索金:聚醋酸乙烯酯:环氧树脂:磷酸二苯异辛酯 = 92:1.6:2.7:3.7），用于碎甲弹的装药及爆破药包等。

此外，黑索金还可作传爆药柱、雷管的第二装药和导爆索的药芯等。

4. 太安

太安学名季戊四醇四硝酸酯，有时也称膨梯儿。它是白色结晶物质，密度为 1.77 g/cm³，假密度为 1.2～1.3 g/cm³，但经压缩，密度可达 1.70 g/cm³。纯太安的熔点为 142 ℃，在熔化时开始分解，故不能熔装，但它能熔于梯恩梯中，可将其作成熔合物来使用。

太安不吸湿，也不溶于水和乙醇，但易溶于丙酮。它与金属不起化学作用。

太安的安定性较好，在加热到 170 ℃时，会冒黄烟分解。少量太安在空气中能猛烈燃烧，可产生无烟的光亮火焰。如超过 1 kg 时，可由燃烧转为爆炸，太安的 5 s 发火点为 225 ℃。

在机械感度方面，它是常用的猛炸药中最敏感的一种。它在落锤仪上试验时，会 100%

爆炸。起爆感度为：雷汞 0.17 g，叠氮化铅 0.03 g。

由于太安过于敏感，若用来装填弹药，需用石蜡等钝化剂钝化，或与其他钝感的炸药如梯恩梯混合才能使用。

未钝化的太安爆速为 8 600 m/s（当密度为 1.77 g/cm^3 时），铅铸扩张值为 470 mL，铅柱压缩值为 24 mm，比容为 7 901 $L \cdot kg^{-1}$，爆热为 5.799 MJ/kg。

太安微毒，能使人体血压降低，并引起呼吸短促等病状，但影响不显著。

它用作雷管的第二装药、导爆索的药芯和传爆药，钝化过的太安和其他钝感炸药混合，可作为小口径高射炮弹、火箭弹等的装药。

5. 奥克托今

奥克托今学名环四亚甲基四硝胺，它是白色结晶物，密度为 1.902 g/cm^3。奥克托今的熔点为 276~277 ℃，它的热安定性比黑索金的更好，特别是较高温度时，与梯恩梯相近。在 230 ℃ 下加热 100 min 不分解。奥克托今有四种晶型，其中以 B 型最稳定。

奥克托今不溶于乙醚、苯、甲苯等，在硝基苯中溶解度也很小，可溶于丙酮。

奥克托今的 5 s 发火点为 377 ℃，它的冲击感度为 100%。起爆感度为：叠氮化铅 0.3 g。

奥克托今的爆速为 8 917 m/s（当密度为 1.85 g/cm^3 时），铅铸扩张值为 486 mL，爆热为 5.652 MJ/kg。

奥克托今的化学结构类似于黑索金，但它的结晶密度高，可达到更高的爆速和爆压。它是目前高爆速炸药中性能较好的一种，它的机械感度高，可加入钝感剂加以改善。

将奥克托今作为混合炸药的主体炸药，可应用于破甲弹的装药，其主要缺点是生产率低、周期长、成本高。

3.3 自动武器弹药用烟火剂

烟火剂一般由氧化剂、可燃物和附加物混合制成，用以装填特种弹药，这里主要介绍自动武器弹药常用的曳光剂、引燃剂和燃烧剂等。

1. 曳光剂和引燃剂

曳光剂由氧化剂（兼作染焰剂）、燃烧剂和黏结剂混合而成。

氧化剂在分解后产生氧气，使燃烧剂燃烧。在曳光剂中，氧化剂通常又兼作染焰剂。

引燃剂中，一般采用强氧化剂如过氧化钡和硝酸钡等，以提高对火焰的感度。

可作红色染焰剂的盐类有硝酸锶、氯酸锶、碳酸锶和草酸锶。氯酸锶发光性能好，但机械感度大，吸湿性大。硝酸锶比氯酸锶钝感，吸湿性小，但它的火焰比色纯度较氯酸锶的差。钙盐燃烧的颜色是橙色或玫瑰色，它在不同的烟火剂中能起调色的作用。

可作绿色染焰剂的有硝酸钡、氯酸钡、碳酸钡和草酸钡。铜盐也能使火焰呈碧绿色，但因吸湿性太大，未能得到应用。

为了使可燃物完全燃烧，必须有足够的氧化剂供氧。如供氧不足，则燃烧不完全，会产生有色气体生成物（烟），影响火焰颜色。

可燃物燃烧时，应能产生持久的高温火焰，使曳光弹在高速旋转和飞行中火焰不易熄灭。通常用镁或铝镁合金粉作曳光剂中的可燃物，燃烧产生极高的温度，使锶或钡盐变成蒸气，显示出红色或绿色火焰。因铝不易点燃，故不单独使用。曳光剂中的可燃物不宜过多，否则会降低颜色浓度。

黏结剂通常采用虫胶、酚醛树脂或松脂酸钙,其中虫胶也是一种较好的可燃物。黏结剂可改善装药工艺性能,提高药剂的防潮能力和药柱的机械强度;在燃烧时不易破碎和散落,减缓燃烧速度,降低药剂的感度。

曳光剂和引燃剂中几种常用成分的主要性能:

(1) 硝酸锶($Sr(NO_3)_2$)

白色或微黄色结晶粉末,密度 $2.9 \ g/cm^3$,熔点 645 ℃,吸湿,溶于水,是氧化剂兼红光剂,火焰呈红色,混成曳光剂后敏感。

(2) 碳酸锶($SrCO_3$)

白色粉末,密度 $3.6 \ g/cm^3$,微溶于水,在 1 300 ℃时分解为氧化锶和二氧化碳,火焰呈红色。

(3) 过氧化钡(BaO_2)

白色或稍有褐色的粉末,密度 $4.96 \ g/cm^3$,熔点 450 ℃,难溶于水,不吸湿,与水作用时放出大量的热。过氧化钡是一种强氧化剂,在药剂中能提高对火焰的感度,混成引燃剂后对摩擦较敏感。加热过氧化钡时,可放出有效氧 9%~18%,分解时所需的温度比较低,为 800 ℃左右。分解产生的固体渣粒占原质量的 91% 左右,密度较大,因此是一种较好的氧化剂。

(4) 镁粉

银白色金属粉末,密度 $1.7 \ g/cm^3$,熔点 65 ℃,沸点 1 100 ℃。镁粉容易引燃,燃烧时温度很高并发出耀眼的亮光。纯净而干燥的镁粉在 420~440 ℃即起火燃烧,在一定条件下,湿镁粉尘在 360 ℃就开始燃烧。悬浮在空气中的镁粉尘,当其浓度超过 20~25 mg/L 时,就有爆炸危险。镁粉能强烈地与水相互作用,放出大量的热,使温度升高,并产生能自燃的氢气。氢气可将氧化剂硝酸钡还原,放出热量,也有可能引起自燃。因此,药剂必须防止潮湿或落入水滴、雨雪,以免自燃着火。

(5) 聚氯乙烯 [$(CH_2CHCl)_n$]

白色或浅黄色粉末,密度约 $1.4 \ g/cm^3$,软化点 80 ℃左右,在 140 ℃开始分解出氯化氢。聚氯乙烯常用于红光、绿光的曳光剂和信号剂内,它能提高火焰颜色的纯度、减缓燃烧速度、提高光程并降低药剂的摩擦感度。例如,应用于红色曳光剂中,并配成负氧差的药剂,此时因为在火焰内有还原气体,可阻碍一氯化锶氧化成氧化锶,一氯化锶的辐射比氧化锶强得多,可以提高火焰的颜色纯度。

(6) 酚醛树脂($C_{13}H_{12}O_7$)

黄色透明块状,脆而易碎,密度 $1.3 \ g/cm^3$,软化点 90~110 ℃。吸湿性很小,不溶于水,溶于酒精。在曳光剂中起黏结剂兼钝感剂作用并能燃烧,它能提高药柱的防潮能力和机械强度,减缓药柱的燃烧速度。

(7) 松香($C_{20}H_{30}O_2$)

浅黄色到橙色透明块状物,密度 $1.0~1.1 \ g/cm^3$,加热到 50~65 ℃开始软化,溶于酒精,它作为黏结剂能强烈地减慢药剂的燃烧速度。

常见曳光剂的配方见表 3.3.1。

表 3.3.1 常见曳光剂的配方　　　　　　　　　　　　　　　　　　　　　%

配方	红色	红色	红色	白色
硝酸锶	61.5	54	45	
碳酸锶		5		
硝酸钡				75
镁铝合金粉	6			
镁粉	23	21	47	13
松脂酸钙				12
酚醛树脂	9.5	10	8	
聚氯乙烯		9		
松香		1		

常见引燃剂的配方见表 3.3.2。

表 3.3.2 常见引燃剂的配方　　　　　　　　　　　　　　　　　　　　　%

配方	含量		
过氧化钡	30	45	48
碳酸钡	48	32.5	22
镁粉	15	15.5	21
酚醛树脂	7	7	9

2. 燃烧剂

为了对付易燃目标如汽车、飞机、油库、木制建筑物等,在弹药基数中配备有带燃烧作用的弹药,对燃烧剂通常提出以下要求:

①有良好的燃烧能力,即燃烧时产生高温、高热、强烈的火焰和炽热的熔渣。这是因为对易燃物,一般要求有 900~1 000 ℃ 的温度才可点燃。

②有一定的燃烧持续时间,以利于引燃目标。此时间取决于被燃物的性质和燃烧能力,如对液体燃料,大约需要十分之几秒才能点燃。

③作用确实,要容易点燃且不易熄灭。

④感度不宜过高,以保证膛内及勤务使用保管的安全。

⑤工艺简单,生产安全。

常用的燃烧剂有以下几种:

(1) 含有氧化剂的燃烧剂

第一种是以金属氧化物与金属可燃物为主要成分的燃烧剂。其中最常用的是铝热剂,它是 Fe_3O_4 和铝粉加上黏结剂(树脂或松香)制成。它燃烧时放出的热量大,因此生成物的温度很高,可达 2 500~3 000 ℃。高温能使生成物中的三氧化二铝及铁熔化,成为灼热的熔渣,故不易熄灭。铝热剂的缺点是发火点高,所以不易点燃,必须借助点火药等。在燃烧时,仅黏结剂生成气体,所以火焰小,作用范围小。

第二种是以金属可燃物与含氧盐为主要成分的燃烧剂。例如，金属可燃物镁、铝或铝镁合金与硝酸钾或硝酸钡混合。这类燃烧剂易点燃，火焰温度较高（2 500 ℃以上），能形成较大的火焰。

（2）不含氧化剂的燃烧剂

这类燃烧剂的主要成分是可燃物，不含氧化剂，依靠空气中的氧气进行燃烧。常用的有：

第一种是黄磷。可单独使用或溶于二硫化碳、汽油等溶剂中使用，它的优点是有附着性，能产生烟。它的缺点是燃烧温度不高（1 000 ℃以下），火焰不大，可自燃，有毒，在生产、运输和储存过程中容易发生危险。

第二种是凝固燃料。液体有机可燃物（如汽油、煤油等）经过凝固（常用凝固剂有脂肪酸钠、脂肪酸铝等）处理，即可制成凝胶状的凝固燃料。它的优点是燃烧时放出的热量多、容易点燃、火焰大、价廉、原料丰富，但与铝热剂比较，它燃烧温度低（700～900 ℃），密度小，装填密度低，燃烧生成物中无灼热熔渣，燃烧持续时间短，燃烧能力比铝热剂小得多。

在自动武器弹药中，几种常用燃烧剂的配方见表3.3.3。

表3.3.3 常见燃烧剂的配方　　　　　　　　　　　　　　　%

配方	硝酸钡	镁铝合金	过氯酸钾	四氧化三铁	草酸钠	天然橡胶	备注
1	50	50					装填带燃烧作用的枪弹
2	30	70					
3		45	55				
4	47	53					
5	32	19		22	3	24	装填122 mm加农炮燃烧弹

硝酸钡为白色结晶颗粒或粉末，密度3.2 g/cm³，熔点592 ℃。它的吸湿性较小，化学安定性较好，不与金属反应。在600 ℃以上分解，放出氧气，供可燃物燃烧。

铝镁合金粉是含铝和镁各为50%的无机可燃剂，燃烧时有足够的特种热效应，放出大量的热，并产生2 000 ℃左右的高温。在适量的供氧条件下燃烧时，能生成强烈的火焰和炽热的熔渣。铝镁合金粉为灰色粉末，密度为2.15～2.20 g/cm³，假密度为1.12 g/cm³，熔点为46.3 ℃。这种合金有较高的理化安定性，有利于药剂的长期储存。

第4章
自动武器弹药的作用原理

自动武器弹药有几种典型的毁伤作用,即杀伤作用、穿甲作用和破甲作用等。对枪弹而言,最重要的是杀伤作用和穿甲作用,破甲作用主要针对榴弹发射器弹药。下面分别介绍自动武器弹药的杀伤作用、穿甲作用和破甲作用。

4.1 杀伤作用

4.1.1 杀伤破片形成机理

杀伤作用对于自动武器弹药来说,主要是指杀伤生动目标,普通枪弹靠弹头的动能杀伤生动目标;杀伤榴弹靠弹丸爆炸后,弹丸壳体形成的高速破片杀伤生动目标。

当榴弹的引信起爆后,位于引信附近的炸药在接收了引信的起爆能量以后,开始产生物理化学反应,即炸药由原来固体状态迅速分解为高温高压的气态产物。这些产物的巨大压力和冲量作用在弹体壳壁上,使弹壁变形。同时,也作用在与之相邻的尚未反应的固态炸药上,使之进一步产生连锁反应。因此,某一瞬间,在正在反应的炸药(爆轰产物)与尚未反应的原有固态炸药之间存在着一个界面,这个界面称为爆轰波阵面。该阵面以 7~8 km/s 的速度向未反应区推进,直至弹体内全部炸药爆轰完毕。

随着爆轰波的传播,弹体在爆轰产物的作用下,承受很大压力,并开始变形。当变形达到一定程度时,弹体内部最薄弱环节处出现裂纹。弹体出现裂纹后,爆炸产物即通过裂缝向外流动,作用于弹体内表面的压力迅速下降。裂纹继续扩展,并彼此相交,使弹体破裂,形成破片,破片以一定速度向四周飞散。弹体从变形开始至破裂,需要一定的时间。对于较短的弹体,炸药全部爆轰完一定时间后,弹体才发生破裂;对于很长的弹体,炸药尚未爆轰完毕,弹体的起爆端即可能发生破裂。

由于弹体在膨胀过程中获得了很高的变形速度,故弹体所形成的破片速度很高。此后,当破片飞散时,在爆轰产物压力的作用下略有加速。飞散过程中,破片所受的空气阻力很快和爆轰产物的作用力相互平衡,破片速度达到最大值,这就是破片的初速。根据弹体的材料、炸药的形成方式和质量,破片初速一般在 600~1 500 m/s 的范围内变动,达到初速的位置一般为距爆炸中心 2~3 倍口径。

图 4.1.1 所示为 20 mm 榴弹爆炸过程的 X 射线照片。它由起爆到爆轰结束约经 10 μs,起爆 25 μs 后,弹体膨胀到 2 倍口径以上,此时弹体出现裂缝;约在 54 μs 时,弹体全部形成破片,破片以 1 000 m/s 以上的速度向四周飞散。

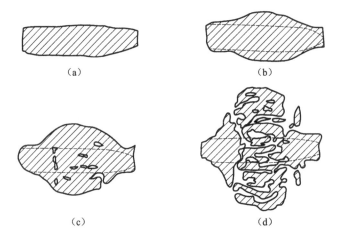

图 4.1.1　20 mm 榴弹爆炸过程的 X 射线照片

（a）爆轰波到达弹底部；（b）到达弹底部后 16 μs；
（c）到达弹底部后 25 μs；（d）到达弹底部后 54 μs

由闪光 X 射线照片及试验结果分析，弹体的爆炸过程具有以下特点：

①由炸药装药起爆至爆轰结束所经过的时间，与弹体开始变形至全部破裂成破片所经过的时间相比较短，可认为爆轰是瞬时完成的；

②在爆炸过程中，弹体要承受很大的冲击压力，弹体金属承受的冲击压力远远超过其在静载时的强度；

③整体式弹体爆炸后，部分弹体金属被粉碎成极小的粉状碎粒，大部分弹体则形成不同质量和不同形状的破片。

弹丸爆炸后所形成的大量高速破片向四周飞散，形成了一个破片作用场，位于作用场内的目标就有可能被毁伤，这就涉及杀伤榴弹的威力问题。地面杀伤榴弹主要是对付集群人员目标，它的威力以指标"杀伤面积"来衡量。由于检验方式的不同，杀伤面积的具体含义也就不同，具有代表性的有两种，即扇形靶方法和球形靶方法，目前更倾向于采用后者。

4.1.2　榴弹杀伤破片作用的测试方法

1. 有效破片与杀伤破片的概念

榴弹的杀伤作用主要靠破片，但不是所有的破片都能对目标形成有效杀伤，下面介绍有效破片和杀伤破片的概念。

有效破片：是指弹丸爆炸后那些对目标具有杀伤能力的初始破片。这样，初速高的破片，破片相应的质量较小。此外，有效破片的具体质量还取决于杀伤判据。例如，当破片初速为 1 000 m/s 时，根据动能判据，其有效破片质量为 0.16 ~ 0.2 g。

杀伤破片：是指在一定距离上，仍具有杀伤能力的破片。可见，质量较小的有效破片，在飞行不大的距离后，就不再是杀伤破片了。

2. 榴弹杀伤面积测试方法

榴弹的杀伤作用主要用杀伤面积来衡量，一般有两种测试方法，即扇形靶方法和球形靶方法。

（1）扇形靶方法

采用扇形靶方法进行试验，所得到的杀伤面积称为扇形靶杀伤面积。扇形靶试验的布置情况如图4.1.2所示，弹丸直立于试验场中心，其质心距地面1.5 m，引信口朝上。在距离中心 10 m、20 m、30 m、40 m、50 m 和 60 m 处分别放置张角为 60° 的扇形靶板，靶板高 3 m、厚 25 mm，用松木或棕木制成。

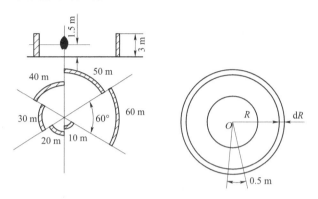

图 4.1.2　扇形靶试验示意图

弹丸爆炸后，破片将命中不同距离上的扇形靶板，分别统计各扇形靶上的破片数。凡能击穿靶板的破片，计为杀伤破片；嵌入靶板上的破片，2 块可折算为 1 块杀伤破片。假定弹丸爆炸后，破片在侧向圆周上的分布是均匀的，这样就可由各个距离上扇形靶测得的破片数求出不同距离处各圆周上的破片总数。

以 N'_i 表示任意一扇形靶上的杀伤破片数，R_i 表示任一扇形靶距弹丸质心的距离，在 R_i 处，整个圆周上的杀伤破片总数为 $6N'_i$，则可作出 $R - N'$ 曲线，如图 4.1.3 所示。

扇形靶方法的杀伤面积 S 可定义为

$$S = S_0 + S_1 \quad (4.1.1)$$

式中，S_0 为密集杀伤面积；S_1 为疏散杀伤面积。

所谓密集杀伤面积，是指在该圆周区域内，设置人形靶（高 1.5 m、宽 0.5 m、厚 25 mm 的松木板）时，能保证平均被一块杀伤破片击中时的面积。密集杀伤面积可表示为杀伤半径的函数：

$$S_0 = \pi R_0^2 \quad (4.1.2)$$

对应密集杀伤面积的半径 R_0，称为密集杀伤半径。

所谓疏散杀伤面积，是按下列公式定义的：

$$S_1 = \int_{R_0}^{R_m} \gamma 2\pi R \mathrm{d}R \quad (4.1.3)$$

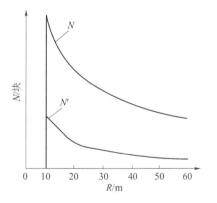

图 4.1.3　杀伤破片数随距离的变化曲线

式中，R 为半径变量；γ 为在半径为 R 的圆周上每个人员目标接受的平均杀伤破片数；R_m 为扇形靶试验布置的最大半径（对于口径大于等于 76 mm 的榴弹，为 60 m，小于 76 mm 口径的榴弹，为 24 m）。

图 4.1.3 中的 N' 是击在 $\frac{1}{6}$ 圆周、高 3 m 的扇形靶上的杀伤破片数。在整个圆周高 1.5 m 的目标靶上的杀伤破片数 N 为

$$N = 3N' \tag{4.1.4}$$

（2）球形靶方法

弹丸在空间某一位置爆炸，假定有一个球面包围着它，则向四周飞散的破片就击在球面上。根据破片击在球面上的痕迹，可以获得破片在各处的分布密度，这就是球形靶方法。

用球形靶方法求杀伤面积，还必须利用弹丸破碎性试验测定破片的质量分布，然后才能处理出杀伤面积。

设弹丸在目标上空某一高度处爆炸，破片向四周飞散，其中部分破片击中地面上的目标并使其伤亡，如图4.1.4所示。在地面任一处 (x, y) 取微元面 $\mathrm{d}x\mathrm{d}y$。设目标在此微元面内被破片击中杀伤的概率为 $P(x, y)$，则微元面内的杀伤面积为 $\mathrm{d}s = P(x, y)\mathrm{d}x\mathrm{d}y$，全弹杀伤面积可表示为

$$S = \int_{-\infty}^{\infty}\int_{-\infty}^{\infty} P(x, y)\mathrm{d}x\mathrm{d}y \tag{4.1.5}$$

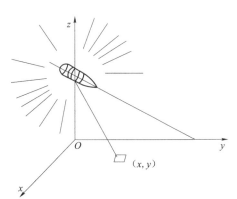

图4.1.4 弹丸对地面目标的杀伤

可以看出，杀伤面积是一个等效面积，它意味着，若目标在地面以一定方式布设，目标密度 σ 为常数，则微面积 $\mathrm{d}x\mathrm{d}y$ 内的目标个数的预期值为

$$n_k = \int_{-\infty}^{\infty}\int_{-\infty}^{\infty} \sigma P(x, y)\mathrm{d}x\mathrm{d}y = \sigma S \tag{4.1.6}$$

即目标被杀伤数目的数学期望 n_k 直接与弹丸的杀伤面积 S 成比例。当弹丸杀伤面积已知时，将它乘以目标密度，即可求出目标被杀伤数目的预期值。

为了求杀伤面积，除须给出有关目标的数据、杀伤准则外，还需知道弹丸的破片初速、破片的质量分布和飞散时的密度分布，以及破片速度的衰减规律，然后按一定的模型进行计算。

（3）扇形靶方法与球形靶方法的比较

扇形靶方法的试验项目较少，它的杀伤面积计算主要通过将试验数据稍做处理而求得，免去许多中间环节的计算与测试，具有简单易行的优点。但通过长期实践发现，扇形靶杀伤面积在某些情况下常常不能对弹丸的威力做出全面的评价，甚至出现明显有偏差的检验结果。而球形靶方法需涉及许多中间环节（如有关破片的形成、飞散、飞行中的衰减等）的计算与测试，计算较复杂，所得结果比较接近实际。

3. 弹体破碎性试验方法

为了更具体地了解榴弹弹丸破片质量的分布情况，通常采用弹丸破碎试验的方法，它有沙坑试验和水中试验两种。

（1）沙坑试验

图4.1.5为弹丸沙坑试验装置示意图。沙坑四周是防护钢板，内圆筒与外圆筒之间装有减速介质（砂子或锯木屑），其厚度需保证破片全部落于介质内，弹丸置于内圆筒的空腔中。内外圆筒用厚纸板或三合板、马粪纸等制成，其直径与高度取决于试验弹直径 d 与长度 l。弹丸用电雷管引爆后，破片冲入砂中。将砂子过筛，除极小的破片外，95%以上的破片均可回收。回收的破片，大小不均，按一定质量范围分级，记下相应的破片数目。这种试验方法的工作量较大，工作环境和条件较差。

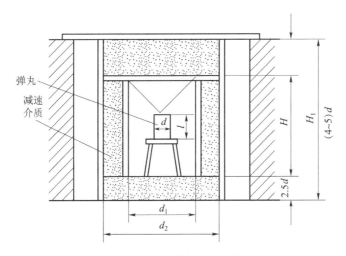

图 4.1.5　沙坑试验示意图

（2）水中试验

图 4.1.6 为弹丸水中爆炸试验装置的示意图。圆柱形水井的直径为 7 m，深度为 6 m。井壁用钢板砌成，上下部分均用型钢加固，以防变形，井底由钢筋混凝土构成。为保护水井少受冲击波的冲击，延长水井使用寿命，在井底与井壁采用了减弱水中激波强度的结构，如用聚苯乙烯泡沫塑料、薄钢板和砂砾（天然砂子）三层组成的减振结构。也有在井底采用上述三层结构，而在井壁的钢板与混凝土壁之间形成一定厚度空气层。弹放在空气室内，室壁由聚氯乙烯塑料薄膜制成，室顶为木板，用胶与室壁密封，空气室直径 d_1 为弹径 d 的 4 ~ 5 倍。空气室挂在网栏的中心，在网栏的下半部是带底的尼龙网（网眼为 0.5 mm），上半部由塑料丝编织而成。网栏放入水井中或从水井中升起时，用起重机起吊。试验弹爆炸后，破片受水介质作用而减速并沉到网中。爆炸试验后，为避免破片在空气中氧化，将破片收集到装有丙酮溶液的瓶子里，然后吹干并按质量分类。

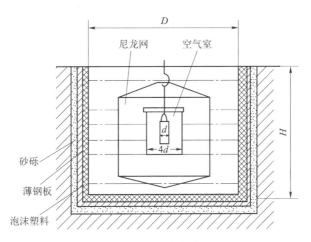

图 4.1.6　水中爆炸试验示意图

这种试验方法的优点是劳动强度较轻、工作效率高、环境清洁、破片真实性较好、介质性质较稳定等。

4.1.3 弹头及破片对有机体的致伤机理

投射物击中人体等有生目标后,对机体的致伤机理主要有四种,即直接侵彻作用、瞬时空腔作用、压力波作用(远达效应)和体内继发投射物效应等。

1. 直接侵彻作用

投射物依靠其动能击穿组织并向前运动,在和组织接触过程中释放能量,由此直接挤压、穿透、离断或撕裂组织,形成原发伤道。其结果一方面是弹头或破片速度、姿态、形状、温度的改变;另一方面,则表现为人体组织和器官的各种创伤效应。

2. 瞬时空腔作用

高速投射物在体内运动时,其部分能量以压力波的形式释放,使原发伤道急剧扩张,形成一个直径远大于投射物外径的瞬时空腔,并使空腔做反复胀缩运动,伤道周围组织在极短的时间内受到剧烈挤压、牵拉、快速位移和震荡,从而形成数毫米至 1.2 cm 宽的挫伤区,其外层为血循环障碍区,即震荡区。

穿过皮肤的弹头或破片将侵入肌肉组织。在空气中稳定飞行的弹头侵入肌体后,由于组织密度突然增大 800 多倍,造成弹头失稳,章动角迅速增大,使弹头前进的阻力激增,前进的速度迅速减小。弹头在肌肉模拟靶标中的运动过程如图 4.1.7 所示。高速弹头的减速,其能量一部分用于克服弹道上的有机组织做功,一部分用于推动弹道四周的肌肉运动做功,弹道四周的肌肉组织因而产生径向运动,一直到最远位置。此时弹头已飞离,这就是形成弹后空腔。它的最大直径比弹径大几倍、十几倍,甚至几十倍。最大弹后空腔形成后,腔内压力较低,在肌肉弹性恢复力的作用下,空腔回缩,腔内压力逐渐升高,达到一定值时,又会使空腔膨胀。如此反复,空腔容积逐渐减小,最后稳定的空腔称为永久伤道(也称原发伤道)。瞬时空腔的这种脉动,使永久伤道周围的肌肉组织也产生损伤。在永久伤道周围损伤严重的区域称为坏死区。坏死区外面的称为震荡区。震荡区外面即为正常组织,即创伤未波及的区域。瞬时空腔形成的时间极短,只有几毫秒,肉眼观察不到,借助高速 X 射线或非生物模拟试验才能观察到。对于弹速较低的弹头所形成的创伤,有人将它描述成好似用木棍在雪地上扎的孔,意即创伤主要涉及弹道区域,而对其周围的组织影响较小。

图 4.1.7 弹头在肌肉模拟靶标中的运动过程示意图

空腔杀伤效应的测试方法:

瞬时空腔效应用人体来进行测试不太可能,而动物试验能够较全面、真实地反映类似人体中的各种创伤效应,因而受到研究者的重视。但由于动物科系和个体间许多特性方面的差异较大,以及活组织的不均匀性,影响弹头侵彻状态和能量传递,使侵彻过程不可能复现。因此,必须有足够的试验数量,才能获得统计学上的有显著意义的结果。大量的动物试验,不仅经济性差,而且给研究工作带来一定的困难。近年来试验证明,一些非生物材料如明胶、肥皂等的物理性能与肌肉等生物组织的类似,能直观地反映弹头侵彻状态和能量传递情

况,并且可以得出一致性较好的数据。通常使用的密度等基本指标与肌肉相近的非生物材料主要有:

(1) 肥皂

肥皂的密度与肌体组织的相当,黏塑性大,弹头通过后,能留下定型的空腔。这个空腔的形状与最大瞬时空腔相似,如图 4.1.8 所示。由于使用肥皂做试验的相关性好,又很方便,故被广泛应用。

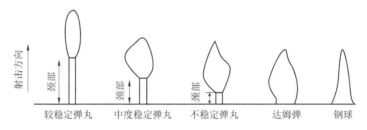

图 4.1.8 稳定性不同的弹头在肥皂中产生的空腔

(2) 明胶

明胶密度与肌肉的相当,具有一定的弹性。弹头通过后,留下一个不规则的伤道,周围有一些径向扩展的裂缝,这些裂缝是瞬时空腔造成的。从高速摄影照片看出,明胶内空腔运动的特征与水中的相似,但膨胀系数不同,阻力系数比人体组织阻力系数略低。利用高速脉冲 X 光机或高速摄像机记录弹头在明胶中的运动过程和瞬时空腔的脉动过程,弹头在明胶中产生的空腔如图 4.1.9 所示。明胶能较全面地反映肌肉目标的杀伤物理现象,瞬时空腔形成与能量传递等杀伤物理效应与肌肉的相似。因此,明胶是研究枪弹杀伤作用的较好的模拟试验模型。

图 4.1.9 弹头在明胶中产生的空腔

3. 压力波作用(远达效应)

压力波可造成局部组织损伤,并通过介质传播,间接引起远隔部位的压力增高及损伤,如在动物试验中,当投射物击中后肢时,主动脉弓和颅内可记录到突然增高的压力,引起血脑屏障渗漏、中枢和周围神经细胞变性等。

4. 体内继发投射物效应

投射物击穿骨组织后,可产生许多碎骨片并向四周飞散,由此可引起继发损伤。

4.1.4 影响杀伤作用的因素

从上述弹头或破片对有机体的侵彻过程分析可以看出,影响致伤作用的因素很多。有投射物（弹头或者破片）本身状态参数的影响，如投射物的碰击速度、质量、形状和结构，以及着靶姿态等，也有目标本身的组织特性的影响，如着靶部位、目标的防护情况等。

1. 投射物的质量和碰击速度

弹头或破片碰击目标后，对目标的致伤作用主要是由传递的动能造成的，这就涉及质量和速度两个因素。碰击目标瞬间的速度，是决定致伤效应的一个重要因素。在质量不变的条件下，动能与速度平方成正比。高速弹头或破片不仅具有较高的动能，而且在侵彻有机体的过程中，能较快地向机体传递能量，从而造成严重的创伤，这可由阻力与速度的平方成正比来解释。弹头在介质内受到的阻力越大，其速度衰减也就越大；它向介质传递的能量越多，所形成的创伤就越严重。

表 4.1.1 和表 4.1.2 分别列出了 5.56 mm 钢球和 56 式 7.62 mm 普通弹分别在不同碰击速度下的致伤效应。可以看出，用同一种弹头或破片将厚度相近的肌肉组织致伤时，随着碰击速度增大，则伤道入口与出口面积之比、坏死组织清除量和伤道容积等，都将随之增加。

表 4.1.1　5.56 mm 钢球致伤效应

碰击速度/（m·s^{-1}）	出口与入口面积之比	坏死组织清除量/g	伤道容积/cm^3
555	1.76	3.8	8.4
955	2.85	27.3	21.5
1 151	5.29	38.2	34.5
1 448	6.43	48.8	50.3

表 4.1.2　56 式 7.62 mm 普通弹弹头致伤效应

碰击速度/（m·s^{-1}）	出口与入口面积之比	坏死组织清除量/g	伤道容积/cm^3
718	1.41	36.0	16.8
508	1.35	17.0	11.8

高速弹头或破片在侵彻组织过程中，其章动角会随着弹速的减小而增大；随着章动角的增大，又会使阻力增加，速度下降。

具有相同能量和阻力断面的两投射物质量越大，在介质中克服阻力、保存速度的能力越强；质量越小，在侵彻组织过程中速度衰减很快，这就会使能量释放迅速，形成宽而浅的伤道。同理，小质量的弹头或破片，速度越高，减速越快，能量释放也就越迅速，创伤效应就越大。

2. 弹头或破片的结构、形状

弹头的结构特性直接影响其在组织中的能量传递。例如，增加弹头弧形部高度，或调整弹头的质量分布，可增大弹头质心与阻力中心的距离，使弹头侵入目标后章动角迅速增大，减速快，传递给目标的能量增加。

若弹头的结构使其在侵入目标后容易变形，则在目标中所受阻力加大，对目标的致伤效应也就严重,如苏 5.45 mm 普通弹头,在其尖部有一段较长的"空腔",如图 2.2.11 所示。在侵入有机体后,就容易变形,增加了致伤效应。

弹头外形不对称,命中目标后就容易翻转,会使能量传递迅速,有利于增大致伤效应,联邦德国 4.6 mm 普通弹头即属此种。非对称的弹头形状有:弹尖部一侧斜着"切去"一部分,"切面"为平面或凹面;弹尖两侧都"切去"一部分,两边斜面的角度不对称,"切面"大小不等;在弹尖两侧斜"切去"一部分,一侧"切面"较大,为凹面,另一侧"切面"较小,为凸面,使弹尖略微偏向一侧,微带钩形,如图 4.1.10 所示。

钢珠在组织内不易变形,但当遇到组织内的密度不均匀部位时,容易改变其前进方向,从而造成迂回曲折的伤道。

3. 投射物侵入组织后的运动状态

弹头由空气中侵入有机体,介质密度突然增大,弹头的章动角将迅速增加,其值与弹头的初始章动角(着靶姿态)有关。初始章动角越大,弹头在目标内章动角增加得越快,弹头减速快,传递给目标的能量迅速增加。

近年来,创伤弹道研究试验和计算分析表明,只要侵入有机体的弹头有初始章动角,弹头在有机体内就会翻滚,章动角增大。在空气中飞行稳定的弹头,当其侵入有机组织后,由于介质密度的剧增,阻力也将剧增,于是弹头在该密介质中将不能保持飞行稳定。章动角将迅速增大,甚至大于 90°(最大的可达到 270°以上),但这需要一定的时间。原来很稳定的弹头需较长的时间,稳定性稍差的弹头所需时间较短。弹头在组织内的运动状态直接影响伤道的出口与入口面积的比值,也就是影响致伤效应。稳定性很好的弹头,侵彻厚度不大的组织时,弹头传递给组织的能量不大,创伤较轻;稳定性较差的弹头,侵入组织后,稳定性失去得较快,章动角增加得较迅速(翻滚),即使是组织的厚度不太大,也会将较多的能量传递给组织,伤道的出口与入口面积的比值大,创伤较严重。

弹头在组织内产生翻滚,会使弹头受力较大,这就容易产生变形或破碎,会造成更严重的创伤。图 4.1.11 为美国 M855 枪弹在不同初速情况下侵入明胶后的破碎情况,当弹头初速降低时,弹头侵入有机体翻滚角速度较低,含铅的弹头仍然保持完整不破碎,从而杀伤威力降低,这也是当年美军在阿富汗战场出现的"小口径弹药打不死人"的重要原因。

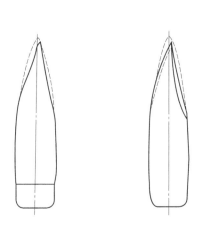

图 4.1.10 非对称弹头

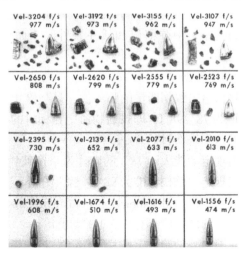

图 4.1.11 M855 5.56 mm 弹头在不同速度下的破碎情况

通过上述分析可以看出，增大初始章动角或弹头侵入组织后能及早产生翻滚，都会显著增大致伤效应。

相关研究人员曾做过如下试验：用 56 式 7.62 mm 弹头向狗的双后肢射击，当碰击速度为 725 m/s 时，伤道出口与入口面积之比为 1.41，坏死组织清除量为 48.5 g；若在紧靠狗后肢靶的前面放置厚度为 186 mm 的肥皂块，射击条件保持一致，这时弹头穿过肥皂，碰击狗后肢的速度为 570 m/s，但狗后肢出口与入口面积之比为前述试验的 10 倍，坏死组织清除量为 3 倍。这说明当弹头穿透肥皂后，速度虽然有所降低，但它碰击狗腿时的初始章动角增大了，即比以前更容易翻滚，因而造成较严重的创伤。

在使用防弹衣时也有类似情况，柔韧的防弹衣可使某些弹头的速度减少 305 m/s。因此，对初速约为 300 m/s 的手枪弹，人体利用防弹衣能得到充分的保护；对于碰击速度不大的流弹、破片，也有相应的防护作用。此外，防弹衣还能使某些较软的弹头发生严重变形而大量减速，从而减轻对人体组织的损伤。但是对于速度相当高并且不太容易变形的弹头或破片，防弹衣减速作用带来的好处则不明显。由于防弹衣使某些弹头更容易失稳、变形，反而加剧了弹头的致伤效应，如在 100 m 距离上，某些弹头通过 11～12 层尼龙布的防弹衣所造成的减速，还不到 100 m/s。将 12 层尼龙布的防弹衣材料放在肥皂外面，无论是用 M193 5.56 mm 步枪弹还是用 56 式 7.62 mm 普通弹进行射击，肥皂内部都反映出增长得很快的能量传递，56 式 7.62 mm 普通弹的能量传递比没有防弹衣防护时大两倍。

4.1.5 致伤效应的判据

停止作用是被人们广泛用于表示致伤效应的一个术语，它的含义是弹头或破片使被击中者丧失战斗力的能力，可用目标被击中后立即或在数十秒内丧失战斗力的概率表示。

所谓丧失战斗力，是指作战人员的伤情使之不能继续执行指派的任务。例如，执行进攻任务的步兵，若其下肢受伤不能行走，则意味着进攻能力的丧失。但这样的伤员在防御战斗中并不一定丧失其防御能力。除非人员的致命部位（如脑、心脏、中枢神经等）受伤后可引起立即死亡外，在大多数情况下，从人员被命中至肌体失去协调，即丧失战斗力，都需经历一定时间。

一般来说，在给定时间间隔内，中弹者丧失战斗力的概率值的大小主要取决于弹头或破片传递的能量、中弹部位和战斗条件。下面介绍对人员目标几种有代表性的致伤效应的判据。

1. 动能判据

该判据给出致伤能量的临界值，是与停止作用相对应的一种能量标准量。对人员杀伤的动能 E_s 取为 78～98 J，即投射物命中目标时的动能小于此值则不能杀伤；命中时的动能大于此值则可达到杀伤目的。

美国规定动能大于 78 J 的破片为杀伤破片，低于 78 J 的破片则被认为不具备杀伤能力。

我国规定的杀伤标准为 98 J。除此之外，哥耐（Gurney）曾提出以 $m_f v_f^3$ 作为破片的杀伤标准，麦克米伦（Mcmillen）和格雷（Gregg）提出 75 m/s 侵彻速度为标准，还有人提出穿过防护层后的破片应具有 2.5 J 的动能等。

目前国内外试验评定破片杀伤能力时，都采用 25 mm 松木板，也可采用 2 mm 50#冷轧钢板或 4 mm 合金铝板。破片能击穿靶板，则认为具备杀伤能力，因为这样的破片能击穿动物的胸、腹腔。

2. 比动能判据

该判据考虑了破片与目标遭遇时的着靶面积，由于破片是多边形，飞行中是旋转的，故着靶面积是随机变量。

$$e_y = \frac{E_y}{s} \tag{4.1.7}$$

式中，e_y 为破片的比动能；E_y 为破片的着靶动能；s 为破片着靶面积的数学期望值。

杀伤人员所需的比动能可取 $1.27 \sim 1.47 \text{ MJ/m}^2$。

3. A-S 判据

这是 1956 年美国的 F. Allen 和 J. Sperrazza 提出的公式，它考虑了士兵（目标）的任务和从受伤到丧失战斗力的时间间隔。按照这一概念，当士兵因受伤而不能执行其指定任务时，就被认为伤亡。该公式可用于计算执行特定任务的士兵丧失战斗力的条件概率：

$$P_{hk} = 1 - e^{-a(91.7mv^\beta - b)^n} \tag{4.1.8}$$

式中，P_{hk} 为钢弹随机命中目标，使执行特定战术任务的士兵丧失战斗力的条件概率；m 为钢弹质量；v 为撞击速度；a、b、n 及 β 为对应不同战术情况及从受伤到丧失战斗力的时间情况下的试验系数，其中 $\beta = 1.5$ 时公式计算结果与试验数据符合最好。四种典型情况的 a、b、n 值见表 4.1.3。

表 4.1.3　四种典型情况的 a、b、n 值

序号	说明	a	b	n
1	防御 - 30 s[①]	8.8771×10^{-4}	31 400	0.451 06
2	突击 - 30 s 防御 - 5 min	7.76442×10^{-4}	31 000	0.495 70
3	突击 - 5 min 防御 - 30 min 防御 - 0.5 d	1.0454×10^{-3}	31 000	0.487 81
4	后勤保障 - 0.5 d 后勤保障 - 1 d 后勤保障 - 5 d 预备队 - 0.5 d 预备队 - 1 d	2.1973×10^{-3}	29 000	0.443 50

①防御人员在 30 s 内丧失战斗力（其余类推）。

【例题】破片质量 $m_p = 1 \text{ g}$，$v = 1000 \text{ m/s}$，击中防御人员，试求在 30 s 内使之失去战斗力的概率。

解：由表 4.1.3 查出防御 - 30 s 的 a、b、n 值分别为 8.8771×10^{-4}、31 400 和 0.451 06，代入式（4.1.8），得：

$$P_{hk} = 1 - e^{-8.8771 \times 10^{-4} \times (91.7 \times 1 \times 1000^{1.5} - 31400)^{0.45106}} = 0.516$$

表 4.1.4 给出了 0.3 in 口径的步枪子弹（M2）随机命中 274.3 m 内目标并使之丧失战斗力的条件概率。

表 4.1.4 0.3 in 步枪弹随机命中并使目标丧失战斗力的概率值

敌方紧急情况	受伤后时间			敌方紧急情况	受伤后时间		
	30 s	5 min	30 min		30 s	5 min	30 min
进攻	0.61	0.73	0.89	后备	0.64	0.74	0.90
防御	0.49	0.65	0.84	补给	0.79	0.86	0.93

4.2 穿甲作用

4.2.1 穿甲作用分类

穿甲作用是指弹头（丸）对装甲靶板碰击后侵彻和破坏装甲的作用。在弹头侵彻靶板的过程中，可能会出现 3 种后果，即穿透、嵌入和跳飞。

①穿透是指弹头贯穿通过靶板的现象；

②嵌入是指弹头在侵彻过程中，被阻止停留在靶板内的现象；

③跳飞是指弹头在对靶板的侵彻过程中，从靶板表面脱离了靶板的现象。

弹头的穿甲作用是一个比较复杂的物理过程，属于高速碰撞问题的一个方面，是一个十分复杂、困难的问题，涉及广泛的数学、力学知识，目前仍然是国内外有关人员在努力解决的课题之一。

影响穿甲作用的因素较多，例如弹头撞击靶板的速度、弹头与靶板间的命中角、穿甲弹（芯）的材料和力学性能、靶板的材料和力学性能、靶板的厚度等。它们之间是互相影响的，这就需要分各种情况来讨论穿甲作用，例如弹头的结构和靶板的性能不同时，在侵彻过程中，穿甲弹体对靶板的相互作用过程及靶板的破坏形式也不同。

表 4.2.1 列出了当今国际上流行的几种中小口径穿甲枪弹的数据。图 4.2.1 给出了美国几种中小口径枪弹实物照片。

表 4.2.1 世界典型中小口径穿甲枪弹

产品规格	7.62×54 mm 枪弹		7.62×39 mm 枪弹		7.62×51 mm 枪弹				5.56×45 mm 枪弹	5.45×39 mm 枪弹	
产品代号	WO109	BC-40	WO104	7N23	M61	M993	PPI	FFV	M995	7N22	7N24
生产国家	中国	俄罗斯	中国	俄罗斯	以色列	美国	法国	瑞典	美国	俄罗斯	俄罗斯
全弹长度/mm	77.16	76.5	56	56	71.1	71.1	71.1	71.1	51.2	57	57
全弹质量/g	23.3	24.95	15.6	16.4	25.47	23.5	24.37	23.87	11.66	10.75	11.8
弹头质量/g	10.45	12.1	7.7	7.91	9.75	8.2	9.07	8.4	3.37	3.69	4.8
初速/(m·s^{-1})	827	780	747	733	838	910	900	950	1 013	890	857
弹芯材料	钢	碳化钨	钢	钢	钢	碳化钨	钢	碳化钨	碳化钨	钢	碳化钨
作用距离/m	200	200	200	330	300	300	300	300	100	250	350
穿甲威力/RHA	10	16	7	5	7	12	10	15	12	5	5

1. 装甲的分类

(1) 按装甲的性质分类

战场上的装甲防护目标,例如飞机、军舰、装甲运兵车、坦克等所采用装甲材料,按其性质可分为均质和异质两种。

①均质钢甲的硬度和韧性在整个厚度上一样;

②异质钢甲的硬度和韧性在整个厚度上是不同的,表面硬度大,内层硬度低但韧性较高,这可用表面渗碳或表面淬火等方法得到。

表 4.2.2 是 7～20 mm 厚枪弹穿甲弹用均质靶板技术要求。

图 4.2.1 美国小口径枪弹
(从左至右依次是 M193、M855、M856、M995、M993、M62、M80)

表 4.2.2 枪弹用均质靶板技术要求

靶板公称厚度/mm		7	10.3	15	20
硬度(布氏压痕直径 mm)		2.70～3.00	2.75～3.05	2.80～3.10	2.80～3.10
靶板尺寸	厚/mm	$7^{+0.5}$	$10.3^{+0.6}$	$15^{+0.75}$	20^{+1}
	长×宽/(mm×mm)	$(1\,000\pm10)\times(1\,000\pm10)$			
翘曲度/(mm·m^{-1})		≤5(任意方向)			
化学成分/%		碳 0.23～0.29;硅 1.20～1.60;硫≤0.030 锰 1.20～1.60;钼 0.15～0.25;磷≤0.035			

(2) 按装甲的防护要求分类

根据钢甲的防护要求,均质钢甲按硬度可分为高、中、低三种。

①高硬度钢甲的硬度最大,韧性低(a_k = 343～686 kJ/m^2,d_{HB} = 2.6～3.1 mm,σ_b = 1 274～1 666 MPa)。高硬度均质钢甲对枪弹和小口径穿甲弹的抵抗能力较强,所以它主要用于制造装甲车辆、轻型坦克和飞机结构。

②中硬度钢甲具有较高的硬度和足够的韧性(a_k = 784～1 274 kJ/m^2,d_{HB} = 3.3～3.6 mm,σ_b = 931～1 078 MPa)。中硬度均质钢甲由于韧性较大,对中口径以上穿甲炮弹的抵抗能力较好,因此广泛应用于中型和重型坦克。

③低硬度钢甲具有高的韧性和相当低的硬度(a_k = 1 372 kJ/m^2,d_{HB} = 3.7～4.1 mm,σ_b = 764～833 MPa)。低硬度均质钢甲仅用于坦克的次要部位上,如底部和侧壁等。

(3) 按装甲的厚度分类

①半无限厚靶板:当弹体的侵彻过程不受远方边界表面的影响时,这种靶板可看作半无限厚靶。

②厚靶板:当弹体侵彻靶板相当远的距离后,远方边界才对侵彻过程产生影响,这种靶板可看作厚靶板。

③中厚靶板:在弹体的整个侵彻过程中,远方边界表面对侵彻的全过程都有不可忽视的影响,这种靶板可看作中厚靶板。

④薄靶板：在弹体与靶板的作用过程中，靶板的应力和变形在厚度方向没有梯度，这种靶板可看作薄靶板。

上述靶板厚度特征，可以用撞击作用从弹体和靶板的撞击接触面传播到它们各自的背面所需时间的长短来决定。假定这种效果是通过应力波传播的（例如，在低速撞击时，应力波是以弹性波速传播的），当弹体中的应力波完成一次传播时，靶板中的应力波一般可以传播多次。假设这个传播次数用 n 表示，则

$$n = \frac{c_t}{c_p} \times \frac{L_p}{b} \tag{4.2.1}$$

式中，c_t、c_p 分别为应力波在靶板、弹体中的传播速度；b、L_p 分别为靶板厚度、弹体长度。

若用弹径相对值表示，则

$$n = \frac{c_t}{c_p} \times \frac{L_p/d}{b/d} \tag{4.2.2}$$

规定当 $n > 5$ 时，即为薄靶板。这个数字是根据弹头前方靶板内的应力逐渐取得稳定值这个要求决定的；当 $1 < n < 5$ 时，是中厚靶板，在这种情况下，靶板背面的影响也已存在，但应力尚未稳定；当 $n < 1$ 时，是厚靶板，应力波从靶板背面反射回来所需时间比弹体中的应力波反射回来所需时间还要长。虽然上述所规定的 n 值都是主观的，但它们建立了弹－靶相对尺寸的粗略范围，在此范围内能把薄、中厚、厚靶板区分开来。

（4）按着靶速度分类的穿甲形式

弹体的着靶速度对各种各样的侵彻现象影响特别大，是一个重要因素。按着靶速度分，弹体对靶板的侵彻可分为低速穿甲、高速穿甲和超高速穿甲。穿甲弹通常用的发射装置是常规的枪炮，它们的初速一般在 500～1 300 m/s，通常称为"枪炮速度范围"，简称"弹速范围"。

①一般认为弹体着速在 800 m/s 以下为低速穿甲，此时弹坑直径与弹径接近，侵彻深度受弹径影响很大，随弹速增加而增加。

②弹体着速在 800～1 300 m/s 为高速穿甲，此时弹体开始破裂，弹坑直径增大，坑壁粗糙，弹坑深度随速度增加而增大，但并不明显。

③弹体着速大于 1 300 m/s 为超高速穿甲，在开始碰撞阶段，弹体和靶板材料呈流体力学性质，弹坑深度受弹长细比影响大，随速度升高而增大的趋势逐渐明显。

4.2.2 弹丸撞击装甲靶板作用机理简介

根据靶板在碰撞过程中所出现的各种现象，也可以来区分弹头着靶的速度范围。当着速很低时，靶板只产生弹性变形，这是某些实验室中的试验经常遇到的低速范围。当撞击速度达到某一个极限值时，靶板和弹体的接触应力达到或超过其材料的压缩屈服应力 σ_{yc}，这时它们产生永久变形，这种变形通常是一种较为复杂的力学过程，首先研究弹性撞击的弹性应力和撞击速度的关系。

若平头杆体以速度 v_E 垂直撞击平面靶，如图 4.2.2 所示。假设杆体的密度为 ρ_p，则弹性波速可表示为

$$C_{op} = \sqrt{E_p/\rho_p} \tag{4.2.3}$$

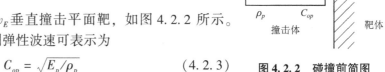

图 4.2.2 碰撞前简图

式中，E_p 为杆体的弹性模量。

靶体中膨胀压缩弹性波的传播速度为

$$C_{Dt} = \sqrt{\frac{\lambda_t + 2G_t}{\rho_t}} \tag{4.2.4}$$

式中，ρ_t 为靶体密度；λ_t 和 G_t 为靶体的拉梅常数。

G_t 可表示为

$$G_t = \frac{E_t}{2(1+\mu_t)} \tag{4.2.5}$$

式中，E_t 和 μ_t 分别为靶体的弹性模量和泊松比。在弹性撞击后，杆体与靶之间的接触应力为 σ_c，相对速度为零。

假设平头杆体由于接触应力 σ_c 的作用而引起的向左方后退速度为 v_1，靶面由于接触应力 σ_c 的作用而引起的向右方后退速度为 v_2。接触面的真实速度为

$$v_E - v_1 = v_2 \tag{4.2.6}$$

或

$$v_E = v_1 + v_2 \tag{4.2.7}$$

根据撞击时的动量冲量关系，在微小的时间间隔 δ_t 内，撞击应力波在杆体内向左传播 δ_x，则有

$$\sigma_c \delta_t = \rho_p \delta_x v_1 \tag{4.2.8}$$

根据定义

$$\left(\frac{\delta_x}{\delta_t}\right)_p = C_{op} \tag{4.2.9}$$

可得

$$v_1 = \frac{\sigma_c}{\rho_p C_{op}} \tag{4.2.10}$$

同理，以靶板为对象，可以得到

$$v_2 = \frac{\sigma_c}{\rho_t C_{Dt}} \tag{4.2.11}$$

将 v_1 和 v_2 值代入式 (4.2.7)，则得

$$v_E = \sigma_c \left(\frac{1}{\rho_p C_{op}} + \frac{1}{\rho_t C_{Dt}}\right) \tag{4.2.12}$$

该式表示了撞击速度与撞击接触应力之间的关系。若从该式中利用式 (4.2.8) 和式 (4.2.9) 消去 σ_c，则有

$$v_1 = \frac{v_E}{1 + \frac{\rho_p C_{op}}{\rho_t C_{Dt}}} \tag{4.2.13}$$

$$v_2 = \frac{v_E}{1 + \frac{\rho_t C_{Dt}}{\rho_p C_{op}}} \tag{4.2.14}$$

v_1 和 v_2 实际上分别代表了在弹性撞击条件下，在杆体内和靶内撞击波的传播速度。当接触应力等于杆体或靶板的屈服应力时，杆体或靶板中必有一者产生永久变形。与屈服应力

σ_y 有关的撞击速度应是一种弹性撞击的极限速度 $v_{E\Lambda}$，按式 (4.2.12)，则有

$$v_{E\Lambda} = \sigma_y \left(\frac{1}{\rho_p C_{op}} + \frac{1}{\rho_t C_{Dt}} \right) \tag{4.2.15}$$

式中，σ_y 为靶板的屈服应力。以大于此极限速度的的速度撞击弹靶时，将进入塑性变形范畴。对于常用的弹靶钢质材料来说，$v_{E\Lambda} \leqslant 1\,000$ m/s。

在薄靶板的非穿孔性破坏中，有两种由于塑性变形而造成的横向位移。一种是在撞击弹体头部接触部分，靶板产生和弹头形状完全相同的隆起变形；另一种是从直接受撞击的靶板部分延伸很远的，由于靶板弯曲而造成的盘形凹陷变形，如图 4.2.3 所示。

薄靶板产生非穿孔性的塑性变形的弹体撞击速度 v_p 具有上下两个极限，下极限即为式 (4.2.15) 的极限速度 $v_{E\Lambda}$，上极限为产生靶板流动变形的塑性极限速度 $v_{p\Lambda}$，其可表示为

$$v_{p\Lambda} = \sqrt{\sigma_y / \rho_t} \tag{4.2.16}$$

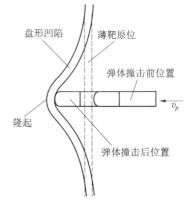

图 4.2.3 薄靶板被撞击后的变形

当靶板厚度提高时，上述靶板的塑性撞击变形就减小，也就是说，厚靶板的挠度很小，塑性撞击变形只局限于靶板撞击面一边的很小局部，在很厚的靶板上，只能在撞击面上形成一个弹坑。

靶板在各种速度的弹体撞击中经历各种现象，它们包括弹性波、塑性波、流体动力学波的传播，以及造成局部或整体的变形和摩擦生热等。流动是在撞击速度达到 $v_{p\Lambda}$ 以后开始的，一般认为，当撞击速度达到与材料的体积模量 K_t 有关的传播波速 $v_{H\Lambda}$ 以后，就产生根本变化，即产生流动变形的撞击速度 v_H，其大小在 $v_{p\Lambda}$ 和 $v_{H\Lambda}$ 之间，可表示为

$$v_{p\Lambda} \leqslant v_H \leqslant v_{H\Lambda} \tag{4.2.17}$$

式中，$v_{H\Lambda}$ 为流动变形极限速度。

流动变形极限速度可表示为

$$v_{H\Lambda} = \sqrt{K_t / \rho_t} \tag{4.2.18}$$

式中，K_t 为材料的体积模量。

材料的体积模量可表示为

$$K_t = E_t / [3(1 - 2\mu_t)] \tag{4.2.19}$$

式中，E_t 和 μ_t 分别为弹性模量和泊松比。

当撞击速度超过 $v_{H\Lambda}$ 以后，固体的可压缩性相对减弱，即变形速度超过了固体中压缩波的传播速度，从而在固体中形成激波。但是人们对激波形成后的撞击现象研究得不多，在比它更高的撞击速度打击下，即约在 $3v_{H\Lambda}$ 速度时，就会发生粉碎、相变、气化，甚至撞击爆炸等现象。

由上述可见，穿甲作用的速度 v_c 处于 $v_{p\Lambda} \leqslant v_c \leqslant v_{H\Lambda}$ 的范围内，包含了弹靶材料的各种各样的破坏形式。对有限厚靶板破坏来说，情况与上述相近。对于某一穿透过程，虽然靶板的破坏有多种机制共同起作用，但必定有一种是占主导地位的，它随靶板材料的性质、几何形状、撞击速度及弹头条件的不同而各有特点。

4.2.3 弹丸撞击装甲靶板破坏的几种形式

穿甲弹沿靶板表面法线方向命中靶板时，靶板产生局部破坏。破坏的形式是各种各样的，但归结起来有以下几种：韧性破坏、冲孔式破坏、花瓣式破坏、破碎式破坏等，如图4.2.4所示。图4.2.5为各种典型弹丸侵彻靶板的各种形式示意图。

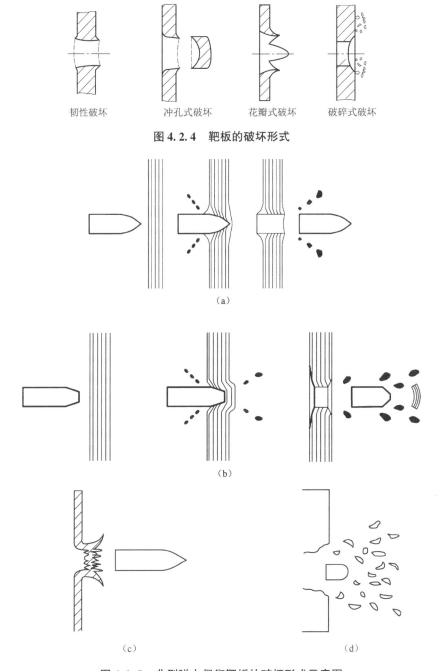

图 4.2.4　靶板的破坏形式

图 4.2.5　典型弹丸侵彻靶板的破坏形式示意图

（a）尖头弹的韧性穿甲；（b）钝头弹的冲孔式穿甲；（c）花瓣式穿甲；（d）破碎式穿甲

1. 韧性破坏

弹头碰撞并侵入钢板后，随着弹头的侵入，钢板金属由于受到弹头的挤压，而向最小抗力的方向产生塑性变形。在弹头入口处，周围有金属向外堆积，出口处有部分金属被带出，并出现裂纹。穿孔直径大致等于侵彻过程中不变形的弹头或钢芯的直径，尖头钢芯侵彻较软的钢板（如低碳钢）时多出现这种破坏形式。

2. 冲孔式破坏

冲孔式破坏有时也称为冲塞式破坏，它的特点是当弹头侵入钢板一定深度后，钢板被冲出一个圆形的塞子，钢塞的厚度一般接近钢板的厚度，穿孔的入口和出口直径均大于弹径。钝头弹头或钢芯穿透韧性较低的钢板（如高碳钢）时常出现这种形式，高速铅芯弹在穿透薄钢板时也会出现这种破坏形式。

3. 花瓣式破坏

弹头侵彻薄钢板时，入口面钢板产生较大的拉伸变形，当冲击应力达到钢板材料的破坏极限时，变形部分便产生裂纹，因而出现花瓣式破坏，花瓣的数目取决于钢板的厚度和弹头的着速。试验证明，当着速大于 600 m/s 的尖头弹侵彻薄钢板时，极易产生这种破坏形式。

4. 破碎式破坏

弹头以高速碰撞厚而硬度高的钢板时，易产生破碎破坏形式。此时穿孔直径大于弹径，穿孔的内壁不光滑，一般孔径为弹径的 1.5~2.0 倍。

影响靶板破坏形式的因素很多，通常和弹体的着速、靶板的相对厚度、靶板材料的力学性能及弹体的形状等因素有关，实际上靶板的破坏形式常是以上几种破坏形式的组合。

4.2.4 倾斜穿甲和跳弹

实际上，弹体着靶时，靶板相对于弹体的着靶弹道常是倾斜的，倾斜穿甲若速度不够，角度较大，就容易引起跳弹现象。

1. 着靶角的影响

如果弹体轴线与靶板法线之间的夹角为着靶角 θ，如图 4.2.6 所示，在这种情况下弹体碰击钢甲，则钢甲抗力 F 不通过弹体质心，而产生一个使弹体翻转的力矩 M，如图 4.2.7 所示。根据弹体的结构和着靶角 θ 的大小，此力矩可能使弹体转正（θ 角减小），也可能使弹体跳飞。

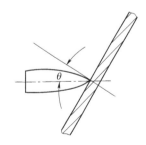

图 4.2.6　弹体与靶板的夹角

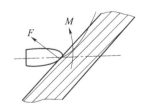

图 4.2.7　钢甲作用在弹体上的跳飞力矩

一般认为，当着靶角小于 20°时，产生与垂直命中时同样的冲孔、崩落或其他破坏形式。当着靶角大于 30°时，对于弹速不太高的情况，弹体就可能碰击靶板表面而产生跳弹现象，如图 4.2.8 所示；弹速高，弹体在弯矩的作用下有可能产生损坏。

一般普通穿甲弹在60°着靶角下接近百分之百跳弹，而杆式超速穿甲弹（主要指尾翼稳定脱壳穿甲弹）在着靶角60°甚至65°时，可以不产生跳弹。这主要是由于它的初速高，弹体破碎穿甲而产生的飞溅成坑现象比较明显，弹体破碎对防止跳弹是有好处的。因为弹体在大着角下撞击钢甲时，使其跳飞的法向力是很大的，普通穿甲弹一般不破碎，故容易跳飞。而杆式穿甲弹的弹体是逐段破碎的，跳飞的部分破碎了，成为飞溅的金属离开了弹体，就不致影响弹体完整部分的运动方向。同时，飞溅的弹体破坏快，也将钢甲表面破碎的金属一起带着抛出，形成一个坑。弹体进入坑内后，钢甲的抗力方向也发生改变，弹体就不容易跳飞了，而转为正常的反挤侵彻穿甲。

2. 弹丸头部形状的影响

①尖头弹体命中钢甲时，钢甲阻力最初对弹体产生一个翻转力矩，此力矩使弹体向偏离钢甲法线

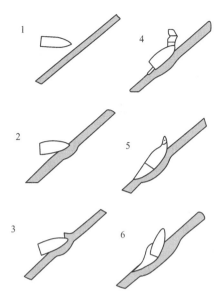

图 4.2.8　弹体的跳飞过程

方向转动。若弹体碰击钢甲的着速较大，则弹体来不及转动很大的角度而继续钻入钢甲，待弹体钻入钢甲某一定深度或塞块将要形成时，弹体所受力矩的方向将改变，使弹体转正而继续侵入钢甲。力矩作用过程如图4.2.9所示，弹体侵彻钢甲过程如图4.2.10所示。若弹体撞击能量不足，或 θ 角过大，则弹头不能深入钢甲，此时弹头在翻转力矩的作用下产生跳弹。

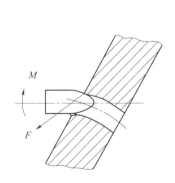

图 4.2.9　作用在弹体上的力矩

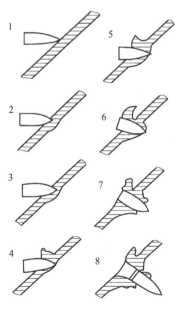

图 4.2.10　弹体侵彻钢甲的过程

②钝头弹侵彻钢甲时，在撞击初期，若其钝化边缘侵入钢甲，则弹体将正常穿甲；若 θ 角很大或钝化边缘没有侵入或破裂，也会产生跳弹。

跳弹时，在钢甲上出现一个较浅的坑，钢甲没有很大变形，弹体以较大速度向另一侧跳飞而去。有时虽然弹体的动能足够，但是由于弹体不能使钢甲飞溅成坑，致使整个弹体产生飞跳。因此，要防止跳弹，关键是撞击的第一阶段，弹体要在靶板表面撞击出一个坑来，才能保证第二阶段弹体正常的侵彻钢甲。

4.2.5 穿甲计算的经验公式

所谓的穿甲计算，就是计算一定结构的弹体穿透一定厚度的某种装甲所应具备的速度，它是设计穿甲弹所必需的步骤。由于穿甲现象是一种高速而复杂的现象，许多因素混合在一起，要想用单一的公式进行完整的描述是很困难的。目前有关穿甲计算的公式较多，有经验公式，也有理论公式，但都有其应用条件和适用范围。在实际工作中常借助一些试验公式，下面介绍几个主要的常用公式。在介绍穿甲计算公式前，先介绍枪弹侵彻木板的经验公式。

木板是枪弹侵彻软目标的典型标靶，目前世界上各国仍采用弹头侵彻干红松木板深度来衡量枪弹的侵彻效果。试验证明，弹头穿透 1 in 厚的干红松木板所需的能量与弹头杀伤人员所需的能量基本相同，约为 8 kg·m 动能。所以通常把弹头或破片能否穿透 1 in 厚红松木板作为衡量是否具备杀伤有生目标能量的基本依据。

枪弹侵彻木板有两个主要特点：一是弹头在侵彻过程中基本不变形，侵彻效果与弹头结构关系不大；二是弹头在飞行稳定状态下，对木板的侵彻深度与断面比能相关。

根据多年枪弹对木板的侵彻试验结果，统计分析出枪弹侵彻木板深度的经验计算公式为

$$H = 61 + 1.40 \text{SE} \tag{4.2.20}$$

式中，H 为弹头侵入木板深度（mm）；SE 为枪弹侵彻木板的断面比能（kg·m/cm²）。

断面比能可表示为

$$\text{SE} = \frac{E}{d^2} \tag{4.2.21}$$

式中，E 为枪弹侵彻木板的动能（kg·m）；d 为口径（cm）。

下面介绍穿甲计算的经验公式。

1. 德马尔公式

在枪弹设计中，穿甲弹对装甲钢板的侵彻计算，应用最多的是德马尔公式，这个公式是在试验的基础上建立起来的。

建立德马尔公式有以下假设：

①弹体为刚性体，在冲击和侵彻靶板时不变形；
②弹头在钢板内的行程为直线运动，同时不考虑其旋转运动；
③弹头的全部动能用于侵彻钢板；
④弹头垂直命中钢板；
⑤钢板为一般厚度，性能均匀，固定结实可靠。

根据试验，德马尔公式为

$$v_c = K \frac{d^{0.75}}{M^{0.5}} b^{0.7} \tag{4.2.22}$$

式中，v_c 为弹头落速（m/s）；d 为弹丸直径（dm）；b 为靶板厚度（dm）；M 为弹丸（或

弹芯）质量（kg）；K 是考虑装甲力学性能和穿甲弹结构等影响的修正系数，其值见表 4.2.3。

表 4.2.3　修正系数 K

装甲性能	K
异质钢板	2 000 ~ 3 000
高硬度或中硬度均质钢板	2 000 ~ 3 000
低硬度均质钢板	1 000 ~ 2 000

实际上，式中的 K 是按试射的结果确定的，因而德马尔公式只适用于在一定射击条件下所试验的弹头及装甲。试验结果表明，这种修正方法是近似的。

若弹头与装甲成命中角 θ，则德马尔公式可修正为

$$v_c = K \frac{d^{0.75}}{M^{0.5}\cos\theta} b^{0.7} \tag{4.2.23}$$

枪弹的穿甲弹头除钢芯外，还有弹头壳和铅套，它们不能全部参与穿甲，因此枪弹穿甲弹头穿甲时的质量应为

$$M = M_x + \Delta \cdot M_k \tag{4.2.24}$$

式中，M_x 为穿甲钢芯的质量（kg）；M_k 为弹头壳的质量；Δ 为弹头壳参与穿甲的百分数，它与弹头结构、命中角等有关。

Δ 可近似取 0.5，则式（4.2.23）可表示为

$$v_c = K \frac{d_x^{0.75}}{(M_x + 0.5 M_k)^{0.5}\cos\theta} b^{0.7} \tag{4.2.25}$$

式中，d_x 为穿甲钢芯的直径。

2. 别列金公式

普通弹对低碳钢板的侵彻效果计算，一般采用别列金公式。根据试验，别列金公式可表示为

$$v_c = K \frac{d_x b^{0.5}}{M_x^{0.5}} \tag{4.2.26}$$

如果考虑命中角 θ，则公式变成

$$v_c = K \frac{d_x b^{0.5}}{M_x^{0.5}\cos\theta} \tag{4.2.27}$$

式中，v_c 为穿甲速度（m·s^{-1}）；d_x 为穿甲钢芯直径（m）；b 为装甲厚度（m）；M_x 为钢芯质量（kg）。

K 采用试验方法确定，以某一种弹体对欲测的目标进行射击，利用改变发射药或改变射击距离的方法来调整弹的着速，这样可以得到弹刚刚穿透目标时的着速 v_c；然后将 M_x、b、d_x 及 v_c 值代入公式即可求出 K。对中硬度钢板，$K = 85\,000$；对木质目标，$K = 11\,200$。

变换式（4.2.26），可得

$$b = \frac{1}{K^2} \frac{M_x v_c^2}{d_x^2} \tag{4.2.28}$$

从变换后的别列金公式看,这个公式实际上反映弹芯断面比能与侵彻钢板厚度成正比的关系。

3. 791 公式

采用别列金公式计算的穿甲系数是一变量,它不仅随钢板的力学性能和弹头结构的差异而变,而且随钢芯的质量和钢板的厚度而变。钢芯质量越大,穿甲系数减小;钢板厚度增加,穿甲系数增大。也就是说,穿甲系数还要包含对钢芯质量和钢板厚度的修正。由此可见,该公式穿甲系数 K 较难确定,根据试验结果对其各参数的指数进行符合修正,减小 K 的跳动范围,满足普通钢芯弹对低碳钢板穿甲计算要求。

为此,兵器装备集团第 791 厂进行了大量枪弹侵彻低碳钢板的试验。根据试验结果,对各参数的指数进行符合处理后,得出普通钢芯弹侵彻低碳钢板的经验公式为

$$v_c = K \frac{d_x^{0.95} b^{0.7}}{M_x^{0.6}} \quad (4.2.29)$$

式中,各符号及单位同上。

上式应用条件为:
① 普通钢芯弹侵彻低碳钢板计算;
② 厚度为 3~4 mm 的 A3 低碳钢板穿甲系数 $K = 84\,000$;
③ 穿甲时钢芯不发生显著的镦粗或弯曲变形;
④ 弹头飞行稳定,垂直穿甲。

4.2.6 影响穿甲作用的因素

影响穿甲作用的基本因素,除了弹丸结构形状、材料、着速和着靶角之外,还有装甲的相对厚度和力学性能等。

1. 弹丸的结构与形状

弹丸的形状不仅影响弹道性能,也影响穿甲作用。尖头弹撞击钢甲时,钢甲常产生延性破坏;钝头弹穿甲时,则易产生冲孔型破坏。这是因为尖头弹侵彻钢甲时容易排挤金属,使其产生塑性流动。钝头弹由于作用面积大,应力小,故不易使金属流动而利于剪切。但究竟是产生延性破坏还是冲孔型破坏,还要看钢甲的相对厚度和力学性能。

2. 着靶角

着靶角对弹丸的穿甲作用有明显的影响,当弹丸垂直碰击钢甲时(着靶角为 0°),弹丸侵彻行程最小,极限穿透速度最小;当着靶角增大时,极限穿透速度增加,因为弹丸侵彻行程增加。无论均质、非均质钢甲,都有相同的规律,但对非均质钢甲影响大些。

3. 弹丸的着靶姿态

弹丸轴线和着靶速度矢量的夹角称为章动角,也称攻角。章动角越大,在靶板上的开坑越大,因而穿甲深度越小。对长径比大的弹丸和大法向角穿甲时,章动角对穿甲作用的影响更大。

4. 侵彻体的着靶比动能

穿孔的直径、穿透的靶板厚度、冲塞和崩落块的质量取决于侵彻体着靶比动能,这是由于穿透钢甲所消耗的能量是随穿孔容积的大小而改变的(即单位容积穿孔所需能量基本相同)。因此,要提高穿甲威力,除应提高侵彻体的着速外,还需适量缩小侵彻体直径。

5. 装甲的相对厚度

装甲的相对厚度是指装甲厚度 b 与弹径 d 之比,令 $c_b = b/d$。在 $c_b < 1$ 时,也即装甲厚度小于弹径时,则装甲弯曲是主要变形,而弯曲引起的径向应力是最大应力,在这种情况下,韧性装甲将在穿孔破裂的同时,因径向拉伸而在靶板背面形成鼓包。对于脆性装甲,则形成环形剪切破坏。

当装甲厚度大于弹径时,容易出现延性破坏形式;当装甲厚度小于弹径时,则易产生冲孔型破坏;而当装甲厚度与弹径相差不大时,往往出现这两种破坏形式的组合。

6. 装甲的力学性能

当装甲厚度接近于弹径时,装甲硬度对破坏形态的影响较大,随着装甲硬度的增加,弹体难以侵入,因而冲击塞块的可能性就增加。实践证明,表层硬度大的(2.6~2.7 HB)非均质装甲,不论其背层的硬度如何,它被弹体冲击时,往往都冲出塞块,且塞块的变形小,高度近似于装甲的厚度。

装甲表层硬度减小(如表层硬度近于 3.0 HB,背层硬度为 3.4~3.7 HB),装甲破坏的性质稍有改变,在弹体侵入装甲很深时才开始剪切塞块。若继续降低表面硬度(例如表层的硬度为 3.2 HB,背层的硬度为 3.4~3.7 HB),装甲破坏不是冲出塞块,而是呈延性破坏。

对硬度为 3.0~3.1 HB 的均质装甲,典型的破坏是冲孔型破坏;对于中硬度(3.5~3.6 HB)的均质装甲,它的破坏形式是弹体局部侵入装甲,并剪切出变形很大的塞块;对于低硬度(例如 4.0~4.1 HB)均质装甲,其破坏形式为延性破坏。

除了装甲材料外,弹芯的硬度对穿甲也有很大影响。碳化钨弹芯的硬度很高,它对装甲作用时,往往使装甲发生延性破坏,即使装甲的相对厚度很大,也是如此。

4.3 破甲作用

4.3.1 聚能效应

1. 聚能效应的概念

为了说明聚能效应,首先看一组试验结果。试验用的药柱由 TNT/RDX(50/50)铸装,直径为 30 mm,高度为 100 mm,靶板材料为中碳钢。聚能效应试验结果如图 4.3.1 所示。

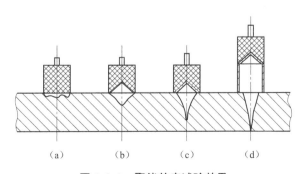

图 4.3.1 聚能效应试验效果

①图 4.3.1（a）中将药柱直接放在靶板上，只炸出了一个很浅的凹坑。

②图 4.3.1（b）中药柱带有锥形凹窝，仍放在靶板上爆炸，则靶板上炸出了一个 6~7 mm 深的坑。

③图 4.3.1（c）中药柱的锥形凹窝内放一钢药型罩，仍放在靶板上爆炸，在靶板上能炸出 80 mm 深的洞。

④图 4.3.1（d）中带有药型罩的药柱在离靶板 70 mm 处爆炸，则炸坑深达 110 mm。

这种由于装药一端的空穴而提高局部破坏作用的效应，称为聚能效应。下面解释聚能效应形成的原因。

圆柱形药柱爆炸后，高温高压的爆轰生成物，将沿近似垂直于药柱原表面的方向飞散，作用于靶板上的仅仅是药柱端部的爆轰产物，作用的面积等于药柱端面积，如图 4.3.2 所示。当药柱带锥形凹窝后，情况就不同了。凹窝部分的爆轰生成物沿与药柱表面垂直的方向飞散，在装药轴线处汇合成一股高速、高温、高密度的气流。它对靶板的作用面积较小，能量集中，在靶板上能打出较深的洞。当锥穴表面带有金属药型罩时，在装药轴线处汇合的就是能量密度更高的金属流，所以威力也就更大了。

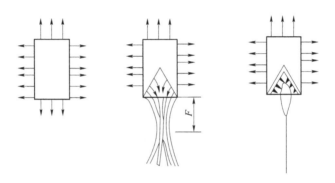

图 4.3.2　爆轰生成物的飞散

对于不带药型罩的聚能装药来说，这种高速、高温、高密度的气流有一个聚集得最好的距离 F，也就是说，在这个距离处气流的横截面积最小，能量密度最大。小于此距离时，气流还没有很好地集聚，而大于这个距离，气体又开始发散。这都使得作用于靶板的能量密度不是最大，穿孔效果不好。

对于带有铜药型罩的装药，爆轰产物在推动罩壁轴向运动过程中，将能量传递给铜罩。由于铜的可压缩性很小，因此内能增加很少，能量的极大部分表现为动能形式。另外，金属流各部分的速度是不同的，头部速度高，尾部速度低，因此金属流在运动过程中一边前进，一边拉长。当装药距离靶很近时，金属流还没有充分拉长，使破甲孔径大、深度浅；当距离过大时，金属流被拉断了，即断裂成很多不连续的颗粒，使作用于靶板的能量分散，不利于破甲。这样空心装药与靶板的距离存在一个最佳值，使装药的破甲深度最深，称为有利炸高（装药底端面与靶板的距离）。

2. 金属射流的形成过程

由试验可以看出，装药带有药型罩后，破甲效果显著提高，这主要是能量密度很大的金属流对目标作用的结果。下面研究金属（射）流的形成过程。

破甲弹碰击目标，引信引爆传爆药和炸药，爆轰波从底部向弹头部传去。当爆轰波到达罩顶部时，顶部的金属由于受到强烈的压缩，它以高达1 000~3 000 m/s的速度（称压垮速度）向中心塑性流动而闭合。闭合后，从罩内表面挤出一部分高速运动的金属向前运动，形成了金属流（或称射流）；另一部分金属（相当于罩外层的金属）闭合而形成低速运动的杆状体，简称杆体。随着爆轰波的向前传播，药型罩也依次（从罩顶至罩底）不断闭合，不断形成金属流和杆体。

图4.3.3是射流形成的示意图，其中图4.3.3（a）为聚能装药的原来形状，图中把罩分成四部分，称为微元。图4.3.3（b）表示爆轰波阵面到达罩微元2的末端，各罩微元在爆轰产物的作用下，先后依次向中心轴运动，微元2正在向中心轴闭合，微元3有一部分正向中心轴处碰撞，微元4已经在轴线处碰撞完毕。微元4碰撞后，分成射流和杆体两部分（此时尚未分开），由于这两部分的速度相差很大，很快就分离开来。微元3接踵而来，填补了微元4让出来的位置，并且在那里发生碰撞。这样就出现罩微元不断闭合、碰撞和形成射流、杆体的连续过程。图4.3.3（c）表示药型罩的变形过程已经完成，药型罩已变成射流和杆体两大部分。由图中可以看出，各微元的排列次序，杆体和罩微元爆炸前是一致的，射流则倒过来了。

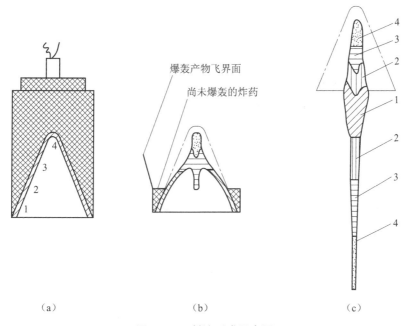

图4.3.3　射流形成示意图

药型罩除了形成射流和杆体外，还有相当一部分形成碎片，这主要是由锥底部分形成的。如果罩碰撞时的对称性不好，也会产生偏离轴线的碎片，而实际上不可能完全对称，因此碰撞时或多或少要分出一些碎片。另外，碰撞时产生的压力和温度都很高，有时也可能产生局部熔化甚至汽化现象。

相对来说，作用在药型罩顶部处的有效装药量大，而金属质量又较少，故闭合时的碰撞速度大，形成的金属流速度也高；反之，作用于罩底部的有效装药少，而金属的质量相对较大，故碰撞速度和形成的金属流速度也比前者低。所以，对整个金属流而言，头部速度高，尾部速度低，存在着速度梯度。这样，随着金属流的向前运动，金属流本身不断拉长，并在其内部产生拉应力。当拉应力大于金属流的内聚力时，金属流就被拉断，断裂成很多小颗粒。

如在钢质药型罩内表面镀一层很薄的铜,在杵体内不会发现任何铜的痕迹;但如在钢罩外表面镀上一层很薄的铜,则在杵体内会发现氧化铜。这个试验证明,金属流是由药型罩内表层金属闭合形成的,杵体是由药型罩外层金属形成的。根据药型罩锥角的不同,金属流质量只占整个罩金属质量的 15% ~ 30%。

当药型罩锥角增大到 100°以上时,药型罩大部分翻转,罩壁在爆轰产物的作用下仍然汇合到轴线处,但和小锥角的药型罩大不相同,不再发生罩壁内外层的能量重新分配,也不区分为射流和杵体两部分,药型罩被压合成一个直径较小的"高速弹丸"。由于头尾存在速度差,高速弹丸在运动过程中仍有所拉长,但基本上保持完整。"高速弹丸"和金属射流有本质的不同,它的直径较粗,能量密度也低得多。

可以用定常理想不可压缩流体模型和准定常理想不可压缩流体模型进行分析金属射流和杵体的质量及速度,至于药型罩压垮速度 v_0、压垮角及金属流微元的初始长度的计算,请参照相关教材。

3. 金属(射)流的破甲过程

通过静破甲试验发现,破孔的入口直径较大,整个破孔近似为一个漏斗形,但在相当一段长度上孔径变化缓慢,如图 4.3.4 所示。

对侵彻后的靶板进行研究后发现,破孔表面有一层铜沉积层,厚度为 0.035 ~ 0.15 mm,紧邻沉积层的是硬化层,该层厚约为 0.15 mm,这层金属发生了相变,说明在破甲过程中温度是较高的。距破孔表面小于 1.5 mm 处属于严重变形区,这一区中的晶粒被拉长、变形、歪扭;距离 1.5 ~ 4 mm 范围内属于变形区,该区内晶粒发生了一定程度的变形;距离 4 ~ 9 mm 范围内为轻变形区,晶粒只有轻度的变形;大于 9 mm 处晶粒就无变形。可以看出,金属流破甲只在很小范围内对靶板金属有影响,下面对金属流的破甲过程进行介绍。

金属流的速度很高,能量密度很大,当与钢甲碰击时,就会产生很高的碰撞速度和很大的压力。所以,无论在钢甲或射流中,均将产生冲击波。它的破甲过程如图 4.3.5 所示。

图 4.3.5(a)为射流刚接触靶板,然后发生碰撞,由于碰撞速度超过了钢和铜中的声速,自碰撞点开始向靶板和射流中分别传入冲击波;同时,在碰撞点产生很高的压力,能达到 200 GPa,温度升高到绝对温度 5 000 K。射流与靶板碰撞后,速度降低,但不为零,它等于碰撞靶板后的质点速度,也就是碰撞点的运动速度,称为破甲速度。碰撞后的射流并没有消耗其全部能量,剩余的部分能量虽不

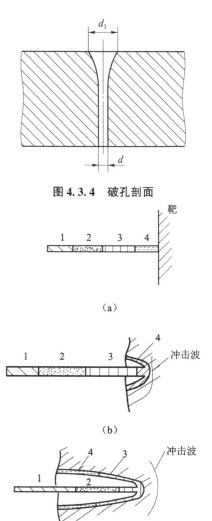

图 4.3.4 破孔剖面

图 4.3.5 破甲过程示意图

能进一步破甲，却能扩大孔径。此部分射流受到压缩，并在后续射流的推动下，向四周扩张。后续射流到达碰撞点后，继续破甲，但此时射流所碰到的靶板质点不再是静止状态的，靶板质点经过冲击波的压缩已有一定的速度，故碰撞点的压力小了一些，为20～30 GPa，温度也降低到1 000 K左右。在碰撞点周围，金属产生高速塑性变形。这样在碰撞点附近有一个"高压、高温、高速"变形的区域，简称"三高区"。

图4.3.5（b）表示射流4正在破甲，在碰撞周围形成"三高区"。图4.3.5（c）表示射流4已附在孔壁上，有少部分飞溅出去，射流3已完成破甲作用；射流2即将破甲。可见射流残留在孔壁的次序和原来射流中的次序是相反的。

整个破甲过程可分为三个阶段：

（1）金属流开坑阶段

这是破甲的开始阶段。当射流头部碰击静止的钢靶时，产生很高的压力，从碰撞点向靶板和射流中分别传入冲击波。靶板自由界面崩裂，靶板金属和射流残渣飞溅，射流在靶板中建立"三高"区，此阶段的侵彻深度仅占孔深的很小一部分。

（2）准定常阶段

这是破甲的主要阶段。射流碰靶后，在靶板中形成"三高"区，此后射流对"三高"状态的靶板破孔，碰撞压力较小。在此阶段中，射流速度的降低和破孔直径的减小都比较缓慢，基本上与破孔时间无关，故称"准定常阶段"。也就是说，可以把射流速度、侵彻速度等作为常量处理，该阶段的侵彻深度占整个侵彻深度的大部分。

（3）终止阶段

这阶段情况很复杂，首先射流速度已相当低，靶板强度的作用越来越明显，不能忽略。其次，由于射流速度降低，不仅破甲速度减小，而且扩孔能力也下降，后续射流推不开前面已经释放能量的射流残渣，后续射流作用于残渣上，而不是作用于靶孔的底部，影响了破甲的进行。实际上，在射流和孔底之间，总是存在射流残渣的堆积层。在准定常阶段，堆积层很薄，在终止阶段则越来越厚，最后使射流破甲过程终止。在破甲后期，射流产生了颈缩和断裂，对破甲不利。

还有一点需明确，射流在破甲过程中是不断消耗的，所以射流要拉长到一定的长度再破甲为良好，此时侵彻深度最大。当射流拉断时，断裂成很多颗粒，破坏了破甲作用的连续性，使破甲深度下降。

4.3.2 破甲深度计算

破甲弹破甲深度的计算是设计弹丸必然会遇到的问题，在建立破甲深度的计算公式之前，先讨论一下破甲过程中的一些基本现象，以及对破甲过程的力学分析。

1. 金属流破甲过程的基本现象

金属流的破甲过程属于超高速冲击的范围，和一般穿甲弹相比，出现了许多新的现象和问题。

（1）金属流在破甲过程中逐渐消失

从金属流冲击靶板开始，随着破甲过程的发展，金属流逐渐失掉自己的能量。金属流一部分依附于穿孔的表面，少部分从入口处飞溅出去，当破甲过程结束后，金属流完全丧失原来的形状。金属流冲击靶板时，在接触面上产生很高的压力，并且压力随之逐渐降低。就紫铜金属流冲击合金钢板而言,金属流的绝大部分达到熔化状态,这样无论是飞溅出去的金属,还是依附于穿孔表面的金属,都是达到熔化状态的紫铜。

(2) 被穿孔后的靶板质量基本不减

靶板经过金属流穿孔以后,尽管孔的容积不小,但实际上靶板的质量基本上不减。在破甲过程中,虽然有一部分金属流依附在穿孔表面,但质量很小。因此可以认为金属流的穿孔过程就是靶金属向侧向和前面流动的过程,并且主要是流向侧面,从入口和出口失掉的靶金属是极有限的。如果金属流对半无限靶作用,从入口飞溅出去的靶金属就更少了,一般不超过5%。

(3) 靶板的穿孔呈圆锥形

由于金属流的速度从头部至尾部逐渐减小,当金属流破甲时,相应的入口孔径大,入口以后孔径依次减小,穿孔呈圆锥形。

(4) 破甲的深度和孔径与靶板的强度有关

金属流穿孔的孔径远远大于金属流相应部分的断面直径,这主要是由于金属流的高速特性所致。金属流垂直破甲时,入口孔径通常为金属流直径的5~7倍,同种金属流的破甲深度和孔径取决于靶板的强度。表4.3.1列出了同一种聚能装药对几种不同材料靶柱的破甲情况。所用装药的直径为26 mm,炸药为梯黑50/50,紫铜圆锥形(40°)药型罩,罩厚为0.8 mm,炸高为60 mm。

表 4.3.1 对不同材料靶柱的破甲数据

靶柱材料	极限强度/MPa	破甲深度/mm	入口孔径/mm	终止孔径/mm
合金钢	900	68.6	15	1.0
中碳钢	750	86.2	18	2.0
低碳钢	430	95		
紫铜	240	134.6		
铅柱		137.4		
铝柱		207.4	25	3~4

(5) 穿孔周围形成一个硬化层

金属流破甲之后,穿孔的表面从入口到出口依附着一层金属流的金属。穿孔周围的靶金属由于经受金属流的强烈冲击,硬度普遍提高,形成了一定厚度的硬化层。紧靠穿孔靶面的靶金属,一般达到相变温度以上,再往里,温度越来越低。

2. 金属流破甲的定常侵彻模型

因为射流的速度很高,在碰击靶板时,将产生很大的局部压力。在这种情况下,因冲击压力比靶板的强度高得多,靶板本身的强度可以不考虑。认为射流的速度是均匀的,侵彻速度也是不变的,将靶板也作为理想不可压缩流体处理。

设射流速度为 v_j,破甲速度为 u,ρ_j、ρ_t 分别为射流和靶板的密度。射流速度和侵彻速度之间的关系可表示为

$$u = \frac{v_j}{1 + \sqrt{\frac{\rho_t}{\rho_j}}} \tag{4.3.1}$$

破甲深度可表示为

$$P = l\sqrt{\frac{\rho_j}{\rho_t}} \tag{4.3.2}$$

这就是由定常理想不可压缩流体理论导出的破甲深度计算公式。该式表明，破甲深度 P 与射流长度 l 成正比，与射流和靶板密度之比的平方根成正比。此式与某些试验相符合，例如，增加炸高时，使射流长度 l 增加，只要射流不断裂和不分散，便能使破甲深度提高。又如，铜罩比铝罩的破甲深度深，这是因为铜罩的射流密度较大；铝靶比钢靶破甲深度大，因为铝靶密度小。公式还表明，破甲深度仅取决于射流的长度和密度及靶板的密度，而与靶板强度无关，甚至与射流速度无关。这是因为在建立公式时，假设靶板是理想流体，不考虑强度，射流有一点速度就能穿孔，这一点与实际情况是不符的。但是就射流头部来说，由于它的速度很高，忽略靶板强度的影响还是可以的。式 (4.3.2) 是在假设射流速度不变的条件下得到的，实际上射流速度是变化的，故要对它做修正。

3. 金属流破甲的准定常侵彻模型

实际的射流总是头部速度快，尾部速度慢，沿其长度方向存在一速度梯度，不具备定常侵彻条件，不能直接应用伯努利公式。但是就一小段射流来看，可以认为速度不变，因此可以应用伯努利公式，这就是准定常条件。

设射流速度沿长度是线性分布，射流头部到达药柱底部距离为 b，H 是炸高，破甲速度为 u，射流速度为 v_j，最大破甲深为 P_M，破甲深度可表示为

$$P_M = (H - b)\left[\left(\frac{v_{j0}}{v_j}\right)^{\sqrt{\frac{\rho_j}{\rho_t}}} - 1\right] \tag{4.3.3}$$

这便是准定常理想不可压缩流体的破甲公式，由该式可看出：

①破甲深度与 $H - b$ 成正比，b 很小时，破甲深度与炸高 H 成正比；
②射流头部速度 v_{j0} 和尾部速度 v_j 的比值越大，P_M 越大；
③射流和靶板的密度比越大，P_M 越大。

金属流形成之后，在空气中做惯性运动。由于运行距离不远，可以忽略空气阻力的作用。金属流从头部至尾部存在着速度梯度，在运行中它将不断地伸长，直至全部消耗为止。金属流伸长到某一定长度后，就由连续状态变为不连续状态，断裂为高速运动的金属颗粒。这就需要对这个破甲深度的计算公式进行修正，本书不再赘述。

4. 破甲深度的经验公式

上述基于破甲理论的计算方法，不仅烦琐复杂，而且计算结果不精确。因此，在设计中采用简便的经验计算法有其一定的实用意义。这里介绍几个典型的经验公式，作为结构设计中初步估算破甲威力之用。

（1）根据现有制式装药结构总结的经验公式

这个经验公式是在定常流破甲理论基础上，根据制式装药结构的试验数据归纳整理而成

的静破甲深度公式，破甲深度为

$$\overline{P_y} = \eta(-23.18\alpha^2 + 33.98\alpha + 0.475 \times 10^{-10}\rho_0 D^2 - 9.84)l_M \quad (4.3.4)$$

$$\overline{P_w} = \eta(0.387\,4\alpha^2 + 6.073\alpha + 0.25 \times 10^{-10}\rho_0 D^2 - 0.5)l_M \quad (4.3.5)$$

式中，$\overline{P_y}$ 为有隔板的静破甲平均深度；$\overline{P_w}$ 为无隔板的静破甲平均深度；α 为药型罩的半锥角；l_M 为药型罩的母线长；ρ_0 为装药密度；D 为装药的爆速；η 为考虑药型罩材料、加工方法及靶板材料对破甲的影响系数。

η 取值见表 4.3.2。

表 4.3.2　η 取值

药型罩	紫铜冲压		钢冲压	铅制车
靶板	碳钢	装甲钢	装甲钢	装甲钢
η	1.1	0.97~1.02	0.77~0.79	0.4~0.49

（2）其他经验公式

对现有一些装药结构进行分析，总结了一些经验，归纳为以下一些经验公式：

$$\overline{P} = (5.0 \sim 6.5)d_k(\text{m}) \quad (4.3.6)$$

$$\overline{P} = (0.7 \sim 1)M_w(\text{m}) \quad (4.3.7)$$

$$\overline{P} \approx 3M_z(\text{m}) \quad (4.3.8)$$

式中，d_k 为药型罩口部内直径；M_w 为装药质量；M_z 为药型罩质量。对柱状装药结构，$\overline{P}$ 取下限；对收敛形装药结构，则取上限。

4.3.3　影响破甲效应的因素

为了有效地摧毁装甲目标，要求聚能装药具有良好的破甲效应，它是聚能装药对目标作用的最终效果，其中包括破甲深度后效作用及射流破甲的稳定性等。后效作用是指金属流穿透装甲目标后，破坏装甲目标后面的人员及器材装置的能力，破甲的稳定性主要是指穿深的跳动量（即最大穿深与最小穿深之差），一般在要求的穿深指标下，穿深的跳动量越小越好。

影响破甲效应的因素是一个复杂的问题，它不仅涉及各个因素本身，例如所采用的药型罩、装药、弹丸结构、起爆序列、靶板等都对破甲效应有影响，而且还受各种因素的综合影响。下面对上述各个因素进行分析。

1. 药型罩

药型罩是形成射流的主要零件，罩的结构、材料及加工方法直接影响射流质量的优劣，从而影响破甲效应。

（1）药型罩形状

常用的药型罩形状有锥形、喇叭形、半球形三种，此外，还有几种改进型的药型罩，例如双锥罩、曲线组合罩和筒形药型罩等。

破甲深度与射流的有效长度成正比,在射流刚形成时,其长度约与罩母线长度相等,故射流的初始有效长度取决于罩母线长度。在罩底直径相同的情况下,喇叭形罩母线最长,锥形次之,半球形最短。喇叭形的射流头部速度最高,锥形次之,半球形最小。喇叭形罩实际上是一个变锥角的药型罩,顶部锥角小,底部锥角大,如图4.3.6所示。它有利于提高射流头部速度,增加射流速度梯度,便于射流拉长。从理论上分析,喇叭形罩破甲深度最大,锥形次之,半球最小,各种罩的破甲试验数据见表4.3.3。实际使用中发现喇叭形药型罩破甲深度的增加很有限,且破甲的稳定性较差,罩的加工工艺也较复杂,故一般使用较少。

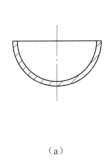 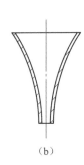 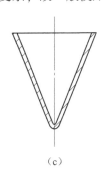

(a) (b) (c)

图4.3.6 三种形状药型罩

表4.3.3 三种形状药型罩的破甲数据

试验条件:紫铜药型罩,装药为黑梯60/40,中碳钢靶板			
罩形状	喇叭形	锥形	半球形
药型罩口部内径/mm	46.2	47	44
炸高/mm	100	112	120
静破甲平均深/mm	220	185	125

由于喇叭形药型罩可增加装药量,因而射流速度较大,加之其速度梯度也大,旋转时离心力的影响会小一些,所以有些旋转稳定的破甲弹采用喇叭形药型罩,以减小旋转对破甲的影响。

目前最常用的是锥形药型罩。它不仅可以满足威力要求,而且工艺简单,故无论是单兵用的还是炮兵用的破甲弹,一般均采用锥形罩。

(2) 药型罩的锥角

根据前述的定常理论,射流的速度和质量分别为

$$v_j = \frac{1}{\sin\frac{\beta}{2}} v_0 \cos\left(\frac{\beta}{2} - \alpha - \delta\right) \tag{4.3.9}$$

$$M_j = M\sin^2\frac{\beta}{2} \tag{4.3.10}$$

为了分析问题方便,假设炸药为瞬时爆轰,并且药型罩壁面同时平行地向轴线闭合,这时可得 $\alpha = \beta$,$\delta = 0°$,因而有

$$v_j = v_0 \tan \frac{\alpha}{2} \tag{4.3.11}$$

$$M_j = M\sin^2 \frac{\alpha}{2} \tag{4.3.12}$$

由以上化简后可以看出,射流速度随药型罩锥角减小而增加,射流质量随药型罩锥角减小而减小。表 4.3.4 给出了不同锥角药型罩的破甲试验结果。试验条件为:装药黑梯 50/50,直径 36 mm,密度 1.6 g/cm³,紫铜罩,壁厚 1 mm,罩底直径 30 mm,随锥角不同,有不同的药型罩高度和装药高度。

表 4.3.4 不同锥角药型罩试验结果

罩锥角 /(°)	装药尺寸/mm		炸高 /mm	射流头部速度 /(m·s⁻¹)	破甲深度/mm			试验次数
	罩高	药高			平均	最大	最小	
0	75	115		14 000				
30	47	96	40	7 800	132	155	104	12
40	36	93	50	7 000	129	140	119	5
50	29	91	60	6 200	123	135	114	7
60	24	90	60	6 100	120	127	106	7
70	24	88	60	5 700	121	124	113	7

从表 4.3.4 中看出,当药型罩锥角为 30°~70°时,射流具有足够的质量和速度。大锥角时,射流头部速度较低,而射流质量较大,且速度梯度较小,使射流短而粗。在这种情况下,破甲深度下降,而破孔直径增加,后效作用增强,破甲稳定性较好;小锥角时,射流头部速度较高,而射流质量较小,但速度梯度较高,使射流细而长,破甲深度增加,而破孔直径减小。当药型罩锥角小于 30°时,破甲性能很不稳定。

药型罩锥角大于 70°之后,金属流形成过程发生新的变化,破甲深度迅速下降。药型罩锥角达到 90°以上时,药型罩在变形过程中产生翻转现象,出现反射流,药型罩主体变成翻转的高速弹丸,速度为 2 000~4 000 m/s,其破甲深度很小,但孔径很大,这种结构用来侵彻薄装甲效果很好,例如舰艇的装甲。

破甲弹药型罩锥角通常在 35°~60°选取,对于中、小口径弹丸,以 35°~44°为宜。采用隔板时,锥角宜大些;不采用隔板时,锥角宜小些。

(3)药型罩壁厚及壁厚变化率

药型罩的最佳壁厚 b 随药型罩的材料、锥角、直径和炸药种类、装药形状,以及弹壳外形、炸高等而变化,其中弹壳和锥角是主要影响因素。总的来说,药型罩最佳壁厚随罩材料的密度的减小而增加,随罩锥角的增大而增加,随罩底直径的增加而增加,随外壳的加厚而增加。

研究表明,药型罩最佳壁厚与罩半锥角的正弦成比例。但是,在锥角小于 45°时,这个比例略大一些,大于 45°时,这个比例略小些。

为了改善射流性能，提高破甲效应，通常采用变壁厚的药型罩，其尺寸如图4.3.7所示。这就有一个最佳壁厚变化率的问题，壁厚变化率 Δ 是指药型罩在单位母线长度上壁厚的差值。在实际使用中，采用两种变壁厚药型罩，一种是顶部薄、底部厚的药型罩；另一种是顶部厚、底部薄的药型罩。图4.3.8是壁厚变化对破甲效应影响的试验结果。试验采用的是钢质药型罩，外锥角45°，罩底直径为111 mm，炸高为152 mm，其他尺寸如图4.3.8所示。从试验中看出，采用顶部薄、底部厚的药型罩，只要变化适当（图4.3.8（c）），穿孔进口变小，随之出现"鼓肚"，且收效缓慢，能够提高破甲效应。但如果壁厚变化不当，则降低破甲深度。采用顶部厚、底部薄的药型罩，穿孔浅并且呈喇叭形。

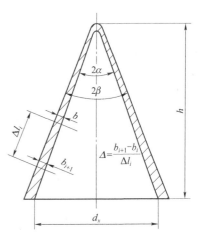

图 4.3.7　变壁厚药型罩的尺寸

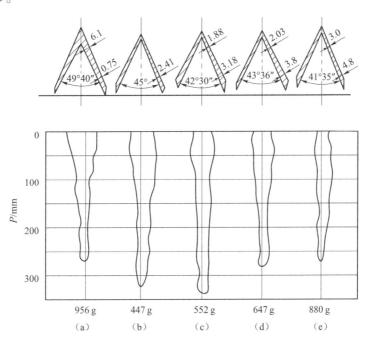

图 4.3.8　各种变壁厚药型罩的破甲孔形

顶部薄、底部厚的变壁厚药型罩能提高破甲深度的原因主要在于：沿罩母线方向的罩微元质量 M_i 是增加的，而从罩顶到罩底，$\dfrac{M_J}{M_i}$ 逐渐减小，因而使压垮速度 v_0 不断减小，从而增大了射流的速度梯度，使射流充分拉长，破甲深度增加。当然，对于小锥角而言，因其速度梯度原来就较大，射流已经够细了，故壁厚变化率可取小一些。否则，射流容易过早拉断或稳定性不好，影响破甲。对大锥角罩来说，壁厚变化率可取大一些，使其在低炸高情况下，射流得到充分拉长，保证破甲威力。目前，从破甲弹的药型罩统计情况来看，大致可归纳为：

$$2\alpha \leq 50°, \quad \Delta \leq 1\%$$
$$2\alpha \leq 60°, \quad \Delta \approx 1.1\% \sim 1.2\%$$

（4）药型罩材料

从破甲理论可知，破甲深度与射流长度、射流密度的平方根成正比。因此，要求药型罩材料的塑性好、密度大。同时，为了使射流形成过程中的相对流动为亚声速，即相对速度 v_2 不大于材料的声速，以保证射流的形成，这样就不应选取声速过低的材料作为药型罩材料。此外，还应保证形成过程中射流不汽化。

表4.3.5为不同材料药型罩的破甲数据。试验条件为：装药直径36 mm，黑梯50/50炸药，药量为100 g，密度为1.6 g/cm³；罩锥角为40°，罩壁厚为1 mm，罩底直径为30 mm，炸高为600 mm。从试验结果看出，紫铜的密度较大，塑性好，破甲效果最好；生铁虽然在通常条件下是脆性的，但在高速、高压的条件下却具有良好的可塑性，所以破甲效果也相当好；铝虽然延展性好，但密度太小，铅虽然延展性好，密度又大，但它的熔点和沸点都很低，在形成射流过程中易于汽化，故铝罩和铅罩的破甲效应均不好。

表4.3.5 不同材料药型罩的破甲试验

罩材料	破甲深度/mm			试验发数
	平均	最大	最小	
紫铜	123	140	103	23
生铁	111	121	98	4
钢	103	113	96	5
铝	72	73	70	5
锌	79	93	60	5
铅	91	—	—	—

表4.3.6为粉末冶金罩的破甲试验。试验条件为带隔板的黑梯50/50装药，主药柱125 g，副药柱42 g，药型罩锥角45°，罩底直径50 mm，炸高100 mm。试验表明，粉末冶金罩的破甲深度比同种材料的车削药型罩的浅，但它不形成杵体。此外，铁基粉末冶金罩形成射流时，还伴随有强烈的火花，有一定的燃烧效应。

表4.3.6 粉末冶金罩的破甲试验

罩材料	破甲深度/mm	试验发数
车制紫铜罩	200	3
铜粉末冶金罩	180	3
铁粉末冶金罩	128	8

为了在形成过程中射流不汽化，低熔点、低沸点、低蒸发点的金属不宜选作药型罩材料。但在双金属面药型罩中，内层用铜，可以产生密实而拉长的侵彻射流，外层用蒸发点低的金属，如锌、铅和铝等，这样产生的杵体可迅速蒸发消失。试验表明，双金属间的黏结强度不够，装药爆炸后会使层间分离，影响射流的形成，致使双金属面药型罩与铜药型罩相比，破甲深度明显下降。

(5) 药型罩的加工方法及加工精度

目前,药型罩所用的加工方法有旋压、冲压、车削及电解加工等。车削药型罩的金属利用率低,生产效率不高,同一批或批与批之间的一致性差,易造成破甲深度的跳动;冲压加工的药型罩,其金属利用率与生产效率均较高,结构尺寸由模具保证,易于一致;旋压加工的药型罩,不仅具有冲压加工的优点,而且具有旋转补偿能力,可有效地克服转速对侵彻带来的不利影响,从而提高旋转破甲弹的侵彻深度;电解加工药型罩是近几年来发展的一种新工艺。

加工精度的影响主要指药型罩几何尺寸误差给破甲带来的影响。采用冲压工艺时,几何形状和尺寸由模具保证,但加工过程中不可避免的是易出现壁厚差。由于壁厚差的存在,药型罩的对称性就差,易造成射流扭曲,使其稳定性能变坏,从而影响破甲效应。试验表明,壁厚差小于等于 0.1 mm,对破甲影响不大。在车削加工时,罩的壁厚差一般为 0.03~0.05 mm;旋压加工时,壁厚差可控制在 0.02~0.04 mm 的范围内。另外,罩顶部的壁厚差的影响大,因此必须严格控制罩顶部的壁厚差。

在加工过程中,要注意热处理(退火)、酸洗、校形等工序。退火次数不宜过多,否则影响材料结构,退火温度和时间要适宜,一般取铜的最低再结晶温度为宜,以保证成品罩的良好塑性;酸洗过度易造成罩表面严重侵蚀,并使罩的质量减小,校形不当会造成较大的壁厚差。

2. 装药

破甲弹的爆炸装药是压缩药型罩,使之闭合形成射流的能源。因此,装药结构的好坏及所用炸药的性能,对破甲效应的影响很大。

(1) 炸药性能和密度

聚能效应属于炸药的直接接触爆炸作用范围,故效果的好坏取决于所选炸药的猛度,即爆轰产物压力冲量大小及其对罩的作用。理论分析和试验研究都表明,炸药影响破甲威力的主要因素是爆轰压力。

国外有人曾做过不同炸药的破甲威力试验,试验条件为:药柱的直径为 48 mm,长度为 140 mm;钢制药型罩,锥角 44°,底径为 41 mm,炸高为 50 mm。试验结果见表 4.3.7。

表 4.3.7 炸药性能对破甲效应的影响

炸药	密度/(g·cm^{-3})	爆速/(m·s^{-1})	爆轰压力/MPa	破甲深度/mm
B 炸药	1.71	7 880	23 200	144
B 炸药 50,梯恩梯 50	1.646	7 440	19 400	140
乙烯二硝胺 50,梯恩梯 50	1.53	7 180	17 000	127
梯恩梯	1.591	6 910	15 200	124
黑索金	1.126	6 530	12 300	114
乙烯二硝铵	1.048	6 070	9 500	107
特屈儿	1.051	5 760	8 400	81

由表 4.3.7 中可以看出，随着爆表压力的增加，破甲深度增加。这是由于爆表产物作用在药型罩上的压力大，使罩的压垮速度大，因而射流的速度高，提高了破甲能力。

根据爆轰理论，炸药的爆轰压力 P 可表示为装药密度 ρ_0 和炸药爆速 D 的函数，即

$$P = \frac{1}{4}\rho_0 D^2 \qquad (4.3.13)$$

所以，装药的密度和所选炸药的爆速直接影响破甲效应。而对于同种炸药来说，爆速又随密度的增加而增大。在同样条件下，用密度不同的同一种炸药进行试验，得到表 4.3.8 所示的结果。

表 4.3.8　装药密度对破甲效应的影响

炸药	ρ_0/(g·cm^{-3})	D/(m·s^{-1})	P/MPa	破甲深度/mm	破孔体积/cm^3
TNT	1.591	6 910	15 200	124	19.2
TNT	0.812	4 400	3 600	46	2.1

表 4.3.8 可以说明，装药密度对射流破甲能力的影响是很大的。因此，为了提高破甲威力，聚能装药应尽量选用高爆速的炸药。当炸药选定后，应尽可能地提高装药密度。

隔板如图 4.3.9 所示，对于带隔板的装药，一般采用主、副药柱的结构形式，这时主药柱的密度可尽量高一些，副药柱的密度最好与引信的起爆能量配合好，可以小一些。这样，副药柱比较容易起爆，使副药柱及主药柱能迅速达到稳定爆轰，以保证破甲威力与稳定性。

（2）装药尺寸、形状

装药的尺寸和形状，主要是指药柱的高度、罩顶药高和收敛角等。

药柱高度主要根据作用在药型罩上的有效装药量来确定，有效装药量如图 4.3.10 所示。也就是说，要保证获得最大有效装药。一般药型罩底部外径接近装药直径，瞬时爆轰后，产物同时以同样的速度向各方向飞散，产物中的膨胀波也对以同样速度从药柱表面向轴心传播。由图中可以看出，当药柱高 $H_w = h_z + 2r$ 时，作用在药型罩上的有效装药量最大。如再增大药柱高度，作用在药型罩上的有效装药量并不增加，只能增大侧向飞散。

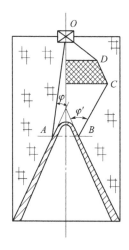

图 4.3.9　隔板示意图

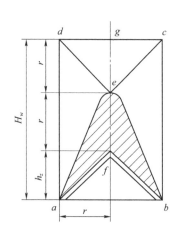

图 4.3.10　作用在药型罩上的有效装药

目前，对无隔板的装药结构，药柱高度一般为 $H_w = h_z + r$，有的甚至比这个数值还小。因为稍降低一点装药高度，药量可以减少很多，但有效装药减少不多，而药柱高度小了，对缩短弹丸的长度、减小弹丸质量均有好处。

有隔板的装药结构如图 4.3.11 所示，可分为柱形和收敛形两种，药柱高度 H_w 一般小于 $3r$。从隔板到罩顶的距离称为罩顶药高，图 4.3.11 中用 h 表示。由于爆轰通过隔板后有一个冲击加热—引爆—爆轰稳定的过程，即在隔板前药柱有一个起爆深入距离和起爆延滞时间，此距离和时间随隔板厚度的增加而增加。故采用隔板之后，隔板至罩顶间的装药高度对破甲效果影响很大。

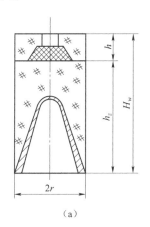
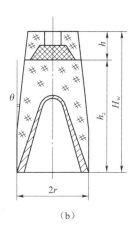

(a) (b)

图 4.3.11 装药的结构形状
(a) 柱形装药；(b) 收敛形装药

装药形状应根据弹的结构与有效装药来考虑，收敛形装药可减小装药质量，而有效装药量比柱形装药的减少不多，故两者的破甲能力几乎相同。装药质量减小，可使弹丸质量减小，对提高初速有利。但药柱的收敛角 θ 不能过大，否则会使有效装药量减小太多，从而降低破甲威力，θ 一般取 $10° \sim 12°$。采用圆柱形装药结构，弹丸质量增加了一些，但有效装药量也适当增加了，有利于破甲，更主要的是使弹的结构简化，有利于生产。

（3）装药工艺

对聚能装药来说，除上面所介绍的那些因素对破甲有影响外，生产过程药柱的质量、药柱与罩的结合、药柱的装配等也影响破甲效应，易出现破甲能力的跳动。

对铸装装药而言，应保证装药质量均匀、无缩孔等。由于铸装药易产生疵病，故在同样的条件下与压装药相比，其破甲跳动量大一些，破甲威力也稍差一些。对压装装药来说，如果主、副药柱是分开压然后合装入弹体，应保证主、副药柱的同轴性。药型罩与装药要贴紧，压药密度应均匀，如果是带罩压药，还应保证装药与药型罩的同轴性，且不能使药型罩在压药过程中有较大的变形，以免降低威力和引起破甲的不稳定。如果是弹体直接压药，应保证隔板的位置正确及药型罩、装药的同轴性。

3. 弹丸的结构

这里主要是讨论弹丸的结构对破甲的影响，以便在设计破甲弹时能更全面地考虑分析问题。

(1) 旋转运动

为了提高弹丸的射击精度,尾翼稳定的破甲弹在飞行中一般都低速旋转,这样可使弹丸的气动力偏心或增程弹的推力偏心影响小些。旋转稳定的弹丸,一般装药也随之旋转,在这种情况下,破甲效应将受到很大影响。一方面是由于旋转运动破坏金属流的正常形成;另一方面,在离心力的作用下,使射流径向分散,横截面增大,中心变空,致使穿孔不在一条轴线上,这种现象随转速的增加而加剧。

旋转对破甲的影响,还随炸高的增加而增大。表 4.3.9 给出了炸高对旋转装药破甲效应影响的试验结果。由表看出,当小炸高时,由于射流没有充分拉长,加之旋转运动的影响,破甲深度就较浅;当炸高增加时,射流得到进一步拉伸,故在同样转速的影响下,破甲深度比小炸高时的要深,但随着炸高的增加,平均穿深下降较多。

表 4.3.9 炸高对旋转装药破甲深度的影响

旋转速度/ (r·min^{-1})	炸高/mm			
	10	40	76	152
0	100	132	—	120
20 000	70	90	70	40

聚能装药具有旋转运动时,有利炸高比无旋转运动时的要小,并且随转速的增加,其有利炸高变得更短。

此外,旋转运动对破甲性能的影响还随药型罩锥角的减小而增加,表 4.3.10 给出了不同锥角对破甲性能的影响。

表 4.3.10 药型罩锥角对旋转装药破甲的影响

药型罩参数			破甲深度/mm		旋转对破甲效率的降低程度/%
形状	2α/ (°)	罩底直径/mm	$n = 0$	$n = 20\ 000$	
锥形	27	56	205 ± 5	82 ± 2	60
锥形	35	56	160 ± 5	86 ± 8	46
锥形	60	56	130 ± 5	90 ± 5	32

注:2α 为锥角;n 为转速。

为了克服旋转运动对破甲的不利影响,国内外曾进行过许多研究,提出了一些措施,目前采用的有:旋压药型罩、错位药型罩、外壳旋转而装药微旋的弹丸结构,以及滑动弹带结构等。近年来,发现的旋压成型的药型罩使用起来最为简便。由于旋压药型罩在成形过程中,晶粒产生某个方向的扭曲,即织构的不对称性,药型罩在压合时会产生沿扭曲方向的压合分速度,致使药型罩微元所形成的射流不是在对称轴上汇合,而是在以对称轴为中心的圆周上汇合,从而使射流具有一定的自旋转速。在这种情况下,如果射流的自旋转速与弹丸所具有的转速方向相反,则可抵消一部分弹丸旋转运动给侵彻带来的不利影响,从而起到"抗旋"的作用,如图 4.3.12 所示。

错位"抗旋"罩的作用是使形成的射流获得与弹丸转向相反的旋转运动,以抵消弹丸旋转对金属流产生的离心作用。错位式抗旋药型罩的形状是由若干个同样的扇形体组成的,每

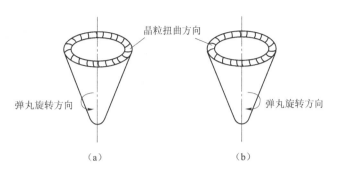

图 4.3.12 旋压成型药型罩抗旋作用示意图
(a) 破甲效果好；(b) 破甲效果差

个扇形体的圆心都不在轴线上，而是偏一个距离，在一个半径不大的圆周上，当爆轰压力作用在药型罩壁面上时，扇形体在此圆周上压合，由于偏心作用而引起旋转运动，其他扇形体也是如此，从而获得具有旋转运动的金属流，以减小弹丸旋转运动对破甲效应的影响，如图 4.3.13 所示。

（2）壳体

在研制破甲弹的过程中，经常以光药柱进行静破甲试验，这样就出现了带壳药柱与光药柱破甲深度有差别的问题，尤其是经常出现带壳药柱比光药柱破甲深度低的情况。表 4.3.11 列出了某产品的破

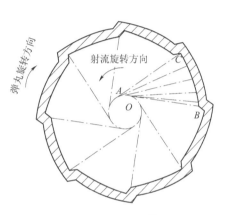

图 4.3.13 扇形错位药型罩

甲试验结果。试验采用圆柱形药柱，圆台形隔板，主药柱 312 g，副药柱 110 g，药柱直径 62 mm，隔板材料为夹布胶木，壳体厚度 3~4 mm。

表 4.3.11　一种典型结构的破甲弹装药壳体不同时的破甲试验

序号	壳体情况	隔板尺寸直径×厚度 /（mm×mm）	平均破甲深度 /mm	破甲降低率（与无壳体的相比）/%
1	无壳体	(φ22~58)×17	455	
2	全壳体	(φ22~58)×17	282	38
3	壳体中去掉弹底	(φ22~58)×17	440	3
4	壳体中去掉副药柱周围部分	(φ22~58)×17	436	4
5	全壳体	(φ21~54)×17	387	18

从试验中看出，有壳体的和无壳体的相比，破甲效应有很大差别，此差别主要是由弹底和副药柱周围部分的壳体造成的，在同样条件下，如果减小隔板的直径和厚度，则可降低壳体的影响。

壳体通过对爆轰波形的影响而对破甲效果产生影响，用光药柱时，通过试验使爆轰波形与药型罩的压合得到很好的配合，能够保证隔板前的中心爆轰波与通过隔板周围的侧向爆轰

波同时到达罩顶部,致使罩顶各部分受载平衡。当增加壳体后,由于爆轰波在壳体壁面上发生反射,并且稀疏波进入推迟,从而使靠近壳体壁面附近的爆轰能量得到加强,这样就加强了侧向爆轰波的冲量,使侧向爆轰波较之中心爆轰波提前到达药型罩壁面,破坏罩顶各部分的受载情况,迫使罩顶后喷,形成反射流,破坏了罩的正常压合次序,使最后形成的射流不集中、不确定、深度下降。

另外,当药柱增加壳体后,减弱了稀疏波的作用,有利于提高炸药的能量利用率。上面讲到的减小破甲深度,只是在于破坏了光药柱试验所得到的最佳波形,如果适当改变装药结构,尤其是隔板尺寸,便可增加破甲深度。

(3)炸高

破甲弹的炸高也就是弹头部的高度。炸高的影响可以从两方面来分析,一方面,随着炸高的增加,使射流伸长,从而增加破甲深度;另一方面,随着炸高的增加,射流产生径向分散和摆动,延伸到一定程度后产生断裂,使破甲深度减小。

与最大破甲深度相对应的炸高,称为最有利炸高。实际上,最有利炸高是一个区间,设计时,炸高应选择最有利炸高区间中的小值,这样既可保证所需的穿深,又可使破甲的跳动量小,还可减小弹丸的消极质量,最有利炸高与药型罩的锥角、材料、壁厚和炸药的性能,以及有无隔板等有关。

对于一般常用的锥形铜药型罩,目前最有利炸高为药型罩口部直径的6倍左右,但在设计中实际所取的炸高为1~3倍药型罩口部直径,此时破甲深度为最佳炸高时的80%~90%。

另外,采用高爆速炸药及增大隔板直径,都能使药型罩所受的冲击压力增加,从而增大射流速度,并使射流质量增加而耐拉断,故最有利炸高增加。

4. 起爆系列

对聚能装药破甲弹来说,起爆系列对破甲的影响也就是引信对破甲的影响。除了引信作用时间对动炸高有影响外,引信雷管的起爆能量、导引传爆药、传爆药等也直接影响到破甲威力及稳定性。

在试验过程中遇到破甲不稳定时,起爆系列能量不够是可能的原因之一。这就要根据具体的装药结构选择合适的引信,如果雷管的能量不足以稳定起爆传爆药,就要加强导引传爆药,使之能够稳定起爆传爆药。为了使破甲性能稳定,传爆药要有足够的能量,既要保证足够的药量,也要使传爆药柱具有一定的直径与高度,并与副药柱恰当地配合,以便稳定地起爆装药。

如果使用弹头起爆引信,则应很好地选择传爆药外壳,因为引爆弹底雷管主要是靠传爆药壳的破片或壳底形成的射流的能量。平底管壳靠破片引爆弹底雷管,作用时间较长,凹槽管壳可形成射流引爆雷管,作用时间较短。

5. 靶板

靶板对破甲效应的影响包括靶板材料性能和靶板的结构形式。

靶板材料性能方面的影响,主要因素是材料的强度和密度。按照定常理论,破甲深度为

$$P = l\sqrt{\frac{\rho_j}{\rho_t}} \tag{4.3.14}$$

显然,破甲深度与靶板材料密度ρ_t的平方根成反比。

聚能射流侵彻靶板，依赖于高速运动的射流撞击靶板时所产生的极高的撞击压力。当射流微元速度大于 5 000 m/s 时，此撞击压力高达几万到十万兆帕，相对来说，靶板强度可以忽略不计，以至可以认为靶板是流体状态；当射流速度小于 5 000 m/s 时，靶板强度的影响就明显表现出来了，并且靶板强度越高，与流体相差越大，此时破甲速度下降比射流速度下降得更快些。

靶板的结构形式，如靶板倾斜角的大小、多层间隔靶、钢与非金属材料的复合靶等，对破甲效应都有影响。

总的来说，倾斜角大，容易产生跳弹。试验发现，多层间隔靶板、钢与非金属材料组合而成的复合靶板的抗射流侵彻能力高于单层钢质靶板。这主要是由于在多层间隔板中，除了多次开坑消耗一部分射流能量外，随着靶间距离的增大，射流穿靶的状态有了改变，对间隔靶中的后面几个靶，射流基本是处于断裂状态穿靶的，因而侵彻效果降低。

上面分析了各种因素对破甲效应的影响，实际上，这些因素是相互联系的，主要影响射流的速度、质量、密度、有效长度及稳定性等，在设计破甲弹时，应综合分析这些影响因素，选择合理的弹丸结构，以提高破甲威力。

第5章
自动武器弹药的总体和结构设计

5.1 总体设计

总体设计是根据战术技术指标及使用要求，综合运用相关的学科知识、技术和经验，设计出满足战术技术指标要求的弹药系统方案。弹药总体设计是弹药设计中最重要的环节之一，总体设计合理与否，直接影响到设计方案的优劣和成败，影响到弹丸的结构和性能。

弹药的设计必须与所用的武器相结合。在总体设计过程中，弹药的设计参数如膛压、初速等须经武器系统协调研究后确定。此外，弹丸与身管、弹丸与发射药、发射药与底火、装药与引信之间的匹配关系，如何共同完成战术技术指标，以及指标的分解关系等，均要在弹药总体设计过程中论证、协调和确定，以达到合理、优化匹配的目的。

弹药设计过程是一个包括论证、设计、试验等的研制过程，是一个不断完善、协调和试验的过程。通常，根据设计任务要求不同，给定的条件不同，弹药设计经常会遇到以下几种不同情况：全新武器系统中的弹药设计、已有武器不变情况下的配用弹改进设计、测绘仿制情况下的弹药设计等。这几种不同情况下的弹药设计的内容和要求是不同的，但基本过程大体一致。

5.1.1 总体设计过程

设计弹药时的主要依据是对弹药提出的战术技术要求，所以在着手进行设计之前，首先须对所提的战术技术要求进行充分的分析论证，弹药设计人员要和武器设计人员共同研究战术技术要求，对现有国内外装备使用的类似产品进行认真的分析对比，统计其有关数据，比较其结构性能，分析其优缺点，制定出科学先进、客观可行、明确具体的战术技术指标，指标中不能有模棱两可的内容，尽可能用数字量化（如口径大小、射程远近、射击精度、侵彻威力等），这些具体量化的指标要满足下列基本要求：

①弹药的性能要符合现代和未来（一定时期内）战场的需要，指标力争达到最先进水平。要强调综合性能好，不能只突出某一指标的先进而忽视其他指标。

②指标在技术上要符合本国工业基础和专业技术水平。过高的指标可能导致研制周期延长，或被迫在研制过程中调整指标，降低原有要求。

③新型自动武器弹药的造价要适宜，适应市场需要。如果成本过高，虽然弹药指标先进、性能好，但本国经济无力承担列装任务，国外又无销售市场，则研制意义不大。

战术技术指标的具体制定是一项十分细致的工作，必须经过充分讨论，权衡各方面的利弊，才能最后确定。

弹药总体设计必须始终围绕所要求的战术技术指标进行。总体方案的设计过程也就是在方案中体现各项战术技术指标的过程，如根据指标（如口径、威力等）来确定弹种（如动能弹还是爆炸弹、箭形弹还是多头弹等）和弹药系列（普通弹、榴弹、燃烧弹、穿甲弹、曳光弹、训练弹等）、引信种类和系列（如着发、延期、近炸、碰炸等）及内外弹道方案设计等。体现指标的方案可能有多种，要经过充分论证，分析对比，选定最佳方案。确定了最佳总体方案，方可转入结构设计和试制试验。

弹药总体设计需要确定的参量包括弹种、全弹结构、弹丸质量等及稳定方式、引信类型、装药结构和发射药的选择等。

5.1.2 弹种的选择

1. 弹种选择原则

弹种的确定主要是根据弹丸的用途，即所对付目标的性质来确定。目标的性质包括目标的类型、目标强度、目标的运动性、目标的大小及在战场上的位置等，在详细分析的基础上确定要求的弹种、威力、射程、精度及武器的速射性。

2. 根据目标性质选择弹种

对付有生目标，枪弹可选用普通弹。

对付轻装甲目标和轻型掩蔽物后的目标，可以选用榴弹。

对付装甲目标，可选用各种穿甲弹，各种口径的枪弹一般都配有穿甲弹。为增强破坏效果，穿甲弹大都带有燃烧作用，钨心脱壳穿甲弹配用于大口径机枪上，初速高，穿甲威力大。

破甲弹是靠金属流来破甲的，它对弹丸速度没有过高的要求，可配用于自动榴弹发射器等低初速的武器，使它们具有反装甲的能力。

对于空中目标，可选用大口径机枪用的穿甲燃烧弹、爆炸弹等。

为了特定的目的，例如修正射击、观察弹迹，可选用各种曳光弹和试射燃烧弹；又如为观察敌人行动和对敌射击效果，可选用榴弹发射器发射的照明弹。

5.1.3 弹丸质量的确定

弹丸质量的确定是以满足所提出的战术技术要求为前提的，其大小常直接影响它的作用效果、弹道性能及勤务性能等。

1. 作用效果

对于枪弹来说，它的作用效果经常和弹着点处所具有的能量联系着。例如穿甲弹在弹着点穿透一定厚度的钢甲所需速度 v_c 可按德马尔公式确定，即

$$v_c = K \frac{d^{0.75} b^{0.7}}{M^{0.5} \cos\theta} \tag{5.1.1}$$

式中，K 值由试验确定；d 为穿甲钢芯直径；b 为钢甲厚度；M 穿甲钢芯质量；θ 为着角。该式是由能量关系得到的，可以看出，弹芯质量 M 越大，所需的速度越小。又如普通枪弹，使有生目标致命的落点能量也是与弹丸质量相联系的。对带战斗部的弹丸，例如杀伤榴弹，弹丸质量越大，可获得更多的杀伤破片。

2. 弹道性能

步兵自动武器多用于直接瞄准射击,弹道低伸常是它的基本要求。弹道越低伸,在有效射程内的危险区也越大,毁伤目标的机会也就越多,在设计时,将根据目标的情况,提出具体要求。弹丸的弹道性能直接与弹丸的质量有关,不同的弹丸质量可获得不同的初速,不同的初速和弹道系数(与弹丸质量有关),又决定着不同的弹道性能。

3. 连发精度

连发精度是步枪连续射击带来的一个问题,即使弹丸飞行稳定性满足旋转稳定的要求,但对自动步枪连发射击的情况而言,其射击精度并不一定良好。除稳定条件外,影响连发精度的主要因素是枪械的后坐能量,其次是武器的结构,如自动方式、枪托形状等。减小枪的后坐能量 E_R 对提高连发精度是有利的。E_R 的计算公式为

$$E_R = \frac{1}{2} M_F v^2 \qquad (5.1.2)$$

式中,M_F 为枪的质量(kg);v 为枪的后坐速度(m/s),根据试验,后坐速度可用下式计算:

$$v = \frac{M + \beta M_\omega}{M_F} v_0 \qquad (5.1.3)$$

式中,M 是弹丸质量(kg);M_ω 是发射药质量(kg);v_0 为弹丸初速(m/s);β 为后效系数,根据试验测得:

54 式 7.62 mm 手枪弹 $\qquad \beta = \dfrac{1\,130}{v_0}$

56 式 7.62 mm 枪弹 $\qquad \beta = \dfrac{1\,070}{v_0}$

53 式 7.62 mm 枪弹 $\qquad \beta = \dfrac{1\,290}{v_0}$

美 M59 式 7.62 mm 枪弹 $\qquad \beta = \dfrac{1\,110}{v_0}$

对于新设计的枪弹,可参考 P_g(枪口压力)及 v_0 相近的枪弹进行选取。

几种步枪的枪口冲量、枪口动能和后坐动能见表 5.1.1。

表 5.1.1 几种枪弹的枪口冲量、枪口动能和后坐动能

型式和口径	弹头质量/kg	初速/(m·s⁻¹)	弹的质量/kg	枪口冲量/(N·s)	枪口动能/J	后坐动能/J
56 式 7.62 mm 半自动步枪	7.9	735	3.75	7.55	2 136	7.55
苏 AKM 7.62 mm 自动步枪	7.9	710	3.5	7.35	1 989	7.64
美 M14 7.62 mm 自动步枪	9.6	853	3.95	11.96	3 489	17.84
西德 G3 7.62 mm 自动步枪	9.6	800	4.52	11.27	3 067	14.21
日 T64 7.62 mm 自动步枪	9.6	800	4.54	11.27	3 067	14.11
美 M16A1 5.56 mm 自动步枪	3.52	990	3.22	5.59	1 725	4.7
西德 HK 5.56 mm 自动步枪	3.52	960	3.57	5.49	1 627	4.12

续表

型式和口径	弹头质量/kg	初速/(m·s^{-1})	弹的质量/kg	枪口冲量/(N·s)	枪口动能/J	后坐动能/J
捷 AP70 式 7.62 mm 自动步枪	7.9	717	3.9	7.45	2 029	7.06
意 AR70 5.56 mm 自动步枪	3.52	970	3.69	5.49	1 666	4.02
法 FA MAS 5.56 mm 自动步枪	3.52	960	3.84	5.44	1 627	3.92
以 73 式 5.56 mm 自动步枪	3.52	980	4.28	5.59	1 686	3.63
西德 HK36 4.6 mm 自动步枪	2.7	850	2.85	3.72	980	2.45

由表 5.1.1 可以看出，口径减小，弹头质量减小，虽然初速增加了，但后坐动能还是减小不少。

从后勤供应和战士携弹量来看，尽量减小弹丸的质量将是有利的，这可减轻战士的负荷，或在不减轻负荷的情况下增加携弹量，这是步枪自动化以后尤为突出的要求。

综上所述，确定合理的弹丸质量首先应考虑弹丸的作用效果和弹道性能，在此基础上可兼顾其他要求。

实际上，在具体选择弹丸质量时，是根据长期实践中对各种武器和弹种总结出的质量范围来确定的。它常用相对质量 C_m 的形式来表示：$C_m = \dfrac{M}{d^3}$，d 为口径。各种枪弹质量范围见表 5.1.2。这些数据只是过去的经验总结，不是一成不变的。

表 5.1.2　各种枪弹的 C_m 范围

弹种	C_m/(g·m^{-3})
手枪弹	8 ~ 13
钢芯弹	17 ~ 23
穿甲燃烧弹	21 ~ 24
穿甲弹	21 ~ 26
燃烧弹	19 ~ 22
曳光弹	17 ~ 22

随着枪弹口径的减小，质量系数应取得较大一些。当口径小于 7 mm 时，C_m 值可取大于表 5.1.2 中所列的数值。

对于小口径地面杀伤榴弹，$C_m = (14 ~ 24) \times 10^3$ kg/m^3；相对装药质量 $C_m = \omega/d^3 = (1.0 ~ 1.5) \times 10^3$ kg/m^3。

在上述经验数据的基础上，选定弹丸质量的范围。根据对武器的战术技术要求，从终点弹道出发进行外弹道设计（口径、弹丸质量和初速较好的组合）和内弹道设计（装药量、最大膛压、药室容积及身管长度的合理匹配），最后结合武器情况，选出较为合理的方案。

5.2　弹丸结构方案设计

当弹丸（头）的总体方案确定之后，则进行结构方案设计，包括弹丸的外形结构及零件结构尺寸的确定等。

结构方案的确定是在对各种实践经验资料的分析基础上进行的，它是很难用某些确定的公式计算得到的。本节将对各种因素做一概括分析，并指出设计的方向。

5.2.1 弹丸外形结构

确定弹丸外形结构需要考虑弹丸对目标作用效果、弹道性能、飞行稳定性等的影响，它的基本尺寸应根据战术技术要求和弹丸的特点来选择。

图 5.2.1 (a) 示出了枪弹弹头的外形结构，它的基本尺寸如图 5.2.1 (b) 所示。

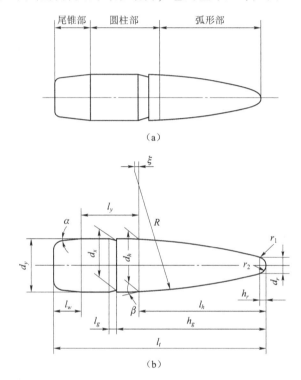

图 5.2.1 枪弹的外形和基本尺寸

在这些尺寸中，圆柱部直径 d_y、全长 l_t、弹头部长度 l_h、圆柱部长 l_y 及弹尾部长 l_w 是决定整个外形结构布局的基本尺寸，其余尺寸则进一步表征弹丸外形特点。因此，首先确定基本尺寸，在此基础上就容易确定其他尺寸了。

1. 弹丸全长 l_t

弹丸全长是在弹丸质量已定后确定的。旋转弹丸的最大长度受到飞行稳定性的限制，旋转弹丸在飞行时，受到空气阻力翻转力矩的作用，迫使弹丸翻转。但是由于弹丸高速旋转，产生了一种克服弹丸翻滚的急螺效应，从而使弹丸飞行稳定。弹丸越长，空气阻力的翻转力矩越大，相应要求弹丸的转速也越高。为了赋予弹丸较高的转速，就需要减小武器膛线的缠度。膛线缠度过小，磨损快，影响武器（身管）寿命。因此，在一般情况下，旋转弹丸的全长很少有超过 5.5 倍口径的。

枪弹弹头长度（弹丸全长）一般为

$$l_t = (3.5 \sim 5.0)d \tag{5.2.1}$$

式中，d 为口径。

特种弹头的长度比普通弹的长,因为特种弹内装填物的相对密度小。手枪弹弹头的长度小于上述范围。

2. 弧形高(弹头部长)l_h

弧形(弹头)部尺寸和形状对正面空气阻力影响较大,特别是在超声速时,对弹丸飞行弹道影响更大。

从空气阻力的角度来看,对于飞行稳定的弹丸,弧形(弹头)部长度越长,弹丸形状越尖锐,其阻力值就越小。因此,就整个弹头(丸)而言,弧形(弹头)部长短对正面阻力起着重要影响。图5.2.2 表明,弧形(弹头)部增长,弹形系数减小,将会减小空气阻力。

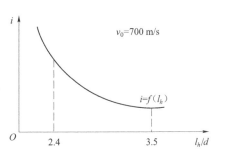

图 5.2.2　弧形高度与弹形系数的关系

由图 5.2.2 可以看出,当弧形高度(弹头部长度)过分增长,则弹形系数不再有显著变化。另外,由于弹头(丸)质量已定,所以它的全长是有一定限制的,也即 l_h 值不可能太大,否则将会使其他部位减短。对初速为 600~1 000 m/s 的枪弹弹头,l_h 值可取

$$l_h = (1.9 \sim 3.5)d \qquad (5.2.2)$$

初速越低,l_h 值应取得越小,例如手枪弹,由于要求结构尺寸小,有效射程不远(不可能远),不必要初速高,所以 $l_h < 1.5d$,甚至可做成半球形,$l_h = 1.5d$。这样的钝头弹侵入有机体时,能量损失大,有利于增大杀伤作用。

母线形状弧形部(弹头部)是旋成体,其母线形状有直线的、圆弧的、抛物线的和椭圆形的几种,此外,也有这些曲线组合型的。

从阻力观点来看,以抛物线母线最佳,而以椭圆形母线最差。但当弹丸速度较小时,母线形状对阻力没有显著影响。从制造工艺来看,以直线及圆弧形为宜;从内腔容积来看,以椭圆和圆弧形为好。

目前绝大部分枪弹和大部分榴弹都采用圆弧形母线,所以枪弹弹头部也称为弧形部。枪弹的弧形半径 R 一般取

$$R = (5 \sim 10)d \qquad (5.2.3)$$

对超声速飞行的弹丸,一般来说,弹丸越尖,飞行阻力越小。在 l_h 和 d 已定的条件下,如果再增加弹头部的尖锐程度,可将圆弧的圆心位置向尾锥方向移动一个距离(也称下移量)。这样,弧形(弹头)部和圆柱部相连的部位,由原来的相切变为相割(图 5.2.3),割点的圆弧切线与圆柱部形成夹角 β。一般来说,β 不应超过 3°,否则会造成圆柱部与弹头(弧形)部的不平滑连接,以致产生涡流或激波,反而加大了飞行阻力。

根据试验,对于 $v < 700$ m/s 的同一母线头部的弹丸来说,弹尖(顶)以稍微钝些为有利。其原因如图 5.2.4 所示,弹尖(顶)稍微钝些,当有攻角存在时,附面层不易分离,可使阻力减小。

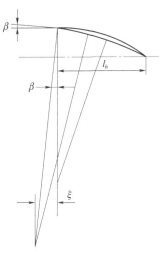

图 5.2.3　圆弧圆心下移量

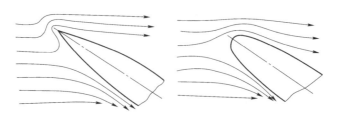

图 5.2.4 弹顶钝化

手枪弹弹头尖部形状如图 5.2.5（a）所示。它由半径较大的弧形半径 R 和半径较小的圆弧 r 相切而成，以适应手枪弹初速低、外形小的特点。图 5.2.5（b）为步、机枪弹头尖部形状（如 53 式和 56 式 7.62 mm 弹头），图中 d_r 是距弹尖 h_r 处弧形部的直径，弹尖由半径分别为 r、r_1 与 R 的圆弧连续相切构成。图 5.2.5（c）为大口径机枪弹头尖部形状。由于它的 d_r 大，故常用一个由半径分别为 r 和 R 圆弧相切，构成弹尖形状。图 5.2.5（d）是燃烧弹弹头尖部形状，其前端做成平面，是为了增大弹尖碰击目标时的阻力，有利于发火。一般地，

$$d_r = (0.16 \sim 0.24)d \tag{5.2.4}$$

$$r = (0.15 \sim 0.20)d \tag{5.2.5}$$

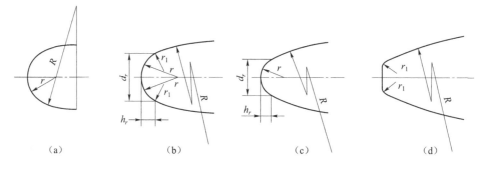

图 5.2.5 枪弹弹头尖部形状

因为弹尖稍钝对于形成环流和防止附面层分离较为有利，所以一般枪弹弹尖的直径 d_r，都稍大于 1 mm。对于口径很小的弹头，由于不易加工出直径小于 1 mm 的弹尖，因而弹尖相对做得较钝，阻力相应增大。特别是在弹头飞行速度很高时，这种影响会明显表现出来。

榴弹的弹顶平台，常为弹头引信头部平台所限制。在实际设计时，一般先确定圆柱（导引）部的直径，R 和 l_h 两个量只要确定一个即可。R 与弹头部其他尺寸的关系为（图 5.2.6）

$$R = \sqrt{\eta^2 + (h+\xi)^2} \tag{5.2.6}$$

$$R = \sqrt{\xi^2 + (\eta + 0.5D)^2} \tag{5.2.7}$$

$$R = \sqrt{\eta^2 + (l_h + \xi - r)^2} + r \tag{5.2.8}$$

$$R = r\left(\frac{2\eta}{d_r} + 1\right) \tag{5.2.9}$$

圆弧母线中心的坐标 (ξ, η)（图 5.2.7）可根据以下关系计算。

由圆方程得

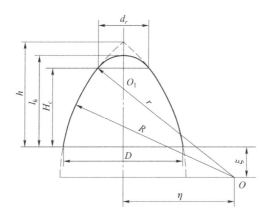

图 5.2.6 弹头部尺寸

$$\xi^2 + (r_1 + \eta)^2 = R^2 \tag{5.2.10}$$

$$(\xi + l_h)^2 + (r_2 + \eta)^2 = R^2 \tag{5.2.11}$$

$$\xi = (r_1 + \eta)\tan\beta \tag{5.2.12}$$

式中，r_1、r_2、l_h 为已知尺寸，当 β 确定后，可解出母线中心的坐标（ξ，η）及半径 R：

$$\eta = \frac{l_h^2 - (r_1^2 - r_2^2) + 2l_h r_1 \tan\beta}{2(r_1 - r_2) - 2l_h \tan\beta} \tag{5.2.13}$$

$$\xi = \left[\left(\frac{l_h^2 - (r_1^2 - r_2^2) + 2l_h r_1 \tan\beta}{2(r_1 - r_2) - 2l_h \tan\beta}\right) + r_1\right]\tan\beta \tag{5.2.14}$$

$$R = \left[\left(\frac{l_h^2 - (r_1^2 - r_2^2) + 2l_h r_1 \tan\beta}{2(r_1 - r_2) - 2l_h \tan\beta}\right) + r_1\right]\sqrt{1 + \tan^2\beta} \tag{5.2.15}$$

若已知 r_1、r_2、l_h 和 R 的情况下，可以由图 5.2.8 求出圆弧中心坐标（ξ，η）。图中 A、B 两点的半径分别为 r_1、r_2，AB 弦长为 $2L$。由几何关系可知

$$\begin{cases} 2L = \sqrt{(r_1 - r_2)^2 + l_h^2} \\ \tan\beta = \dfrac{r_1 - r_2}{l_h} \\ \alpha = \arcsin\sqrt{1 - \left(\dfrac{L}{R}\right)^2} - \beta \end{cases} \tag{5.2.16}$$

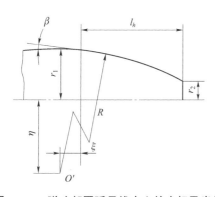

图 5.2.7 弹头部圆弧母线中心的坐标及半径

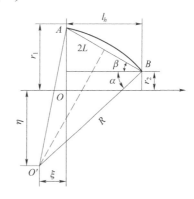

图 5.2.8 圆弧母线中心的坐标

由此可得

$$\begin{cases} \xi = R\cos\alpha - l_h \\ \eta = R\sin\alpha - r_2 \end{cases} \quad (5.2.17)$$

3. 圆柱部

圆柱部尺寸 l_y，对枪弹来说，是从起弧点到尾锥起始点之间的距离；对炮弹来说，是从上定心部至弹带之间的距离。一般情况下，它也是弹丸导引部的长度。因此，它对弹丸在膛内的运动有着决定性的影响。另外，它与弹丸的内腔容积也有密切的关系。

从弹丸运动状态考虑，若圆柱部尺寸 l_y 大，则膛内导引性能好，弹丸在飞离枪口的初始扰动小，具有较好的飞行稳定性，从而提高了精度。从正面空气阻力来看，减短圆柱部是有利的。因此，合理的圆柱部长度应从所设计弹丸的战术技术要求出发，来全面衡量确定。

目前绝大多数的枪弹是靠圆柱部嵌入膛线来密封枪管和使弹头获得正确的旋转运动的，故圆柱部又称导引部。应当指出，当枪弹嵌入膛线时，弹头部和弹尾部的一部分也起导引作用，故实际导引长度要比圆柱部长些。所以，对枪弹来说，若圆柱部过长，将增加枪膛的磨损，并使膛压升高。对于特种弹，由于装填了密度较小的药剂或内部有空腔，为了保证弹丸质量不变，l_y 不得不做得长些，有时可达 $3d$。对于曳光弹等不易制成尾锥的弹头，l_y 明显增大。由于手枪弹弹头全长很短，又用于近距离，故 l_y 值常小于一倍口径。对于一般的枪弹，l_y 值为

$$l_y = (1.0 \sim 1.5)d \quad (5.2.18)$$

枪弹圆柱部直径需和枪管线膛尺寸密切配合（图5.2.9）。为了密封枪管，弹头圆柱部横断面积 S_y 应大于（至少应等于）线膛内横断面积 S。根据对现有枪（矩形膛线）和弹的统计，其关系为

$$\frac{S_y}{S} = 1.01 \sim 1.03 \quad (5.2.19)$$

矩形膛线的 S 值是用几何关系求出，也可用下面的经验式求出：

$$S = (0.81 \sim 0.825)d^2 \quad (5.2.20)$$

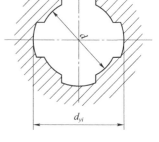

图 5.2.9 枪管膛线横截面

在一般情况下，枪管阳线直径的名义尺寸等于口径，故弹头圆柱部直径一定大于口径。对矩形膛线的枪管来说，应取圆柱部直径名义尺寸等于阴线直径名义尺寸，即

$$d_y = d_{yi} \quad (5.2.21)$$

或

$$\frac{d_y}{d} = 1.03 \sim 1.04 \quad (5.2.22)$$

式中，d_y 为圆柱部直径名义尺寸；d_{yi} 为枪管阴线直径名义尺寸。

当 d_y 过小时，枪管密封性差，射弹密集度降低；d_y 过大时，膛压升高（因挤进压力增大），枪管磨损也严重。

在枪弹弹头的圆柱部辊紧口沟是为了在与药筒连接时，便于用紧口的方法来提高拔弹力，并且在圆柱部太长时，还可以减小弹头和膛线间的摩擦。手枪弹是用点铆药筒口部的办法来提高拔弹力的，故没有紧口沟。对于没有铅套的曳光弹头，为了防止辊沟时压碎药剂，

也不设计紧口沟。紧口沟的形状如图 5.2.10 所示。图 5.2.10 (a) 为带辊花的紧口沟,这种辊花对产品性能没有实际意义,但在加工时有利于弹头的转动;图 5.2.10 (b)、图 5.2.10 (c) 为直形沟,断面为梯形或弧形;图 5.2.10 (d) 为斜形沟,它的外形有利于减少飞行阻力。目前,枪弹多为一个紧口沟。

图 5.2.10 紧口沟的形状

4. 弹尾部

为了减小尾部波阻和底阻,采用截头锥形尾部 (船尾形) 较好。根据试验,最佳尾锥角 α 在 6°~9°范围内变化。在保证附面层不分离的条件下,尾锥部越长,弹底面越小,底阻越小。在最佳尾锥角时,尾锥部长 $1d$ 左右为宜。如过长,附面层可能在弹底前分离,并且各发分离点不一致,造成阻力的变化,使密集度变差。

枪弹尾锥的长度 l_w 一般为

$$l_w = (0.5 \sim 1)d \tag{5.2.23}$$

在一般情况下,应尽量设计成有尾锥的弹头,以提高远距离的存速能力和枪弹精度。

5.2.2 弹丸内腔结构

枪弹弹头的外壳 (弹头壳) 是用冲压方法制造的,弹头的最终形状是由弹头装配成形工序形成的,这样它的内腔形状也是靠这道工序来最终形成。弹头的内腔是为了容纳完成其作用效果的各个零件,例如普通弹的内腔容纳着铅套、钢芯,穿甲燃烧曳光弹内容纳着铅套、穿甲钢芯、曳光管和燃烧剂等。

(1) 弹头壳

弹头壳是用来保持弹头外形,组合各个元件成一个整体,并赋予弹头旋转运动的元件。因此,弹头壳必须保证弹头在膛内运动和飞离枪口后的强度要求。弹头壳的厚度 t_2 按经验选取,然后再进行弧度校核。其厚度范围为

$$t_2 = (0.055 \sim 0.08)d \tag{5.2.24}$$

现在常用的弹头壳材料是复铜钢片或钢片 (成型后镀黄铜)。弹头壳零件图产生的程序是,根据产品图上弹头的尺寸形状特点,参照与其相类似的枪弹资料,并考虑到装配时的加工量和装配后的回弹量,来设计弹头合装模具及冲尖模具。经过反复试验和修改,直至装配成的弹头完全合乎产品图时,经过冲尖工序后,产品的尺寸即为所设计弹头的弹头壳产品图的尺寸。

(2) 铅套

钢芯弹、穿甲弹、燃烧弹和爆炸弹,以及各种多作用弹,一般都采用铅套。铅套的作用是使弹头壳容易嵌入膛线,减小枪膛的磨损,同时,在弹头加工时容易使各元件填充紧密。

铅比较软,有时为便于加工,在其中适当地加入一些锑,以提高其硬度,但组合锑量过多会影响枪弹精度。

铅套厚度的选取范围为

$$t = (0.02 \sim 0.065)d \tag{5.2.25}$$

小口径枪弹一般取上限,大口径枪弹取下限。

各种枪弹的铅套厚度见表5.2.1。

表 5.2.1 各种枪弹的铅套厚度

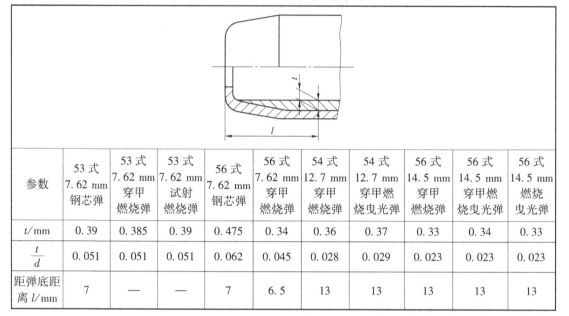

参数	53式 7.62 mm 钢芯弹	53式 7.62 mm 穿甲燃烧弹	53式 7.62 mm 试射燃烧弹	56式 7.62 mm 钢芯弹	56式 7.62 mm 穿甲燃烧弹	54式 12.7 mm 穿甲燃烧弹	54式 12.7 mm 穿甲燃烧曳光弹	56式 14.5 mm 穿甲燃烧弹	56式 14.5 mm 穿甲燃烧曳光弹	56式 14.5 mm 燃烧曳光弹
t/mm	0.39	0.385	0.39	0.475	0.34	0.36	0.37	0.33	0.34	0.33
$\dfrac{t}{d}$	0.051	0.051	0.051	0.062	0.045	0.028	0.029	0.023	0.023	0.023
距弹底距离 l/mm	7	—	—	7	6.5	13	13	13	13	13

(3) 普通弹钢芯

为了节省铅,铅芯弹已改成铅套加钢芯的形式。这时,钢芯只起填充作用,保证一定的弹头质量。钢芯直径按下式确定:

$$d_c = d_y - 2(t + t_2) \tag{5.2.26}$$

式中,d_c 为钢芯直径;d_y 为弹头圆柱部直径;t 为铅套厚度;t_2 为弹头壳厚度。

普通弹钢芯的尺寸形状见表5.2.2。

表 5.2.2 普通弹钢芯的尺寸   mm

	d_1	d_2	d_3	R	ξ	H	l
53式7.62 mm 钢芯弹	3.86	$6.09_{-0.08}$	$6.12_{-0.08}$	38.1	0.05	9.1	$23.6_{-0.52}$
56式7.62 mm 钢芯弹	3.35	$5.76_{-0.15}$	$5.85_{-0.15}$	30.7	0.02	8.5	$20.05_{-0.47}$

穿甲钢芯是穿甲弹的主要零件，它的质量、尺寸、材料力学性能直接影响穿甲性能。穿甲钢芯直径的确定方法与普通弹钢芯的相同。穿甲钢应选用高强度并有一定冲击韧性的材料，现在常用的材料是高碳工具钢。硬质合金的密度大，硬度高，用作穿甲钢芯材料时，穿甲效果好，但生产成本高。穿甲钢芯材料对穿甲性能的影响见表5.2.3。

穿甲钢芯质量的选取范围为

$$M_x = (0.4 \sim 0.65)M \tag{5.2.27}$$

式中，M_x 为穿甲钢芯质量；M 为弹头质量。

由德马尔穿甲计算公式（5.1.1）可看出，在钢板厚度一定时，为减小弹头穿透钢板所需的着速，可以采取减小穿甲钢芯直径和增加穿甲钢芯质量的方法得到，这两者之间虽然是矛盾的，但可通过增加穿甲钢芯长度的办法来解决。当然，若穿甲钢芯过长，则容易折断，对穿甲不一定有利，所以增加钢芯长度有一定的限度。

表5.2.3 不同材料的穿甲钢芯的穿甲性能

弹种	穿甲钢芯材料	初速 v_{25}/($m \cdot s^{-1}$)	弹头质量/g	穿甲钢芯质量/g	着角/rad	靶距/m	钢板厚度/mm	穿甲率/%
56式14.5 mm 穿甲燃烧弹	T12A	980~995	63~64.8	40.2~41	0	300	20	≥80
56式14.5 mm 穿甲燃烧曳光弹	YG6或YT15	965~985	67~70.2	38.5~40.7	0	300	35	≥80
54式12.7 mm 穿甲燃烧弹	T12A	810~825	47.2~49.2	29.25~30.5	0	100	20	≥90
54式12.7 mm 穿甲燃烧弹	GCr9	810~825	47.2~49.2	29.25~30.5	0	100	20	100
54式12.7 mm 穿甲燃烧弹	G60	810~825	47.2~49.2	29.25~30.5	0	100	20	90
54式12.7 mm 穿甲燃烧曳光弹	YG6或YT15	826~837	52~53	31.5~32.5	0	100	35	≥80

钢芯头部弧形对穿甲性能有一定影响。当弧形半径较大时（即头部较尖时），对穿甲有利，但穿甲时钢芯尖部易损坏。当钢芯强度不足时，头部弧形做得钝一些好，以防钢芯损坏和增加穿甲的可靠性。

加工的粗糙度和热处理质量也影响穿甲率。加工粗糙度降低，一方面可减小摩擦，另一方面可消除钢芯表面疵病，避免应力集中。实践证明，提高钢芯尾部的韧性可防止穿甲时尾部断裂，有利于提高穿甲率。

（4）曳光管或曳光剂

曳光剂通常是在曳光管内压制成型的，是压成药柱后放入弹头内的。各种曳光管的构造如图5.2.11所示。

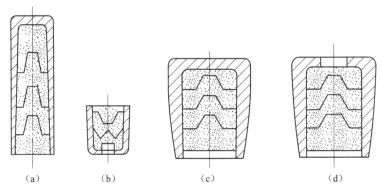

图 5.2.11 曳光管的构造及种类

图 5.2.11（b）是倒装的曳光管，底部冲孔，这种结构可以省去环形小垫。它的缺点是，曳光剂的热量更易传到前面的铅芯或其他零件上，使铅熔化变形。

图 5.2.11（c）是有尾锥的弹头的曳光管。

图 5.2.11（d）是曳光管底部开孔，用以引爆前面的雷管，使爆炸弹自炸。

曳光剂不易点燃，为了点燃曳光剂，应给予一定的热冲量，所以在曳光剂的上层压有引燃剂。引燃剂表面压成凹凸不平的花纹，以增加点燃面积。

曳光管在燃烧过程中，会使弹头的质量和质心位置产生变化。实测的各种曳光弹弹头在静止燃烧前后质心位置的变化及静止和飞行时的燃烧时间见表 5.2.4。

表 5.2.4 几种曳光弹静止燃烧前后质心位置的变化及静止和飞行时的燃烧时间

枪弹名称	引燃剂和燃烧剂总质量/g	质量变化				质心位置变化				燃烧时间变化			
		燃烧前质量/g	燃烧后质量/g	减小		燃烧前质心距弹底距离/mm	燃烧后质心距弹底距离/mm	前移		静止燃烧时间/s	飞行燃烧时间/s	提高	
				绝对值/g	相对值/%			绝对值/mm	相对值/%			绝对值/s	相对值/%
56 式 7.62 mm 燃烧曳光弹	0.5	6.675	6.375	0.302	4.6	11.66	11.96	0.3	2.57				
53 式 7.62 mm 曳光弹	1.07	9.64	9.05	0.57	5.9	18.19	19.24	1.05	5.81	4.6	3.6	1	21.7

续表

枪弹名称	引燃剂和燃烧剂总质量 /g	质量变化				质心位置变化				燃烧时间变化			
		燃烧前质量 /g	燃烧后质量 /g	减小		燃烧前质心距弹底距离 /mm	燃烧后质心距弹底距离 /mm	前移		静止燃烧时间 /s	飞行燃烧时间 /s	提高	
				绝对值 /g	相对值 /%			绝对值 /mm	相对值 /%			绝对值 /s	相对值 /%
54式 12.7 mm 穿甲燃烧曳光弹	1.8	44	42.55	1.45	3.3					4.4	3.7	0.7	15.9
56式 14.5 mm 穿甲燃烧曳光弹	2.3	59.26	57.76	1.5	2.53	27.99	28.57	0.58	2.07	4.8	3.3	1.5	31.3

试验表明，射击时由于离心力作用，可使曳光剂燃烧残渣紧贴管壳内壁。残渣飞出量要比静止时的少，即在实际飞行条件下，弹头质量的减小比静止时要小些。静止试验时，曳光剂残渣都集中在出口处，而旋转燃烧时残渣分布较均匀，所以静止燃烧后质心向前移动量比实际飞行时质心前移量要小。

曳光管的内腔深度是根据要求的曳光时间和曳光剂的燃烧速度确定的。曳光管的出口断面积与内腔断面积之比为 0.7~1 时，可以得到良好的发光性能。为了避免曳光管出口结渣，曳光管的内腔深度不宜过大。

确定了曳光管的内腔直径和药剂高度后，根据曳光剂的平均压药密度（表5.2.5）确定曳光剂的质量。

为了使曳光剂里外层压药均匀一致，每次压药高度不应超过管壳内径的 1.5~2 倍。

表 5.2.5 各种曳光弹曳光剂的平均压药密度

弹种	假密度/(g·cm^{-3})		曳光管内药剂平均压药密度/(g·cm^{-3})
	曳光剂	燃烧剂	
53式 7.62 mm 曳光弹	0.75		2.32
56式 7.62 mm 曳光弹	0.75		2.0
54式 12.7 mm 穿甲燃烧曳光弹	0.75	0.9	2.1
56式 14.5 mm 穿甲燃烧曳光弹	0.75	0.9	2.4

5.2.3 脱壳弹结构

在弹丸设计中，条件一定时，初速和射程往往是一对矛盾体。例如，在装填条件一定时，提高初速的办法通常是减小弹丸质量，但在空气中飞行时，由于断面密度小，则会使速度下降得快；弹丸质量大，提高初速困难多，但它的断面密度大，保存速度的能力强，脱壳弹结构比较好地解决了初速和射程之间的矛盾。

脱壳弹是由小于口径的飞行部分和弹托构成的。在膛内，弹托承受火药气体的作用，使质量小的弹丸获得较高的初速；出膛口后，弹托脱落，具有良好弹形和很大断面密度的飞行部分飞向目标。由于飞行部分的存速能力好，故在较远的距离上仍能保持其作用效果（如穿甲弹的穿甲效果）。

在设计脱壳弹时，应注意合理地确定小于口径飞行部分的直径、质量和弹丸质量，它们直接影响着弹丸的内外弹道性能和对目标的作用效果。要正确设计飞行部分与弹托的结合方式，既要作用可靠，又要使结构尽量简单。在平时，弹头飞行部分和弹托是结合成一体的（制锁状态）；但发射后，二者又必须在适当的时刻脱开（解脱状态）。弹丸的飞行部分与弹托彼此脱开，是借助一定的外力来实现的。因此，必须保证有足够的脱壳力，使弹丸脱壳迅速，同时还应注意在脱壳过程中不使弹头飞行部分受到大的干扰，另外，脱下的弹托不能对发射方人员造成危害。

根据脱壳弹的具体用途和要求，有旋转脱壳弹和尾翼式脱壳弹。

5.2.3.1 旋转脱壳弹

为了提高穿甲弹的穿甲能力（例如大口径机枪的穿甲弹），可以采用旋转脱壳穿甲弹的结构。这种穿甲弹的特点是弹头较轻，初速较高，穿甲钢芯的断面密度和比动能较大，可以提高穿甲能力。

在具体设计时，应尽量增加穿甲钢芯的质量，减小弹托的质量。但前者受到飞行稳定性的限制，后者受到膛内发射强度的限制。

弹头飞行部分直径的确定也很重要。飞行部分直径过小，虽然弹丸质量小，初速大，但因有效质量太小，飞行部分的穿甲性能不会很高；反之，飞行部分直径过大，其比动能值有限，也不能体现出脱壳穿甲弹特有的优越性。实际上，由于脱壳弹设计属于已有武器配新弹的设计，武器膛线缠度已定。因此，脱壳弹飞行部分的长度受急螺稳定性的限制，飞行部分直径 d_1 与弹丸直径 d 的比值，即 $\dfrac{d_1}{d}$，由最佳的穿甲效果来确定。

1. 飞行部分与弹托的结合方式

弹托设计是脱壳穿甲弹结构设计中的一个关键问题，平时穿甲钢芯与弹托结合成一体，发射时弹丸在膛内能正确运动，出膛口时穿甲钢芯从弹托中脱出并在空中稳定飞行，所有这些，基本都是通过一定形式的弹托来保证的。弹托虽然是个辅助部分，但其结构设计的好坏，直接影响弹丸的作用性能。

从结构形式来看，弹托结构可以是多种多样的，不存在某种固定的格式。对于大口径机枪脱壳穿甲弹的弹托，结构应尽量简单，作用可靠。

为了提高脱壳穿甲弹的穿甲性能，减少不必要的能量损失，弹托应尽可能地轻。为此，相应的弹托结构应紧凑，尽可能采用轻材料，但也要考虑到发射时弹托受力部分的强度。

穿甲钢芯与弹托的结合方式及脱壳方式也十分重要。总的说来，结合方式平时应牢固可靠，脱壳前应解脱，脱壳应迅速利落，脱壳干扰小；脱壳后的弹托（或碎块）应满足安全性的要求。

图 5.2.12 为小口径机关炮上采用的旋转脱壳穿甲弹。弹托由上弹托和底弹托组成。上弹托由塑料制成，其上刻着 2～4 条沟槽。用上弹托包住穿甲弹芯，可起到防水、防尘、防弹芯脱落及防止其他有害环境条件的影响和作用。底弹托由塑料制成，其上有塑料弹带，用来保证弹丸在膛内正确地做直线运动和旋转运动。穿甲弹芯是用高质量密度的金属和可燃金属制成的，以便穿透钢板，并引燃板后的易燃物质。

上弹托与底弹托靠螺纹连接，穿甲弹芯与弹托是滑配合。发射时，在火药气体压力作用下，弹托上的弹带嵌入膛线带动弹芯旋转前进，使弹芯获得飞行稳定所需的角速度。

弹丸飞出膛口后，上弹托在离心力的作用下裂成 2～5 瓣，平射时，散落在一个与弹道成一定夹角的锥形面内。底弹托受空气阻力影响，飞行速度减慢，但仍沿着穿甲弹芯的弹道继续前进，在距炮口一定距离处掉落。

图 5.2.13 为 12.7 mm 脱壳穿甲弹的结构图，钨钢芯的尾端面有沟槽，发射时在惯性力的作用下，铝弹托的金属被挤入沟槽内，确保铝弹托将转速传给钨钢芯。

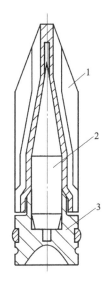

图 5.2.12 小口径机关炮用旋转脱壳穿甲弹
1—上弹托；2—穿甲弹芯；3—底弹托

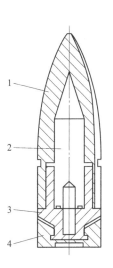

图 5.2.13 12.7 mm 钨芯脱壳穿甲弹
1—尼龙壳；2—钨芯；3—铝弹托；4—密封环

在脱壳穿甲弹的结构设计完成后，还需要进行脱壳计算、弹芯在膛内的旋转运动及弹芯飞行稳定性等验算。

2. 脱壳计算

脱壳计算是结合脱壳弹的具体结构来进行的。对于图 5.2.12 所示的结构来说，在脱壳之前，上弹托在离心力的作用下须先分裂成 2～4 瓣而飞散，这称为结合状态的解除，但并不是脱壳动作的实现。

图 5.2.12 和图 5.2.13 中的脱壳穿甲弹都是借助空气阻力来实现脱壳的。假设作用在弹芯和弹托上的空气阻力分别为 R_1 和 R_2（图 5.2.14），则有

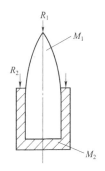

图 5.2.14 空气阻力对弹芯和弹托的作用

$$a_1 = \frac{R_1}{M_1}, \quad a_2 = \frac{R_2}{M_2} \tag{5.2.28}$$

式中，a_1、a_2 为弹芯和弹托的阻力加速度；M_1、M_2 为弹芯和弹托的质量。

弹芯从弹托中脱出的条件是

$$a_1 < a_2$$

由此可得空气阻力脱壳需满足的条件为

$$R_1 M_1 < R_2 M_2 \tag{5.2.29}$$

从上式可以看出，弹托的空气阻力越大，质量越小，或弹芯的空气阻力越小，质量越大，就越有利于实现空气阻力脱壳，式中的空气阻力 R_1 和 R_2 的值取决于弹芯部的外形尺寸和弹托的结构尺寸。由于空气阻力在脱壳过程中是不断变化的，目前还很难从理论上计算出来。因此，条件式（5.2.29）的最后定论往往需要通过风洞试验或射击试验验证。

这种脱壳方式的特点是：弹托部分脱离完整，不易造成对发射方前沿部队的伤亡威胁；脱壳力小，脱壳动作比较缓慢；为使弹芯在脱壳时不在后部产生负压作用，在弹托中心处应开小孔，这种脱壳方式宜用塑料弹托，因在离心力作用下，这种弹托容易胀大，便于释放弹芯。

3. 弹芯在膛内的旋转运动

弹托在膛内运动嵌入膛线产生旋转，对于图 5.2.12 所示的结构，弹托是通过摩擦力带动弹芯一起转动的，从而保证弹芯的飞行稳定性。为了防止在膛内产生相对滑动，在设计时必须保证摩擦力矩大于弹芯的惯性力矩。

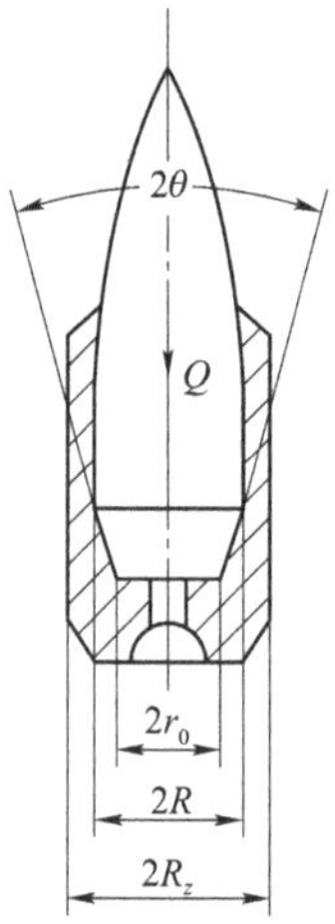

图 5.2.15 弹芯与弹托锥面接触

先讨论弹芯与弹托是锥面接触的情况（图 5.2.15）。

作用在锥面上的法向压强为

$$p_N = \frac{Q}{S\sin\theta} \tag{5.2.30}$$

式中，Q 为弹芯的轴向惯性力；S 为接触锥面的面积；θ 为半锥角。

锥面的面积为

$$S = \pi(R^2 - r_0^2)/\sin\theta \tag{5.2.31}$$

代入式（5.2.30）后得

$$p_N = \frac{Q}{\pi(R^2 - r_0^2)} \tag{5.2.32}$$

轴向惯性力 Q 可根据弹芯与弹托结合的具体情况来求。对图 5.2.15 所示的情况，为

$$Q = M_1 \frac{dv}{dt} - p_1 \pi r_0^2 = p\pi R_z^2 \left(\frac{M_1}{M} - \frac{p_1 r_0^2}{p R_z^2} \right) \tag{5.2.33}$$

式中，M_1 为弹芯质量；M 为弹丸质量；p 为火药气体压力；p_1 为作用在弹芯底部的压力（可能为膛压，也可能低于膛压）。

在弹托与弹芯尾锥接触面上，由于弹芯惯性力的作用，所产生的摩擦力矩为

$$M_{摩擦} = \int_{r_0}^{R} r f p_N 2\pi r dr/\sin\theta = \frac{2}{3}\pi f \frac{p_N}{\sin\theta}(R^3 - r_0^3) \tag{5.2.34}$$

式中，f 为摩擦系数。

将式（5.2.32）和式（5.2.33）代入上式得

$$M_{摩擦} = \int_{r_0}^{R} rfp_N 2\pi r\mathrm{d}r/\sin\theta = \frac{2}{3}f\frac{R^3 - r_0^3}{\sin\theta(R^2 - r_0^2)}p\pi R_z^2\left(\frac{M_1}{M} - \frac{p_1 r_0^2}{pR_z^2}\right) \quad (5.2.35)$$

弹芯旋转的惯性力矩 $M_{惯}$ 为

$$M_{惯} = A_1\frac{\mathrm{d}\omega}{\mathrm{d}t} \quad (5.2.36)$$

式中，A_1 为弹芯的极转动惯量；$\frac{\mathrm{d}\omega}{\mathrm{d}t}$ 为弹丸在膛内旋转的角加速度，对于等齐缠度膛线，可表示为

$$\frac{\mathrm{d}\omega}{\mathrm{d}t} = \frac{\pi}{\eta R_z} \times \frac{\mathrm{d}v}{\mathrm{d}t} \quad (5.2.37)$$

而

$$\frac{\mathrm{d}v}{\mathrm{d}t} = \frac{p\pi R_z^2}{M} \quad (5.2.38)$$

将各值代入式（5.2.36），最后得到

$$M_{惯} = A_1\frac{p\pi^2 R_z}{\eta M} \quad (5.2.39)$$

式中，η 为膛线的缠度。

弹托与弹芯之间旋转力矩的传递条件为

$$M_{摩擦} > M_{惯}$$

将式（5.2.35）和式（5.2.39）代入传递条件中，则得到弹芯在膛内正常旋转运动的条件：

$$\frac{2}{3}f\frac{R^3 - r_0^3}{R^2 - r_0^2}\left(\frac{M_1}{M} - \frac{p_1 r_0^2}{pR_z^2}\right) > \frac{A_1\pi}{\eta MR_z}\sin\theta \quad (5.2.40)$$

或

$$\eta > \frac{3}{2} \times \frac{\sin\theta A_1\pi(R^2 - r_0^2)}{f\ R_z M(R^3 - r_0^3)} \times \frac{1}{\dfrac{M_1}{M} - \dfrac{p_1 r_0^2}{pR_z^2}} \quad (5.2.41)$$

若取 $p_1 = p$，则上两式变为

$$\frac{2}{3}f\frac{R^3 - r_0^3}{R^2 - r_0^2}\left(\frac{M_1}{M} - \frac{r_0^2}{R_z^2}\right) > \frac{A_1\pi}{R_z\eta M}\sin\theta \quad (5.2.42)$$

或

$$\eta > \frac{3}{2} \times \frac{\sin\theta}{f} \times \frac{A_1\pi}{R_z M} \times \frac{R^2 - r_0^2}{R^3 - r_0^3} \times \frac{MR_z^2}{M_1 R_z^2 - Mr_0^2} \quad (5.2.43)$$

若 $\theta = 90°$，即弹芯与弹托是端面接触的情况，在这种情况下，弹芯在膛内正常旋转运动的条件为

$$\frac{2}{3}f\frac{R^3 - r_0^3}{R^2 - r_0^2}\left(\frac{M_1}{M} - \frac{r_0^2}{R_z^2}\right) > \frac{A_1\pi}{R_z\eta M} \quad (5.2.44)$$

或

$$\eta > \frac{3}{2} \times \frac{1}{f} \times \frac{A_1 \pi}{R_z M} \times \frac{R^2 - r_0^2}{R^3 - r_0^3} \times \frac{MR_z^2}{M_1 R_z^2 - Mr_0^2} \tag{5.2.45}$$

比较式（5.2.42）和式（5.2.44）可以看出，前式的条件更容易得到满足。因此，从弹芯在膛内获得可靠的旋转运动的观点出发，锥面接触的结构是可行的。

对于图 5.2.13 所示的结构，因射击后铝弹托与弹芯之间靠摩擦及嵌入沟槽中的金属带动，这时需对金属挤入沟槽及强度进行计算。

5.2.3.2 尾翼式脱壳弹

脱壳弹采用旋转稳定的方式，弹芯的长细比不能太大，否则难以保证飞行稳定。因此，增大断面密度的办法往往是用高密度材料（例如碳化钨）做弹芯。采用尾翼式脱壳弹，弹长不受稳定性限制，可采用长细比较大的弹芯，获得较大的断面密度和碰击比动能。对于穿甲弹来说，获得了较大的碰击比动能，可提高穿甲性能。

1. 长细比问题

对于尾翼式脱壳穿甲弹来说，从穿甲作用来看，增大长细比对穿甲有利。一般形式的穿甲公式可写成如下的形式：

$$v_c = K \frac{d^\alpha}{M^\beta} b^\gamma$$

β 值一般取 0.5，这样 $M^{0.5} v_c$ 取决于碰击动能。由式中可以看出，无论 α、γ 取何值，在碰击动能一定时，弹径缩小，穿甲深度都会增加。

在一定条件下，缩小弹径可以提高穿甲深度是符合客观规律的。从物理意义上可以这样解释：在弹头细长的情况下，能量更加集中了，而破坏钢甲的范围也缩小了，故破坏钢甲所消耗的动能要减小，这样穿甲深度必然可以提高。但如果把有条件的公式进行无条件的推广，必然得出荒谬的结论：弹丸趋于无限细，而穿甲深度变得无穷大。所以，弹丸细长到一定程度之后，穿甲深度便不会再增大，相反要下降。此外，过分细长的弹丸在碰击钢甲时，可能出现弯曲、折断或容易飞跳等不利情况。穿甲的最佳长细比需由试验来确定，相对于不同的穿甲厚度和倾角，其值可能也是不同的。

对于长细比大的尾翼式脱壳穿甲弹，要注意它在发射时的强度，特别是弹芯与弹托连接处的强度，尤其是与卡瓣结合的齿部，由于齿槽的削弱和应力集中，是最容易折断的地方。

在理论上，增大长细比可以减小空气阻力。但尾翼阻力约占总阻力的一半，并且在有章动角的情况下，增长弹丸，阻力也要增大，因此空气阻力由于弹丸直径减小而减小，但减小的程度是有限的。

另外，过分细长的弹体，其稳定性不好。因为全弹质心相对位置要后移（尾翼质量不变时），全弹赤道转动惯量的增大也使稳定性变差。稳定性差的弹丸，射弹散布也必然要大。

2. 弹托

弹托在膛内起传力和定心作用，把火药气体作用在弹托面积上的力传给弹丸，使较轻的弹丸获得很大的加速度，以便在膛口获得较高的初速。

出膛口后，弹托脱落，弹芯具有较大的断面密度，大大提高了弹芯保存速度的能力。对穿甲弹来说，就使弹芯碰击钢甲时有较大的比动能。另外，高的着速对防止跳弹有利，较细长的弹芯穿透钢甲所需的能量较小。

与旋转脱壳弹相似,弹托会给尾翼式脱壳弹带来一些问题。目前弹托的结构设计主要还是依靠试验来摸索。

在尾翼式脱壳弹上,一般采用分瓣式弹托(卡瓣)。下面研究分瓣式弹托在膛内的受力情况。分瓣式弹托按受力情况不同,可以有两种:一种是抱紧式,即在火药气体压力作用下,卡瓣能抱紧弹体(图5.2.16);另一种是外翻式,即在火药气体压力作用下,卡瓣在膛内有外翻的趋势,但受到膛壁的约束(图5.2.17)。这种依靠火药气体压力使卡瓣抱紧弹体的结构,必须采取密封措施,使火药气体不能钻到卡瓣的间隙之中,才能保证有抱紧力存在。一旦火药气体钻入,卡瓣就可能外翻,外翻式卡瓣在卡瓣的外缘存在着膛壁的反力。

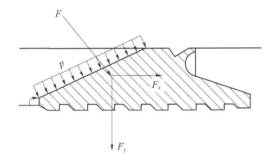 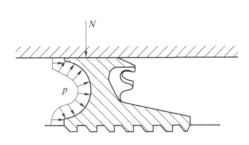

图 5.2.16　卡瓣径向抱紧示意图　　　　　图 5.2.17　外翻式卡瓣

卡瓣抱紧弹体可以使齿部受力均匀,卡瓣的发射强度好,但脱壳可能比较困难。而外翻式卡瓣,在膛内的约束解除时即开始脱壳,但这种卡瓣在膛内受力情况不好,缝隙中漏气对弹膛的冲刷和外翻压力对膛壁的磨损作用大。

弹托的位置应选择在弹丸质心的上方。由图5.2.18可以看出,作用在质心上的惯性力产生了一个使弹丸回到平衡位置的力矩。当弹丸进膛后,存在一定程度歪斜的情况下,这个平衡力矩有利于弹丸的正直前进。这样看来,弹托的位置与弹丸质心位置的距离大些,对弹丸在膛内正确运动是有利的。某些脱壳弹就采用弹托位于弹丸头部的结构(图5.2.19),这种结构对缩短全弹的长度也是有利的。

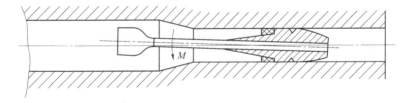

图 5.2.18　弹丸在膛内的摆动

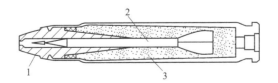

图 5.2.19　小箭弹示意图

1—弹托；2—小箭；3—发射药

另外，弹托出膛口后，火药气体即大量喷出，膛压迅速下降。若增大尾翼和弹托之间的距离，有利于减小后效期中作用在尾翼上的火药气体压力，对减小起始章动角有利。此外，在脱壳时，弹托与尾翼相碰的可能性减小。所以，适当增大导引部长度对改善射弹散布有利，但对减小空气阻力和飞行稳定性不利。

所以，弹托位置的选择需综合考虑膛内运动、膛外运动和射弹散布等因素，主要通过试验来确定。

3. 脱壳

弹托除了要保证质量小、强度高之外，还必须保证脱壳顺利。如果有时脱，有时不脱，或有时早脱，有时晚脱，则射弹散布会差。

脱壳可以利用后效期火药气体的作用来脱壳或利用空气阻力来脱壳。弹丸出膛口后，在后效期内火药气体速度超过弹丸速度，继续推动弹丸前进。这个时期的作用时间很短，压力衰减得很快，但对卡瓣的作用力还是相当大的，同时，高压气体迅速向侧方扩散，有利于卡瓣的脱壳。为了充分利用火药气体的后效作用，在卡瓣后部可以设计成凹形槽的形式来增大侧向力。弹托离开膛口后。火药气体压力的合力产生了一个外翻力矩，使卡瓣绕最前一齿向外翻转，火药气体向侧方膨胀，使卡瓣外翻得更迅速（图 5.2.20）。

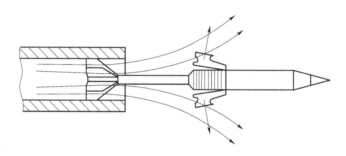

图 5.2.20　卡瓣在火药气体作用下脱壳

后效期结束后，弹丸立即遇到迎面高速空气流的冲击，这个力也是相当大的。卡瓣的受阻面积比弹体的大，质量小，所以就相对弹体向后运动。高速气流流过弹托时受阻，气流要向外折转，与在后效期中的作用一样，气流作用在卡瓣前部的凹形槽上，也产生一个向外的侧向力，有利于卡瓣继续向侧方运动（图 5.2.21）。

空气阻力脱壳在旋转稳定的脱壳弹上用得较多，也便于实现，对弹体干扰也很小。在卡瓣式弹托的尾翼式脱壳弹中，带锥形尾部的卡瓣结构也是主要依靠空气阻力脱壳。这种结构的弹托，在后效期中，火药气体难以使弹托分离，只有在空气阻力作用下，卡瓣沿弹体表面滑脱。为了增大侧向分力，在卡瓣前部可设计凹槽结构（图 5.2.22）。

为避免这种弹托与尾翼相碰而影响射弹散布，可将卡瓣的位置与尾翼的空隙处对正（例如四块卡瓣与四片尾翼的空隙处对正）。

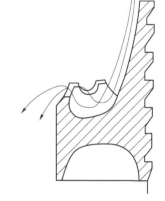

图 5.2.21　花瓣形迎风槽的作用

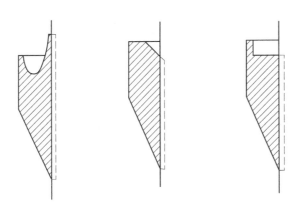

图 5.2.22 带迎风槽的卡瓣

5.3 炸药和引信的设计

5.3.1 炸药的结构设计与选择

一般普通的枪弹不装炸药,但在枪榴弹、发射器用榴弹弹药中都装有炸药。选择炸药的原则是:

①炸药的威力和猛度应适合弹丸性能的要求,如榴弹一般选用 TNT 或 B 炸药,破甲弹一般选用以黑索金为主的混合炸药。

②理化性能稳定(不吸湿,与弹体材料有相容性,挥发性小,热安定性好),能长期储存,不变质。

③原材料丰富,价格低廉,生产和装填方便。

目前常用的炸药有:

(1) 梯恩梯

有较大的威力,安全可靠,理化性能安定,可以长期储存,生产价廉,是应用最广泛的军用炸药。梯恩梯熔点较低,装填方法可以是螺装、压装和铸装。

(2) 钝化黑索金

黑索金因其机械感度较大,一般都予以钝化处理(加入适量的钝化剂),这种炸药一般采用压装。

美国 M684 40 mm 杀伤榴弹、M433 40 mm 低速破甲弹、M430 40 mm 高速破甲弹的炸药装药均采用了 A5 混合炸药(主要成分为黑索金),我国 35 mm 杀伤榴弹、35 mm 破甲杀伤榴弹也采用了黑索金为主要成分的炸药装药。

(3) 黑铝炸药

在黑索金中加入适当的铝粉和钝感剂,以增加爆热,增强炸药的燃烧作用。

(4) 梯黑混合炸药

将梯恩梯与黑索金按一定的比例(如 4∶6、5∶5 等)混合后,可以提高炸药的威力与猛度。B 炸药即为梯黑 50/50 混合炸药,常作为榴弹的主要炸药。

(5) 硝铵炸药

这种炸药的威力、猛度都较低，但其原料丰富，制造容易，价格低廉，在战时常作为代用炸药。

5.3.2 引信的设计与选择

引信的作用在于控制弹丸在弹道某一点上适时、准确地引爆弹体，从而产生最好的作用效果。

在选择引信时，应当首先选择在装备中或生产中现有的类型。只有当现有引信不能满足要求时，才提出设计新引信。

在选择现有引信时，应当考虑到下列几点：

①引信的类型必须与设计弹丸的类型相配合。
②引信的作用时间必须满足弹丸适时作用的要求（适时性要求）。
③在配用弹丸中，要确保配用的引信发射时安全，能可靠地解除保险适时引爆弹体。
④引信的起爆冲量应与弹丸的炸药量相适应，保证起爆完全。
⑤引信的外形和连接部尺寸应与弹丸外形螺口部尺寸相适应。

我国35 mm杀伤弹和破甲杀伤弹引信为双环境力保险的隔离雷管型引信，具有冗余保险，且两套保险机构均可在受单一环境力作用后复位，引信外露发机构使其具有良好的大着角发火性和很高的瞬发度，引信内设有离心力贮能的惯性发火机构，使破甲弹与杀伤弹具有极佳的擦地发火性能；引信具有良好的勤务处理性能，当弹药从不大于1.5 m的高度跌落时，不论跌落方向如何，引信不经任何技术鉴定，都可继续使用；引信解除保险后，自动升起的引信帽作为勤务处理识别引信是否解除保险的标志，具有良好的视觉特性和触觉特性。

下面列举几种弹丸对引信的一些特殊要求。

(1) 小口径高射榴弹着发引信的选择

小口径高射榴弹一般应在击中飞机后于目标内部爆炸，这样可获得良好的杀伤爆破效果。因此，要求引信具有一定的短延期作用（一般为0.001~0.007 s），以保证弹丸适时起爆。

小口径高射榴弹引信的着发灵敏度要高，即使碰到飞机薄弱的部分，也能可靠作用。

为了保证我方阵地安全，引信应具有远距离解除保险装置和自炸机构，使弹丸射出炮口后，即使碰到炮口附近遮蔽物，也不会发生作用。

(2) 地面榴弹引信的选择

地面榴弹的杀伤作用主要是消灭暴露的有生力量。要求当应用着发引信时，弹丸落地即炸，使破片不致大量钻入土内。因此，引信应具有较高的瞬发性（作用时间在0.001 s以下）。对于杀伤作用，用近炸引信效果更好。

由于大部分地面榴弹通常都兼有杀伤、爆破两重作用，即使单一作用的榴弹，由于射击方式的不同（例如杀伤榴弹的着发射击或跳弹射击，爆破弹以不同射角射击不同性质目标），也要求同一引信具有多种时间装定。

(3) 破甲弹引信的选择

破甲弹引信要求有高度的作用迅速性，这样可使弹丸的头部在碰碎之前，保证有利炸高，以及防止弹丸在大着角时产生偏转和滑移而迅速起爆弹丸。

用于破甲弹的引信有两类：机械引信和压电引信。破甲弹机械引信现只用于初速较低的无坐力炮破甲弹和反坦克枪榴破甲弹上。

由于现代破甲弹的发展，初速和直射距离不断提高，机械引信已不能满足要求，而压电引信的瞬发度比较高，即引信在数十微秒时间内就能起爆弹丸（机械引信是数百微秒），所以压电引信在炮弹、航弹和火箭弹的破甲战斗部上得到广泛的使用。

（4）引信的外形和弹-引连接尺寸的选择

引信的外形应与弹丸的外形一致，否则会引起弹丸阻力。我国引信的外形还没有确定的标准，但是根据弹丸口径的不同，其外形尺寸多为平顶截锥体外形、圆顶截锥体外形等。

引信与弹口螺纹尺寸，我国有多种规格，例如 M26.56×10、M26.96×1.5、特 27×1.5、M33×2、特 M36.14×10 等，都采用右旋螺纹。引信与弹口的连接螺纹的类型也较多，都需要标准化，使引信能适用于多种口径弹丸，并能根据不同用途和要求衍生出引信系列。

第6章

结构特征量计算与测量

弹丸的结构特征量是用来表示弹丸结构基本特点的一些参量,对于枪弹弹头来说,它一般包括:

①弹头的口径 d (mm)和质量 M(g);
②弹头的相对质量 $C_m = M/d^3$ (kg/m³);
③弹头质心至弹底端面的距离 X_c(mm);
④弹头质心至弹底端面的距离与弹头长度的比值 X_c/l_c(%);
⑤弹头的极转动惯量 A(g·cm²);
⑥弹头的赤道转动惯量 B(g·cm²)。

弹丸(头)的结构特征量是弹丸威力计算、强度计算和飞行稳定性计算的必要数据,在弹丸设计中,通常要确定的结构特征量有弹丸质量 M、质心位置 X_c、极转动惯量 A 和赤道转动惯量 B。这些参量的计算是在弹丸尺寸、各零件材料和尺寸已选定的基础上进行的。计算弹丸结构特征量的方法很多,这里介绍基本计算法,是以弹丸的名义尺寸进行计算的。

6.1 基本计算法

图 6.1.1 示出了一般枪弹弹头外形和内腔的几何形状,由图中可以看出,弹丸一般由 3 种几何形体组成:截头圆锥体、圆柱体、母线为圆弧的回转体。圆柱体可认为是截头圆锥体的一种特殊形式,因此,可认为弹丸是由截头圆锥体和母线为圆弧的回转体这两种基本形体组成。

基本计算法是将弹丸划分为许多单元部分,每个单元是以其外形轮廓和内腔几何状的特点划分的,这些形状不外乎圆柱体、截头圆锥体和母线为圆弧的回转体,分别对各单元部分进行计算,然后相加得出整个弹丸的结构特征量。

下面介绍截头圆锥体和母线为圆弧的回转体两种基本形体结构特征量的计算公式。

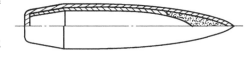

图 6.1.1 弹丸外形和内腔的几何形状

6.1.1 截锥体

1. 体积 V_ϕ

若截锥体的尺寸如图 6.1.2 所示,则其体积为:

$$V_\Phi = \frac{1}{3}\pi(r^2 + rr_0 + r_0^2)h$$

令

$$\rho = \frac{r_0}{r} \tag{6.1.1}$$

$$\alpha = \frac{1}{3}\pi(1 + \rho + \rho^2) \tag{6.1.2}$$

则

$$V_\Phi = \alpha r^2 h \tag{6.1.3}$$

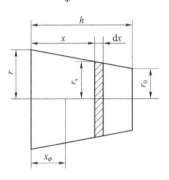

图 6.1.2　截头圆锥体

2. 形心到大底的距离 X_Φ

$$X_\Phi = \frac{1}{V_\Phi}\int_0^{V_\Phi} x\mathrm{d}v = \frac{1}{4} \times \frac{1 + 2\rho + 3\rho^2}{1 + \rho + \rho^2}h \tag{6.1.4}$$

令

$$\beta = \frac{1}{4} \times \frac{1 + 2\rho + 3\rho^2}{1 + \rho + \rho^2} \tag{6.1.5}$$

则

$$X_\Phi = \beta h \tag{6.1.6}$$

3. 极转动惯量（或称轴向转动惯量）A_Φ

极转动惯量是指绕弹丸轴线的转动惯量。

$$A_\Phi = \int_0^{V_\Phi} \frac{r_x^2}{2}\mathrm{d}V_\Phi = \frac{3}{10} \times \left(\frac{1 + \rho + \rho^2 + \rho^3 + \rho^4}{1 + \rho + \rho^2}\right)V_\Phi r^2 \tag{6.1.7}$$

令

$$\mu = \frac{3}{10} \times \left(\frac{1 + \rho + \rho^2 + \rho^3 + \rho^4}{1 + \rho + \rho^2}\right) \tag{6.1.8}$$

则

$$A_\Phi = \mu V_\Phi r^2 \tag{6.1.9}$$

4. 赤道转动惯量 B'_Φ

赤道转动惯量是指绕物体赤道平面的轴（此轴通过物体形心，并垂直于物体的对称轴）的转动惯量。

求截锥体的赤道转动惯量，需分两步进行：

第一步先求出整个截锥体绕端面轴 Z 的转动惯量 B''_Φ（图6.1.3）。根据平行移轴定理，可以把 B''_Φ 的式子写为

$$B''_\Phi = \int_0^{B''_\Phi} \mathrm{d}B''_\Phi = \int_{B''_\Phi}(\mathrm{d}B_x + x^2 \mathrm{d}V_\Phi)$$

式中，$\mathrm{d}B_x$ 为极薄圆片自身的赤道转动惯量：

$$\mathrm{d}B_x = \frac{1}{2}\mathrm{d}A_\Phi$$

故

$$B''_\Phi = \int_0^{A_\Phi} \frac{1}{2}\mathrm{d}A_\Phi + \int_0^{V_\Phi} x^2 \mathrm{d}V_\Phi = \frac{A_\Phi}{2} + V_\Phi h^2 \left[\frac{1 + 3\rho + 6\rho^2}{10(1 + \rho + \rho^2)}\right] \quad (6.1.10)$$

第二步应用平移轴定理，将截锥体的转动惯量由端面的 Z 轴移到通过形心的赤道轴上去，则得截锥体的赤道转动惯量：

$$B'_\Phi = B''_\Phi - V_\Phi x_\Phi^2 = \frac{A_\Phi}{2} + \left[\frac{3}{80} \times \frac{(1+\rho)^4 + 4\rho^2}{(1 + \rho + \rho^2)^2}\right]V_\Phi h^2 \quad (6.1.11)$$

令

$$\gamma = \frac{3}{80} \times \frac{(1+\rho)^4 + 4\rho^2}{(1+\rho+\rho^2)^2} \quad (6.1.12)$$

则

$$B'_\Phi = \frac{A_\Phi}{2} + \gamma V_\Phi h^2 \quad (6.1.13)$$

5. 截锥体对通过弹丸质心，与弹轴垂直的轴线的转动惯量 B_Φ

$$B_\Phi = B'_\Phi + V_\Phi l^2 \quad (6.1.14)$$

l 为弹丸质心与截锥体形心之间的距离（图6.1.4）。

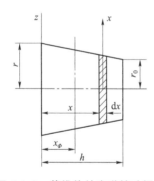

图6.1.3 截锥体的赤道转动惯量

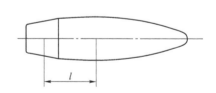

图6.1.4 弹丸质心与截锥体形心间的距离

6.1.2 圆弧回转体

1. 圆弧回转体的体积 V_Φ

圆弧回转体的符号如图6.1.5所示，则其体积为

$$V_\Phi = \pi \int_0^h r_x^2 \mathrm{d}x = \pi h\left(\frac{2R^2 + J^2}{3} - \frac{JR^2}{h}\arcsin\frac{h}{R}\right)$$

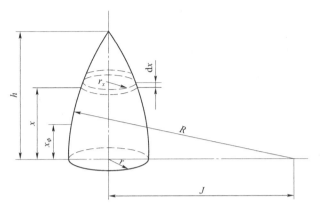

图 6.1.5 圆弧回转体

取
$$R = nr$$
则
$$J = (n-1)r$$
$$h = \sqrt{2n-1} \times r$$

所以
$$V_\Phi = \pi h r^2 \left[\frac{2n^2 + (n-1)^2}{3} - \frac{(n-1)n^2}{\sqrt{2n-1}} \times \arcsin \frac{\sqrt{2n-1}}{n} \right] \quad (6.1.15)$$

取
$$\alpha_0' = \frac{2n^2 + (n-1)^2}{3} - \frac{(n-1)n^2}{\sqrt{2n-1}} \times \arcsin \frac{\sqrt{2n-1}}{n}$$
$$\alpha' = \pi \alpha_0' \quad (6.1.16)$$

则
$$V_\Phi = \alpha' r^2 h \quad (6.1.17)$$

2. 形心距底部的距离 x_Φ
$$x_\Phi = \frac{\pi}{V_\Phi} \int_0^h r_x^2 x \mathrm{d}x = \frac{4n-1}{12(2n-1)} \times \frac{1}{\alpha_0'} h$$

取
$$\beta' = \frac{4n-1}{12(2n-1)} \times \frac{1}{\alpha_0'} \quad (6.1.18)$$

则
$$x_\Phi = \beta' h \quad (6.1.19)$$

3. 极转动惯量 A_Φ
$$A_\Phi = \int_0^h \frac{1}{2} \pi r_x^4 \mathrm{d}x = \frac{3n^2 + 4(n-1)^2}{4} V_\Phi r^2 - \frac{7}{30} n h^5$$

因为
$$h = \sqrt{2n-1}\, r$$
$$V_\Phi = \alpha_0' \pi h r^2$$

取
$$\mu' = \frac{3n^2 + 4(n-1)^2}{4} - \frac{7}{30} \frac{(2n-1)^2}{\alpha_0'} \quad (6.1.20)$$

则

$$A_\Phi = \mu' V_\Phi r^2 \tag{6.1.21}$$

4. 赤道转动惯量 B_Φ'

为了求整个圆弧回转体的赤道转动惯量，需分两步进行。第一步，先求出整个圆弧回转体绕其基面上的轴 Z 的转动惯量 B_Φ''（图 6.1.6）。

$$B_\Phi'' = \frac{A_\Phi}{2} + \pi \int_0^h x^2 r_x^2 \mathrm{d}x = \frac{A_\Phi}{2} + \frac{R^2}{4} V_\Phi - \frac{\pi}{2}\left(\frac{2}{5}h^5 - \frac{5R^2 - 2J^2}{6}h^3 + \frac{R^2 - J^2}{2}R^2 h\right) \tag{6.1.22}$$

第二步，应用平行移轴定理，将圆弧回转体的转动惯量由基面的 Z 轴移到通过形心的赤道轴上，即得到圆弧回转体的赤道转动惯 B_Φ'：

$$B_\Phi' = B_\Phi'' - V_\Phi x_\Phi^2 = \frac{A_\Phi}{2} + \left[\frac{\mu'}{7(2n-1)} + \frac{1}{7} - \beta'^2\right] V_\Phi h^2$$

取

$$\gamma' = \frac{\mu'}{7(2n-1)} + \frac{1}{7} - \beta'^2 \tag{6.1.23}$$

则

$$B_\Phi' = \frac{A_\Phi}{2} + \gamma' V_\Phi h^2 \tag{6.1.24}$$

5. 圆弧回转体对通过弹丸质心并与弹轴垂直的任一轴线的转动惯量 B_Φ

$$B_\Phi = B_\Phi' + V_\Phi l^2 \tag{6.1.25}$$

式中，l 为圆弧回转体的形心与弹丸质心间的距离（图 6.1.7）。

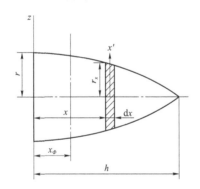

图 6.1.6 圆弧回转体的赤道转动惯量

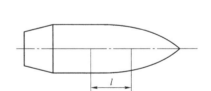

图 6.1.7 圆弧回转体形心与弹丸质心间的距离

6.1.3 圆弧回转体母线半径的圆心有下移量时结构特征量的计算

在这种情况下，可将圆弧回转体分成三段（图 6.1.8）计算，也可将弧形部分成若干小段（图 6.1.9），每段按截锥体计算。

图 6.1.8 给出了圆弧回转体的分段方法：先将圆弧回转体的弧形沿弹轴向大底方向延长 ξ 距离，这样圆心就与新的大底在同一平面上。若是弹尖端直径不为零的情况，可将弧形向弹尖方向延长至与弹轴相交。

计算时，首先计算高度为 h' 的弧形回转体的特征量（无下移量），然后减去新增加的宽为 ξ 的那一部分和新增加的高为 h'' 的小尖锥的特征量，即可得到圆弧半径的圆心不在基面上、弹尖直径又不为零、高为 h 的圆弧回转体的特征量。

图 6.1.9 所示是将弧形部分分成若干小段，每段按截锥体计算，然后相加得到的最后结果。为了保证必要的计算精度，分段应使

$$h_n \leqslant (0.03 \sim 0.04)R$$

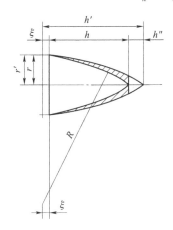
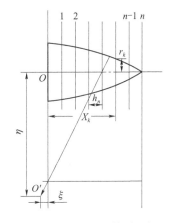

图 6.1.8　有下移量时结构特征量计算　　　图 6.1.9　分段计算弧形部

弧形体在 X_k 处的半径为

$$r_k = \sqrt{R^2 - (X_k + \xi)^2} - \eta \tag{6.1.26}$$

式中，R 为圆弧回转体母线的曲率半径；ξ、η 为圆弧回转体母线曲率中心的坐标。

6.2　弹丸结构特征量的计算

将弹丸各零件分别按外廓、内廓分成数量不等的简单形体（截锥体、圆柱体或圆弧回转体），然后将各个简单形体（单元）按外廓计算的特征量总和减去按内廓各单元计算的特征量总和，就得到该部分的特征量。再将这些零件的特征量相加，就得到全弹丸的特征量。这些特征量包括质量、质心位置、极转动惯量和赤道转动惯量等。

6.2.1　弹丸质量 M

$$M = \sum_{i=1}^{n} M_i \tag{6.2.1}$$

式中，M_i 为各零件的质量；n 为零件个数。

各零件的质量计算式为

$$M_i = \left(\sum_{j=1}^{n_1} V_{\Phi j} - \sum_{j=1}^{m_1} v_{\Phi j} \right) \rho_i \tag{6.2.2}$$

式中，$V_{\Phi j}$ 为此零件外形单元体积；$v_{\Phi j}$ 为此零件内形单元体积；n_1 为外形所分单元数；m_1 为内形所分单元数；ρ_i 为此零件的密度。

某些零件或装填物如榴弹选用的引信、枪弹弹丸中装填的燃烧剂等，其质量已知，这时可用其所占的体积除质量得出计算密度 ρ_i，再代入公式计算。

6.2.2 弹丸质心位置 X_c

$$X_c = \frac{1}{M} \sum_{i=1}^{n} M_{yi} \tag{6.2.3}$$

式中，M_{yi} 为各零件对弹底的质量矩：

$$M_{yi} = \left(\sum_{j=1}^{n_1} V_{\Phi j} X_j - \sum_{j=1}^{m_1} v_{\Phi j} x_j \right) \rho_i \tag{6.2.4}$$

$$= \left(\sum_{j=1}^{n_1} M_{\Phi j} - \sum_{j=1}^{m_1} m_{\Phi j} \right) \rho_i \tag{6.2.5}$$

式中，X_j、x_j 分别为外、内形单元形心至弹底端面的距离；$M_{\Phi j}$、$m_{\Phi j}$ 分别为外、内单元对弹底的体积矩。

6.2.3 弹丸极转动惯量 A

$$A = \sum_{i=1}^{n} A_i \tag{6.2.6}$$

式中，A_i 为各零件的极转动惯量：

$$A_i = \left(\sum_{j=1}^{n_1} A_{\Phi wj} - \sum_{j=1}^{m_1} A_{\Phi nj} \right) \rho_i \tag{6.2.7}$$

即各零件的极转动惯量，等于各零件外形体积极转动惯量与内形体积极转动惯量之差再乘以零件密度。

6.2.4 弹丸的赤道转动惯量 B

$$B = \sum_{i=1}^{n} B_i \tag{6.2.8}$$

式中，B 为各零件对全弹质心的赤道转动惯量：

$$B_i = \left(\sum_{j=1}^{n_1} B_{\Phi wj} - \sum_{j=1}^{m_1} B_{\Phi nj} \right) \rho_i \tag{6.2.9}$$

即各零件的赤道转动惯量，等于各零件外形体积赤道转动惯量与内形体积赤道转动惯量之差再乘以零件密度。

弹丸的结构特征量的计算采用上述解析法，计算比较烦琐，且易出错。近年来，随着计算机的普及和技术发展，三维设计软件的应用越来越广泛，常用的三维设计软件 UG、ProE、SolidWorks 等均能够实现结构特征量的计算，使用方法大同小异。需要注意的是，枪弹的计算有其特殊性，有的零件在弹头合装（成形）时，还会产生变形，因此，在绘制计算结构特征量的弹头模型时，不能按照零部件图，而应按照弹头总装图中各零部件的形状、尺寸及零部件间的相对位置关系来绘制。为使计算结果更符合实际情况，尺寸应分别按名义尺寸、上下极限尺寸进行计算，所用材料的密度应准确。

对于新设计的弹头，在计算完毕后，应注意检查以下几个方面：

①各零件的质量相加得到弹头质量，此值与所要求的弹头质量是否一致。若不一致，应修改图纸并重新计算，直至一致为止。在此步计算合格后，再进行其他特征量的计算。根据

现有制式枪弹的计算和实测结果，弹头相对重心位置一般在38%~41%范围内。

②转动惯量比不可太大。若 B/A 太大，将影响弹头的射击密集度和飞行稳定性。

在新设计弹头样品试制出来后，应实测弹头各零件的尺寸、重量、重心位置等参数，检查与原计算结果的符合程度。

6.3 弹丸结构特征量的测量

弹丸的质量、质心及偏心与武器的射击精度有着非常密切的关系，是弹丸设计、气动力计算与试验、稳定性计算与试验研究中必不可少的参量。测定质心位置是测量赤道转动惯量和进行稳定性计算的必要条件，并直接关系到赤道转动惯量的测量精度。理论上，弹丸的质心应位于弹丸的几何中心轴上，由于制造过程中尺寸、形状及位置的误差，实际加工出的弹丸质心往往偏离弹轴。为了提高武器系统的射击精度，在弹丸出厂使用前，必须对其质心和偏心距等参量进行检测。

弹丸质量通常采用量程和测量精度满足要求的电子天平或通用物理天平直接称量，弹丸质心位置、偏心及转动惯量等参量的测量方法很多，下面介绍几种常用的测定方法。

6.3.1 弹丸质心位置的测定方法

对于尺寸和质量较小的枪弹，可以采用物理天平测量法来测量枪弹质心位置，该方法简单可靠，经济方便，有较高的测量精度，并且可以利用现有的物理天平，不改变原有的结构，稍加改装即可，即在物理天平横梁的一端安装一个固定弹丸的夹具，便构成了质心测定仪。其原理如图6.3.1所示。

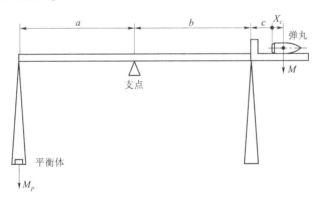

图 6.3.1　质心测量仪原理图

调整弹丸底平面至杠杆限制面间的距离 c 或平衡体的质量 M_P，使质心测定仪平衡（指针在中间位置）。根据杠杆平衡条件可得：

$$X_c = \frac{M_P \cdot a}{M} - b - c \tag{6.3.1}$$

式中，a 为支点到左托架悬挂受力点的距离；b 为支点到右托架悬挂受力点的距离；M_P 为平衡体（砝码）的质量；M 为弹丸质量；c 为弹丸底平面与右托架悬挂受力点之间的距离；X_c

为弹丸质心至弹丸底平面的距离。

上式中各值均为已知,所以调整平衡体质量 M_p 使仪器平衡后,X_c 即可由式（6.3.1）求出。

6.3.2 弹丸质量偏心距的测定方法

弹丸质量偏心距是指弹丸质心到弹轴的距离,常见质量偏心距测量方法有称重测量法和力矩平衡测量法。称重测量法,顾名思义,是通过测量被测物体的质量及利用相应的平衡方程得到质偏的一种测量方法。下面介绍常用的单点称重测量法。

图 6.3.2 是单点测重质偏测试原理图。被测物放在 V 形槽内,其形心与支点的距离为 L_1,测力传感器与支点的距离为 L。在被测物体放置于 V 形槽之前,用配重调平仪器,使测力仪指示为零,被测物重力 $W = Mg$。

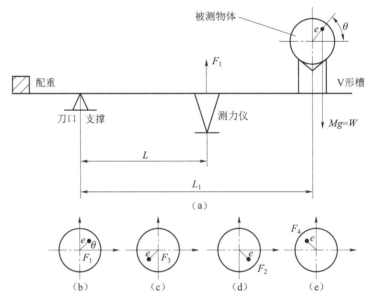

图 6.3.2　质偏测量原理图

为测试质心偏距 e,需在 V 形槽内将被测物体绕自身纵向对称轴转动 4 次,即测重 4 次。被测物放好后,测力仪第一次显示为 F_1,然后将被测物绕对称轴顺时针转 180°,测第二次得到 F_3,再逆时针转 90°,测第三次得到 F_2,再顺时针转 180°,测第四次得到 F_4,这样做主要是为了减小转角带来的系统误差。每次测量时,质心的位置如图 6.3.2（b）～（e）所示。

由力矩平衡得

$$F_1 = \frac{W(L_1 + e_x)}{L}, \quad F_3 = \frac{W(L_1 - e_x)}{L}, \quad F_2 = \frac{W(L_1 + e_y)}{L}, \quad F_4 = \frac{W(L_1 - e_y)}{L}$$

(6.3.2)

式中,$e_x = e\cos\theta$,$e_y = e\sin\theta$,$\tan\theta = \dfrac{e_y}{e_x}$。

由此得到

$$F_1 - F_3 = \frac{2We_x}{L}, \quad F_2 - F_4 = \frac{2We_y}{L} \tag{6.3.3}$$

由式（6.3.2）和式（6.3.3）联立可解得质偏 e 和质偏角 θ：

$$e = \frac{L}{2W}\sqrt{(F_1 - F_3)^2 + (F_2 - F_4)^2} \tag{6.3.4}$$

$$\theta = \arccos\left(\frac{L_1 - F_1 L/W}{e}\right) \tag{6.3.5}$$

6.3.3 弹丸极转动惯量和赤道转动惯量的测定方法

弹丸的转动惯量测试包括极转动惯量测试和赤道转动惯量测试。采用扭摆法可以在一台设备上分别测量极转动惯量、赤道转动惯量，具有测试精度高、线性度好、抗侧向偏载能力强等优点。扭摆法转动惯量测试时，先将测试工装固定在摆架上，在平衡状态时对摆架施加一瞬时驱动力矩，摆架及测试工装便会围绕转轴自由扭振，测量并记录此状态的扭摆周期。同样，在测试工装上固定好被测物体后，在平衡状态时对摆架施加一瞬时驱动力矩，摆架、测试工装及被测物体便会一起围绕转轴自由扭振，测量并记录此状态的扭摆周期，通过这两次的周期测量值，可以计算出被测物体围绕测试设备转轴的转动惯量的大小。这里以卧式扭摆测量仪为例，介绍其工作原理。

图 6.3.3 为卧式扭摆测量仪的原理示意图。托架上有转台，其上放两个 V 形槽，被测弹丸放在 V 形槽内。托架放在支承轴上，托架一端连接扭杆（扭簧），实线为测量时被测物体所在位置，此时表示被测弹丸绕自身纵轴的转动惯量，即通常所说的极转动惯量；双点画线位置表示被测弹丸绕自身横轴的转动惯量，即赤道转动惯量。

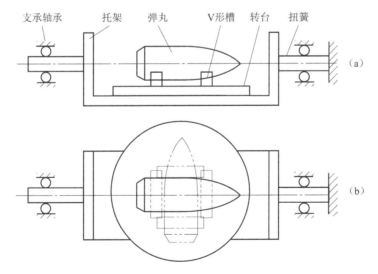

图 6.3.3 卧式扭摆测量原理图

把被测弹丸放在 V 形槽内，然后给托架绕转轴一个初始转角 θ_0，其大小以不超过扭杆的弹性极限为限，然后让托架和被测物体一起做自由扭转摆动。根据受力分析，扭转摆动部分随转轴在轴承座内做往复扭转摆动时，作用于扭转系统的力矩有扭力、轴承及空气对扭转运动的阻尼力矩。

设扭转托架的摆动角为 θ，f 为扭簧的扭转刚度，则扭簧提供的扭转力矩为 $-f\theta$；设托架与被测弹丸的转动惯量为 $I = I_0 + I_d$，I_0 为托架（含转台和固定用的 V 形槽）的转动惯量，I_d 为被测弹丸的转动惯量（绕扭杆轴）；设空气及轴承对扭转运动的阻尼力矩系数为 C（在摆角很小时为常数），在扭摆角度和扭摆速度较小时，可以认为空气及轴承对扭转运动的阻尼力矩与扭转速度成正比，即阻尼力矩为 $-C\dfrac{\mathrm{d}\theta}{\mathrm{d}t}$。根据动量矩定理，描述扭转系统的运动微分方程可写成

$$I\frac{\mathrm{d}^2\theta}{\mathrm{d}t^2} + C\frac{\mathrm{d}\theta}{\mathrm{d}t} + f\theta = 0 \tag{6.3.6}$$

大量试验证明，一般扭摆系统阻尼力矩的影响只有 0.1%，在满足精度测量要求的条件下，可以忽略阻尼力矩的影响，则上式可以简化为

$$\frac{\mathrm{d}^2\theta}{\mathrm{d}t^2} + K^2\theta = 0 \tag{6.3.7}$$

式中，$K^2 = f/I$。

显而易见，方程（6.3.7）形式上与单线摆方程相同，则上述扭转运动同样具有类似于单线摆的简谐运动的特性，其扭摆周期 T 为

$$T = \frac{2\pi}{K} = 2\pi\sqrt{\frac{I}{f}}$$

即

$$I = \left(\frac{f}{4\pi^2}\right)T^2 \tag{6.3.8}$$

又因

$$I = I_0 + I_d$$

$$I_d = \left(\frac{f}{4\pi^2}\right)T^2 - I_0 \tag{6.3.9}$$

由式（6.3.9）可以看出，当 I_0、f 已知时，被测弹丸的转动惯量 I_d 可以通过测量扭振周期 T 而得到，这便是用扭摆法测量转动惯量的基本原理。

为确定式（6.3.9）中的 I_0 和 f，必须先使测量仪空载，只保留托架和 V 形槽，使其扭振，测得周期 T_0。由式（6.3.9）（这时 $I_d = 0$）得

$$I_0 = \frac{f}{4\pi^2}T_0^2 \tag{6.3.10}$$

然后加上标准弹丸，设标准弹丸的转动惯量为 I_s（已知）。放好后，再测扭振的周期 T_s，由式（6.3.9）得

$$I_s + I_0 = \frac{f}{4\pi^2}T_s^2 \tag{6.3.11}$$

联立式（6.3.10）和式（6.3.11）得

$$I_0 = I_s\frac{T_0^2}{T_s^2 - T_0^2} \tag{6.3.12}$$

$$f = \frac{4\pi^2 I_s}{T_s^2 - T_0^2} \tag{6.3.13}$$

将式（6.3.12）和式（6.3.13）代入式（6.3.9）中得

$$I_d = \frac{T_d^2 - T_0^2}{T_s^2 - T_0^2} I_s \tag{6.3.14}$$

应用式（6.3.14），只要测得周期 T_0、T_s、T_d，便可以计算出被测弹丸的转动惯量 I_d。

从上述扭摆测量的换算公式可以看出，该方法忽略了阻力扭矩的影响，从推导过程中可知，扭摆装置中轴承的摩擦阻力和空气阻尼是测量误差的主要来源，为提高测量精度，可以采用气浮轴承或磁悬浮轴承来减小阻尼力矩。

第 7 章
弹丸发射强度及飞行稳定性计算

弹丸（头）发射时，在弹膛中受到多种载荷作用，其零部件将产生变形。为确保弹丸发射安全和有效作用目标，变形应控制在允许范围内。若变形超过允许值，将影响弹丸在膛内的正常运动，出现零件破损、引爆炸药等问题，而弹丸设计中绝不允许出现以上问题。

对于枪弹弹头结构来说，圆弧部设计与弹丸膛内运动、射弹散布、身管寿命等密切相关，对其直径和长度尺寸具有一定要求。

在弹丸发射强度计算方面，由于其结构形状不规则和所受载荷复杂，给精确计算带来困难。目前，计算时通常采用简化假设，并参考现有弹丸在使用中积累的有关经验数据进行初步计算，最后通过一系列严格射击试验进行考核。

7.1 发射时的受力分析

弹丸发射时，其在火药气体推动下沿弹膛运动，获得一定加速度。同时，其内部零部件受到多种载荷作用，而载荷作用形式与弹丸具体结构密切相关。通常来说，弹丸在膛内所受载荷主要有火药气体压力、惯性力、装填物压力、导转侧力、不均衡力（弹丸运动中不均衡因素产生的力）、摩擦力等，以上载荷对发射强度、弹丸在膛内运动的正确性将产生影响。载荷在作用过程中，其值均发生变化。为此，需确定其最大临界值，保证弹丸在相应临界状态下具有足够强度。

7.1.1 火药气体压力

火药气体压力作为弹丸所受诸多载荷中的最基本部分，是在发射药点燃后，膛内形成大量高压气体而产生的，其随着发射药燃烧和弹丸在膛内运动而变化。图 7.1.1 给出了火药气体压力（膛压）随弹丸行程变化的规律，图中膛压曲线上的最大值 p_{max} 为火药气体压力最大值，在弹丸强度计算时，需考虑该临界状态。

膛压曲线可由理论计算或试验测定获得，对于新设计的武器系统，只能采用前一种方法，所得膛压值为弹后空间内的平均压力。而弹丸实际运动过程中，任一瞬时弹后空间内压力分布不均匀，为二次曲线关系，其分布情况如图 7.1.2 所示。图中弹膛底部压力 p_t 最大，弹丸底部压力 p_d 最小，p 为平均压力（膛压曲线上的名义压力）。

由内弹道学理论可知

$$p_t = p_d\left(1 + \frac{M_\omega}{2\varphi_1 M}\right) \tag{7.1.1}$$

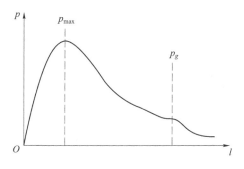

图 7.1.1 膛压随弹丸行程变化规律

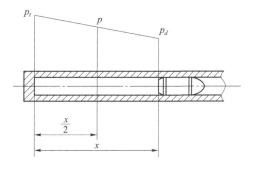

图 7.1.2 膛内压力分布曲线

式中，M_ω 为发射药质量；M 为弹丸质量；φ_1 为次要功计算系数（弹丸旋转运动功及摩擦功系数，一般枪弹取 1.05，穿甲弹取 1.07）。

若简化为按直线关系递减，则

$$p = \frac{1}{2}(p_t + p_d) \qquad (7.1.2)$$

其中，p_d 可表示为

$$p_d = \frac{p}{1 + \frac{1}{4}\frac{M_\omega}{\varphi_1 M}} \qquad (7.1.3)$$

在临界状态，$p = p_{max}$，相应地，最大弹底压力为

$$p_{dmax} = \frac{p_m}{1 + \frac{1}{4}\frac{M_\omega}{\varphi_1 M}} \qquad (7.1.4)$$

对于一般枪弹，$\frac{M_\omega}{M} \approx 0.3$，表明弹丸实际承受的火药气体压力 p_d 比膛压曲线压力名义值 p 小 5%~7%。

弹丸弹体及零部件强度计算时，考虑到弹底所承受压力的最大可能值，选取火药气体的计算压力 p_j，一般武器取

$$p_j = 1.1 p_m \qquad (7.1.5)$$

弹头设计计算中，需用 p_j 进行校核。同样，在弹丸靶场验收试验中，也采用相应试验方法，即用强装药射击检验弹体强度（所谓强装药，即用增加装药量或保持高温的方法，使膛压达到最大膛压的 1.1 倍）。

7.1.2 惯性力

弹丸在膛内做加速运动时，各零件均受到沿轴向惯性力作用，旋转弹丸还产生径向和切向惯性力。

1. 轴向惯性力

轴向惯性力是由弹丸沿弹膛轴线做加速运动而产生的，加速度 a 可由牛顿第二定律获得，即

$$a = \frac{dv}{dt} = \frac{p\pi r^2}{M} \qquad (7.1.6)$$

式中，p 为火药气体压力；r 为弹丸半径。

由于加速度存在，弹丸各断面上均有轴向惯性力，如图 7.1.3 所示。作用在弹丸任一断面 n—n 上的轴向惯性力 F_n 可表示为

$$F_n = M_n a = p\pi r^2 \frac{M_n}{M} \tag{7.1.7}$$

式中，M_n 为 n—n 断面上部弹质量。

弹丸各断面以上部分质量不等，造成其所受惯性力具有差异，越靠近底部，M_n 越大，F_n 也越大。

弹丸加速度是弹丸设计的重要参量，加速度越大，各断面上所受惯性力越大。从式 (7.1.6) 可知，弹丸最大加速度等于弹丸所受火药气体总压力与弹丸质量之比。

2. 径向惯性力

径向惯性力是由弹丸旋转运动所产生的径向加速度（即向心加速度）而引起的。径向惯性力如图 7.1.4 所示。

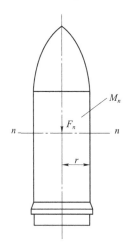

图 7.1.3　作用在 n—n 断面上的轴向惯性力

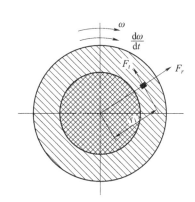

图 7.1.4　弹丸的径向惯性力和切向惯性力

断面上任一半径 r_i 处的质量 M_r 的径向惯性力可表示为

$$F_r = M_r r_i \omega^2 \tag{7.1.8}$$

式中，ω 为弹丸旋转速度。

膛线为等齐膛线时，弹丸角速度与线速度的关系为

$$\omega = \frac{\pi}{\eta r} v \tag{7.1.9}$$

式中，η 为膛线缠度（口径倍数）。

将 ω 的值代入式 (7.1.8)，可得

$$F_r = M_r r_i \left(\frac{\pi}{\eta r}\right)^2 v^2 \tag{7.1.10}$$

由上式可知，弹丸所产生的径向惯性力与速度平方成正比，随着弹丸在膛内运动，速度不断增大，径向惯性力也随之增加，并在膛口处达到最大。

3. 切向惯性力

由弹丸的角加速度 $\dfrac{d\omega}{dt}$ 引起，断面上任一半径 r_i 处质量为 M_r 的切向惯性力为

$$F_t = M_r r_i \dfrac{d\omega}{dt} \qquad (7.1.11)$$

当膛线为等齐膛线时，弹丸角加速度与轴向加速度成正比，即

$$\dfrac{d\omega}{dt} = \dfrac{\pi}{\eta r} \dfrac{dv}{dt} \qquad (7.1.12)$$

结合式 (7.1.6) 和式 (7.1.12)，可得

$$F_t = \dfrac{p\pi^2 r r_i}{\eta} \dfrac{M_r}{M} \qquad (7.1.13)$$

由式中可以看出，切向惯性力与膛压成正比。

由式 (7.1.7)、式 (7.1.10) 和式 (7.1.13) 可知：

(1) 惯性力在发射过程中的变化

通过比较式 (7.1.7)、式 (7.1.10) 和式 (7.1.13) 可知，轴向惯性力 F_n、切向惯性力 F_t 与膛压成正比，发射过程中，其变化规律与膛压曲线相似；径向惯性力 F_r 与弹丸速度平方成正比，其变化规律与速度曲线变化趋势有关。因此，F_n、F_t 的最大值在最大膛压处，F_r 的最大值在膛口处。

(2) 惯性力的大小

与轴向惯性力 F_n 相比，切向惯性力 F_t 较小，在极限条件下，其值为 $F_t \approx 0.1 F_n$，故强度计算时，切向惯性力可忽略。径向惯性力 F_r 与 F_n 不同步，但就其最大值而言，仍小于轴向惯性力。由图 7.1.5 可知，当 F_n 达到最大值时，F_r 仍较小。因此，在计算最大膛压时，弹丸的发射强度可忽略 F_r 的影响；若计算膛口区弹丸强度，需考虑 F_r 的影响。

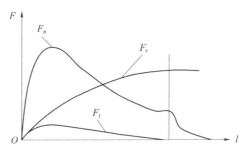

图 7.1.5 惯性力的变化曲线

7.1.3 装填物压力

部分枪弹弹头中具有装填物，如瞬爆弹。当弹丸发射时，装填物本身会产生惯性力，其中轴向惯性力使装填物下沉，产生轴向压缩径向膨胀趋势；径向惯性力使装填物产生径向膨胀，以上两种作用均使装填物对外壳产生压力。

1. 轴向惯性力引起的装填物压力

为简化问题，现作如下假设：
①装填物为均质理想弹性体；
②弹体壁为刚性，即在装填物的挤压下不发生变形；
③装填物对弹壁的压力为法向方向（忽略弹壁与装填物间的摩擦作用）。

为分析靠近断面内壁处装填物对弹壁的作用，在该处装填物上取一微元体，如图 7.1.6 所示。令微元体上的三向主应力分别为 σ_z、σ_r 和 σ_t，其中径向应力 σ_r 为装填物对弹壁的法向压力。

由弹性理论可知，微元体在 3 个方向的变形分别为：

$$\varepsilon_z = \frac{\sigma_z - \mu_c(\sigma_r + \sigma_t)}{E_c} \quad (7.1.14)$$

$$\varepsilon_r = \frac{\sigma_r - \mu_c(\sigma_z + \sigma_t)}{E_c} \quad (7.1.15)$$

$$\varepsilon_t = \frac{\sigma_t - \mu_c(\sigma_z + \sigma_r)}{E_c} \quad (7.1.16)$$

式中，E_c 为装填物的弹性模量；μ_c 为装填物的泊松比。

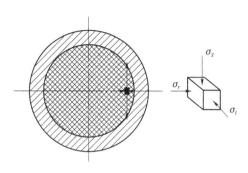

图 7.1.6 装填物微元体上应力

由上述第二个假设可知，弹壁不变形，故装填物径向和切向也未发生变形，即

$$\varepsilon_r = \varepsilon_t = 0 \quad (7.1.17)$$

由此可知

$$\sigma_r = \mu_c(\sigma_z + \sigma_t) \quad (7.1.18)$$

$$\sigma_t = \mu_c(\sigma_z + \sigma_r) \quad (7.1.19)$$

将上述两式联立，并消去 σ_t，得

$$\sigma_r = \frac{\mu_c}{1 - \mu_c}\sigma_z \quad (7.1.20)$$

式中，σ_z 为装填物在轴向惯性力的作用下产生的轴向应力。

由式 (7.1.7) 可知，轴向惯性力可表示为

$$F_{\omega n} = M_{\omega n} a = p\pi r^2 \frac{M_{\omega n}}{M} \quad (7.1.21)$$

式中，$M_{\omega n}$ 为该断面上部的装填物质量。

轴向惯性力在该断面上产生的轴向压应力为 σ_z，可表示为

$$\sigma_z = \frac{F_{\omega n}}{\pi r_{an}^2} \quad (7.1.22)$$

式中，r_{an} 为断面上壳体内径。

将式 (7.1.21) 代入式 (7.1.22) 可得

$$\sigma_z = \frac{pr^2}{r_{an}^2} \frac{M_{\omega n}}{M} \quad (7.1.23)$$

结合式 (7.1.22) 和式 (7.1.23)，可得轴向惯性力引起的装填物压力 p_c：

$$p_c = \sigma_r = \frac{\mu_c}{1 - \mu_c} \frac{pr^2}{r_{an}^2} \frac{M_{\omega n}}{M} \quad (7.1.24)$$

装填物的泊松比 μ_c 随装填物性质、装填条件变化，铸装炸药，$\mu_c = 0.4$；螺旋装药和压装时，$\mu_c = 0.35$；对于液体和不可压缩材料，$\mu_c = 0.5$。

当所取断面位于弹丸内腔锥形部时，由于单元体上主应力方向改变，使 p_c 表达式变得非常复杂。为简化问题，设计实践中均将装填物看作液体，仅需考虑断面上方相应装填物柱形体内的质量 $M'_{\omega n}$ 来计算装填物压力，而将其余部分 $M''_{\omega n}$ 附加作用在弹体金属上，如图 7.1.7 所示。

n—n 断面上装填物对弹壁压力为

$$p_c = \frac{pr^2}{r_{an}^2} \frac{M'_{\omega n}}{M} \qquad (7.1.25)$$

由上式可知，装填物压力 p_c 与膛压 p 成正比，因而在发射过程中其变化规律与膛压曲线相似。

2. 径向惯性力引起的装填物压力

径向惯性力即离心惯性力，当弹丸旋转时，在离心惯性力作用下，装填物向外膨胀，对弹壁产生压力。如将装填物按液体处理，截取单位厚度的弹丸进行计算，仅需研究中心角为 α 的小扇形块对弹壁的压力，如图 7.1.8 所示。假设微元体的离心惯性力为 $\mathrm{d}F_r$，可表示为

$$\mathrm{d}F_r = \mathrm{d}M \cdot r_k \omega^2 \qquad (7.1.26)$$

式中，$\mathrm{d}M$ 为微元体的质量；r_k 为微元体半径；ω 为弹丸旋转角速度。

微元体质量可表示为

$$\mathrm{d}M = \alpha \rho_\omega r_k \mathrm{d}r_k \qquad (7.1.27)$$

式中，ρ_ω 为装填物密度。

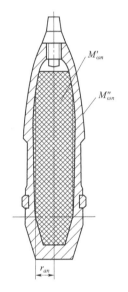

图 7.1.7 作用在 n—n
断面上的装填物质

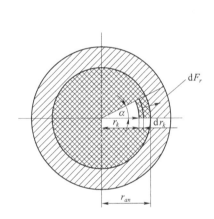

图 7.1.8 径向惯性力
引起的装填物压力

结合式（7.1.26），可得小扇形块所受离心惯性力为

$$F_r = \int_0^{r_{an}} \alpha \rho_\omega \omega^2 r_k^2 \mathrm{d}r_k = \alpha \omega^2 \rho_\omega \frac{r_{an}^3}{3} \qquad (7.1.28)$$

该离心惯性力作用在弹内壁扇形柱面上，由离心惯性力引起的装填物压力 p_r 可表示为

$$p_r = \frac{F_r}{\alpha r_{an}} = \frac{r_{an}^2}{3} \omega^2 \rho_\omega \qquad (7.1.29)$$

结合式（7.1.9），可得

$$p_r = \frac{\pi^2 \rho_\omega}{3} \left(\frac{v}{\eta}\right)^2 \left(\frac{r_{an}}{r}\right)^2 \qquad (7.1.30)$$

由上式可知，p_r 与弹丸膛内速度平方成正比，变化规律与速度曲线变化趋势有关。

总的装填物压力为 p_e 与 p_r 之和，但这两种力并不同步，p_e 在最大膛压时刻达到最大，p_r 在膛口处达到最大。通过对比可知，p_r 比 p_e 更小，计算最大膛压时的弹体强度，可忽略 p_r 的影响。

7.1.4 导转侧力

发射时，弹丸嵌入膛线。由于膛线具有缠度，导转侧表面（膛线侧表面）对枪弹圆柱部产生压力，该力称为导转侧力，如图 7.1.9 所示。

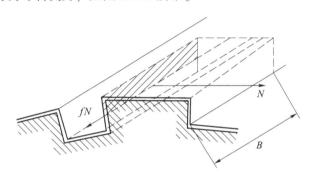

图 7.1.9 导转侧力

弹丸在膛内运动时，主要受到以下力的作用：火药气体压力 p、导转侧力 N 和摩擦力 fN。在这些力的作用下，弹丸进行直线运动和旋转运动。

膛线缠度分为等齐缠度和非等齐缠度，等齐缠度膛线展开为一条直线，非等齐缠度膛线展开为一曲线，如图 7.1.10 所示。

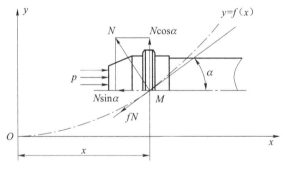

图 7.1.10 导转侧力

假设曲线为

$$y = f(x) \tag{7.1.31}$$

弹丸的旋转运动方程为

$$A\frac{\mathrm{d}^2\varphi}{\mathrm{d}t^2} = rnN(\cos\alpha - f\sin\alpha) \tag{7.1.32}$$

式中，n 为膛线根数；f 为摩擦系数；r 为弹丸半径；α 为 M 点处膛线的倾斜角（缠角）；φ 为角位移。

弹丸的直线运动方程为

$$M\frac{\mathrm{d}v}{\mathrm{d}t} = p\pi r^2 - n(N\sin\alpha + Nf\cos\alpha) \tag{7.1.33}$$

根据角位移和线位移的关系

$$y = r\varphi \tag{7.1.34}$$

弹丸角速度可表示为

$$\frac{\mathrm{d}\varphi}{\mathrm{d}t} = \frac{1}{r}\frac{\mathrm{d}y}{\mathrm{d}t} = \frac{1}{r}\frac{\mathrm{d}f(x)}{\mathrm{d}x}\frac{\mathrm{d}x}{\mathrm{d}t} \tag{7.1.35}$$

弹丸的角加速度为

$$\frac{\mathrm{d}^2\varphi}{\mathrm{d}t^2} = \frac{1}{r}\left[\frac{\mathrm{d}^2f(x)}{\mathrm{d}x^2}\left(\frac{\mathrm{d}x}{\mathrm{d}t}\right)^2 + \frac{\mathrm{d}f(x)}{\mathrm{d}x}\frac{\mathrm{d}^2x}{\mathrm{d}t^2}\right] \tag{7.1.36}$$

速度、加速度和曲线斜率分别表示为

$$\frac{\mathrm{d}x}{\mathrm{d}t} = v \tag{7.1.37}$$

$$\frac{\mathrm{d}^2x}{\mathrm{d}t^2} = \frac{\mathrm{d}v}{\mathrm{d}t} \tag{7.1.38}$$

$$\frac{\mathrm{d}f(x)}{\mathrm{d}x} = \tan\alpha \tag{7.1.39}$$

则式（7.1.36）可表示为

$$\frac{\mathrm{d}^2\varphi}{\mathrm{d}t^2} = \frac{1}{r}\left[\frac{\mathrm{d}^2f(x)}{\mathrm{d}x^2}v^2 + \frac{\mathrm{d}v}{\mathrm{d}t}\tan\alpha\right] \tag{7.1.40}$$

根据式（7.1.33），可得

$$\frac{\mathrm{d}v}{\mathrm{d}t} = \frac{1}{M}[p\pi r^2 - nN(\sin\alpha + f\cos\alpha)] \tag{7.1.41}$$

结合式（7.1.40）和式（7.1.41）可得

$$\frac{\mathrm{d}^2\varphi}{\mathrm{d}t^2} = \frac{1}{r}\left\{\frac{\mathrm{d}^2f(x)}{\mathrm{d}x^2}v^2 + \frac{\tan\alpha}{M}[p\pi r^2 - nN(\sin\alpha + f\cos\alpha)]\right\} \tag{7.1.42}$$

结合式（7.1.32）和式（7.1.42）可得

$$Nrn(\cos\alpha - f\sin\alpha) = \frac{A}{r}\left\{\frac{\mathrm{d}^2f(x)}{\mathrm{d}x^2}v^2 + \frac{\tan\alpha}{M}[p\pi r^2 - nN(\sin\alpha + f\cos\alpha)]\right\} \tag{7.1.43}$$

化简后得

$$Nn\left[(\cos\alpha - f\sin\alpha) + \frac{A}{r^2}(\sin\alpha + f\cos\alpha)\frac{\tan\alpha}{M}\right] = \frac{A}{r^2}\left[\frac{\mathrm{d}^2f(x)}{\mathrm{d}x^2}v^2 + p\pi r^2\frac{\tan\alpha}{M}\right] \tag{7.1.44}$$

式（7.1.44）中左端方括号内数值在缠角 α 较小时，接近于1，方程可简化为

$$N = \frac{A}{nr^2}\left[\frac{\mathrm{d}^2f(x)}{\mathrm{d}x^2}v^2 + p\pi r^2\frac{\tan\alpha}{M}\right] \tag{7.1.45}$$

对于等齐膛线

$$\frac{\mathrm{d}^2f(x)}{\mathrm{d}x^2} = 0 \tag{7.1.46}$$

则导转侧力可表示为

$$N = p \cdot \frac{\pi}{n} \cdot \frac{A}{M}\tan\alpha \tag{7.1.47}$$

从式 (7.1.47) 可知，导转侧力变化规律与膛压曲线的相同。

对于非等齐膛线，则由 $y=f(x)$ 曲线的形式决定。目前，一般渐速膛线均采用二次曲线中的一段表示。

7.1.5 弹头圆柱部压力

弹头入膛过程中，圆柱部嵌入膛线，对膛壁施加作用力。同时，弹头受到膛壁的反作用力，统称为圆柱部压力。该压力使枪膛发生径向膨胀，弹体产生径向压缩。因此，该力为枪管、弹丸设计中需考虑的一个重要因素。

1. 弹头圆柱部压力产生的原因

如前所述，弹头圆柱部与膛壁间存在强制量 δ，如图 7.1.11 所示。因此，弹头嵌入过程中，圆柱部金属将发生如下变化：

①圆柱部发生弹塑性变形，并挤入枪管膛线内。

②圆柱部被向后挤压，挤压后的圆柱部材料顺延在圆柱部后部，尤其被枪膛阳线凸起部挤出的圆柱部，产生轴向流动，使圆柱部变长；

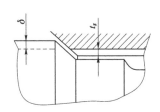

图 7.1.11 圆柱部入膛时的情况

③少量圆柱部金属被膛线切削下来，成为铜屑，有的粘在枪膛内表面，有的留在膛内。

由此可见，弹丸的入膛过程，是一种强迫挤压的过程，必须有一定的挤进压力，弹丸才开始运动。一旦圆柱部嵌入膛线，其将受到很大的径向压力作用，即弹头圆柱部压力。

弹头圆柱部压力用 p_b 表示，是指枪膛壁赋予弹头圆柱部的压力，对弹头强度有较大的影响。

2. 圆柱部压力的分布与变化

若弹头圆柱部加工对称，装填入膛和嵌入膛线也均匀、对称，那么圆柱部压力分布也均匀、对称，如图 7.1.12 (a) 所示。若圆柱部加工具有偏差，或嵌入时偏向一方，则圆柱部压力也相应偏向一边，如图 7.1.12 (b) 所示。

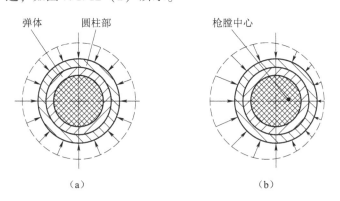

图 7.1.12 圆柱部压力分布情况

(a) 圆柱部中心与枪膛中心相重合；(b) 圆柱部中心与枪膛中心不重合

圆柱部压力不对称会造成弹丸在膛内倾斜；严重时，将使圆柱部产生膛线印痕，使弹丸出枪口后射击精度降低。

圆柱部压力在弹头沿枪膛的运动过程中的变化情况如图7.1.13所示。

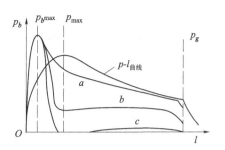

图 7.1.13　圆柱部压力的变化情况

弹头圆柱部刚嵌入膛线时，压力随之产生，并且迅速上升，至圆柱部全部嵌入而达到最大值 $p_{b\max}$，但此时膛压仍较低。随着弹丸向前运动，膛压急剧上升，使枪膛发生径向膨胀，弹体发生径向压缩，减弱了枪膛壁与弹头圆柱部的相互作用。另外，圆柱部在嵌入过程中的磨损和切削，会使圆柱部压力逐渐下降。对于薄壁弹体，其影响更为显著。在最大膛压时，圆柱部压力将减至最小值，甚至为零，即在此瞬间，圆柱部与枪膛内壁之间相互无压力作用。当弹丸经过最大膛压点后，火药气体压力开始下降，膛压对圆柱部压力影响随之减弱，对于厚壁弹体（图7.1.13 中的曲线 a），圆柱部压力下降开始变缓，下降至一定程度后，圆柱部压力趋于稳定，直至膛口；对于薄壁弹体，由于火药气体压力的影响效应超过圆柱部的磨损因素。所以，当膛压下降时，其圆柱部压力将有所回升（图7.1.13 中的曲线 b、c）。弹丸出枪口后，圆柱部压力全部消失。

7.1.6　不平衡力

理想状况下，弹丸在膛内运动时，弹丸与膛壁之间除圆柱部压力外，将不再有其他作用力。但实际上，由于下列不均衡因素的影响，弹丸与膛壁之间存在其他相互作用力。这些不均衡因素包括：

①弹丸质量分布的不均衡性；
②旋转轴与弹轴不重合；
③火药气体合力的偏斜；
④身管的弯曲与振动。

由于不均衡因素的存在，旋转弹头在膛内运动时，圆柱部将与枪膛接触，并产生压力，称为不均衡力。该力主要作用于圆柱部，方向沿径向。一般情况下，该力对弹头发射强度影响较小，但对其膛内运动、出膛口初始姿态影响较大，最终将直接影响弹丸的射击精度，具体不均衡力的计算本书不再赘述。

7.1.7　摩擦力

弹头在膛内运动时，弹头圆柱部嵌入膛线，在身管导转侧面和弹头圆柱部有紧密接触，产生摩擦力，其摩擦阻力为

$$F = fN \tag{7.1.48}$$

式中，N 为导转侧力；f 为摩擦系数。

7.2 弹丸发射时的强度

弹丸发射时的强度，主要是指弹体在发射时应满足的强度要求，若为榴弹，须保证炸药等装填物不发生危险。对其分析的方法：计算弹丸在各种载荷下所产生的应力与变形，根据设计要求，使其满足一定的强度条件。

弹丸的强度计算与一般机械零件设计的主要区别在于，弹丸是一次性使用的产品，其强度计算没有必要过分保守，这样可以充分发挥弹丸的威力；另外，弹丸的安全性又必须是完全可靠。因此，根据实际情况，制定出既科学又合理的强度条件，具有重要的意义。

7.2.1 发射时弹体的应力与变形

弹体在发射时的应力分析，是基于材料力学的应力 - 应变分析方法。根据弹体结构和载荷的具体情况，对于上节所介绍的各种载荷，有的对发射强度影响甚微。因此，在弹体应力分析中，只考虑火药气体压力、惯性力、装填物压力及圆柱部压力，其余可不计及。

由材料力学可知，为分析一点处的应力状态，可在该点处取一个小的六方体微元，在一般情况下，一点处的应力状态由 6 个应力分量来表示，即 3 个正应力和 3 个剪应力。若所取立方体上只有正应力而没有剪应力，这样的立方体的平面称为主平面，其表面上的正应力称为主应力，主平面的法线方向即为主方向。用主应力来表示应力状态，会使问题的分析与计算大为简化。

弹体是轴对称体，弹体的外表面上显然没有剪应力，因而外表面任意点的切平面都是主平面，故对弹丸而言，一般认为轴向、径向和切向为其主方向，其三向主应力分别为轴向应力 σ_z、径向应力 σ_r 和切向应力 σ_t，如图 7.2.1 所示。

由图 7.2.1 可见，对于弹体圆柱部，这三向主应力与实际相符合，而对于弧形部和尾锥部，则有一定的误差。一般认为弧形部受力较小，应力也比较小，对弹体强度影响不大，应力方向的误差可不予考虑。尾锥部带有尾锥角，3 个主方向也要发生变化，但大部分尾锥部的尾锥角在 6°～9° 范围内，对主方向改变影响不大。因此，为简化起见，对整个弹体，均以轴向应力、径向应力和切向应力为三向主应力。下面讨论这三向应力。

1. 轴向应力 σ_z

弹体内的轴向应力主要由轴向惯性力引起，在弹体的不同断面上，轴向惯性力不同，因而轴向应力也不同。以某一断面 n—n 割截弹体，如图 7.2.2 所示，弹体截面上所受惯性力为

$$F_n = p\pi r^2 \frac{M_n}{M} \quad (7.2.1)$$

式中，p 为计算压力；r 为弹丸半径；M_n 为 n—n 断面以上弹体质量（包括与弹体连在一起的其他零件）；M 为弹丸质量。

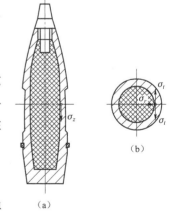

图 7.2.1 榴弹弹体的主应力

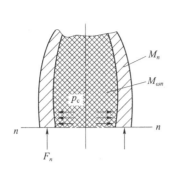
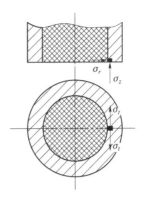

图 7.2.2 n—n 断面上所受载荷与应力

轴向惯性力所引起的轴向应力可表示为

$$\sigma_z = \frac{-F_n}{\pi(r_{bn}^2 - r_{an}^2)} = -p\frac{r^2}{r_{bn}^2 - r_{an}^2} \cdot \frac{M_n}{M} \tag{7.2.2}$$

式中，r_{bn} 为 n—n 断面上弹体的外半径；r_{an} 为 n—n 断面上弹体的内半径。

当 n—n 断面取在尾锥部时，作用在此断面上的质量，除断面以上弹体质量外，还有一部分装填物的质量（见图 7.1.7），故此时轴向应力为

$$\sigma_z = -p\frac{r^2}{r_{bn}^2 - r_{an}^2} \cdot \frac{M_n + M_{\omega n}''}{M} \tag{7.2.3}$$

2. 径向应力 σ_r

在整个弹体壁厚上径向应力不相等。由厚壁圆筒应力分布可知，一般内表面的应力较大。因此，强度分析主要分析内表面的应力状态。

弹体 n—n 断面的内表面上所受的压力即装填物对弹体的压力，由式（7.1.25）可知，其径向应力为

$$\sigma_{r1} = -p_c = -p\frac{r^2}{r_a^2} \cdot \frac{M_{\omega n}'}{M} \tag{7.2.4}$$

由于弹丸旋转，内部装填物将有附加压力作用在弹壁上，由式（7.1.30）可知，其附加径向应力为

$$\sigma_{r2} = -p_r = -\frac{\pi^2 \rho_\omega}{3}\left(\frac{v}{\eta}\right)^2\left(\frac{r_{an}}{r}\right)^2 \tag{7.2.5}$$

其总的径向应力应为 σ_{r1}、σ_{r2} 之和，但 $\sigma_{r2} \ll \sigma_{r1}$，故在分析最大膛压时刻的弹体强度时，可忽略 σ_{r2} 的影响。

3. 切向应力 σ_t

若将弹体简化为只受内压的厚壁圆筒，则切向应力为

$$\sigma_{t1} = \frac{p_c(r_{bn}^2 + r_{an}^2)}{r_{bn}^2 - r_{an}^2} \tag{7.2.6}$$

4. 由弹体旋转产生的径向应力和切向应力

由于弹丸旋转而在弹体上引起的应力，可采用材料力学中旋转圆盘公式进行计算，如图 7.2.3 所示。圆盘任意半径 r_x 处的应力为

$$\begin{cases} \sigma_{r3} = \dfrac{(3+\mu)\rho_m\omega^2}{8}\left(r_{an}^2 + r_{bn}^2 - \dfrac{r_{an}^2 r_{bn}^2}{r_x^2} - r_x^2\right) \\ \sigma_{t2} = \dfrac{\rho_m\omega^2}{8}\left[(3+\mu)\left(r_{an}^2 + r_{bn}^2 + \dfrac{r_{an}^2 r_{bn}^2}{r_x^2}\right) - (1+3\mu)r_x^2\right] \end{cases}$$

(7.2.7)

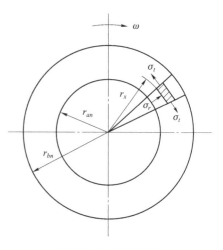

图 7.2.3　旋转圆盘

由于旋转圆盘的应力状态是平面应力状态，而弹丸旋转时存在 σ_z，应看作为平面应变状态。只需将上式中的 μ 用 $\dfrac{\mu}{1-\mu}$ 代入，即可得弹体旋转时的应力为

$$\begin{cases} \sigma_{r3} = \dfrac{3-2\mu}{1-\mu} \cdot \dfrac{\rho_m\omega^2}{8}\left(r_{an}^2 + r_{bn}^2 - \dfrac{r_{an}^2 r_{bn}^2}{r_x^2} - r_x^2\right) \\ \sigma_{t2} = \dfrac{3-2\mu}{1-\mu} \cdot \dfrac{\rho_m\omega^2}{8}\left(r_{an}^2 + r_{bn}^2 + \dfrac{r_{an}^2 r_{bn}^2}{r_x^2} - \dfrac{1+2\mu}{3-2\mu}r_x^2\right) \end{cases}$$

(7.2.8)

式中，μ 为弹体材料泊松比；ρ_m 为弹体材料密度；ω 为弹丸旋转角速度。

若只计算弹体内表面处的应力，则由式（7.2.8）可知，当 $r_x = r_{an}$ 时，$\sigma_{r3} = 0$，此时 σ_t 为最大值，内表面处的切向应力为

$$\sigma_{t2} = \dfrac{3-2\mu}{1-\mu} \cdot \dfrac{\rho_m}{4}\left(\dfrac{\pi}{\eta r}\right)^2 v^2 \left(r_{bn}^2 + \dfrac{1-2\mu}{3-2\mu}r_{an}^2\right) \qquad (7.2.9)$$

从上式可知，由旋转产生的应力与弹丸膛内速度的平方成正比，故在膛口区达到最大值。

弹体总的切向应力为

$$\sigma_t = \sigma_{t1} + \sigma_{t2} \qquad (7.2.10)$$

由于 σ_{t1} 与 σ_{t2} 不同步，σ_{t1} 在最大膛压时刻达到最大值，σ_{t2} 在膛口处达到最大值。一般在计算最大膛压时刻的发射强度时，可忽略 σ_{t2} 的影响。

下面对发射时弹体受力状态和变形情况展开讨论。

发射时，弹丸在各种载荷作用下，产生应力和变形。从载荷变化的特点来看，对一般旋转弹丸而言，弹丸受力与变形有三个危险的临界状态，如图 7.2.4 中的 Ⅰ、Ⅱ、Ⅲ 时刻所示。为确保弹丸发射时的强度，必须对每个临界状态进行强度校核。

（1）弹丸受力和变形的第一临界状态

这一临界状态相当于圆柱部嵌入膛线完毕，圆柱部压力达到最大值时的情况（图 7.2.4 中的 Ⅰ 点处）。这一时期的特点是：火药气体压力及弹体上相应的其他载荷都很小，整个弹体其他区域的应力和变形也很小，唯有圆柱部受较大的径向压力，使其达到弹性或弹塑性径向压缩变形，变形情况如图 7.2.5 所示。

（2）弹丸受力和变形的第二临界状态

这一临界状态相当于最大膛压时期（图 7.2.4 的 Ⅱ 点处）。这一时期的特点是：火药气体压力达到最大，弹丸加速度也达到最大。同时，由于加速度而引起的惯性力等均达到最

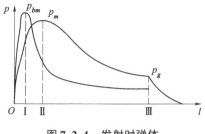

图 7.2.4 发射时弹体的受力状态

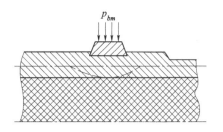

图 7.2.5 第一临界状态时圆柱部的变形情况

大,这时弹体各部分的变形也较大。榴弹的变形情况是:弧形部和圆柱部在轴向惯性力作用下产生径向膨胀变形和轴向压缩变形;圆柱部与尾锥部,由于有圆柱部压力与火药气体压力作用,会发生径向压缩变形;弹底部在弹底火药气体作用下,可能产生向里弯凹,如图 7.2.6 所示。在这些变形中,尾锥部与弹底区变形比较大,有可能产生弹塑性变形。

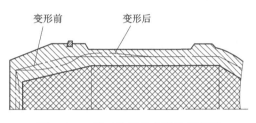

图 7.2.6 第二临界状态弹体的变形

从弹丸发射安全角度出发,只要能保持弹体金属的完整性、弹体结构的稳定性和弹体在膛内运动的可靠性,以及发射时炸药的安全性,弹体发生一定的塑性变形是允许的。

(3) 弹丸受力和变形的第三临界状态

这一临界状态相当于弹丸出膛口时刻(图 7.2.4 的 Ⅲ 点处)。这一时期的特点是:弹丸的旋转角速度达到最大,与角速度有关的载荷达到最大值,但与弹体强度有关的火药气体压力等载荷均迅速减小,弹体上的变形也相应减小。弹丸飞出膛口瞬间,大部分载荷突然卸载,将使弹体材料因弹性恢复而发生振动,这种振动会引起拉伸应力与压缩应力的相互交替作用。因此,对于某些抗拉强度大大低于抗压强度的脆性材料,必须考虑由于突然卸载而产生的拉伸应力对弹体的影响。

7.2.2 发射时弹体强度计算

发射时弹体强度计算,就是在求得弹体内各处应力的条件下,根据有关强度理论对弹体进行校核。如前所述,弹丸在膛内应当校核第一临界状态(圆柱部压力最大)和第二临界状态(膛压最大)时的强度。弹体强度校核的标准有两类:第一类校核方法用应力表示,即按照不同强度理论计算弹体上各断面的相当应力(综合应力),然后与弹体材料的许用应力相比较;第二类校核方法用变形表示,即按照不同理论或经验公式计算某几个断面上的变形和残余变形,然后与战术技术要求的变形值相比较。实际应用中,这两类方法可同时采用,其中第二类校核方法可通过试验进行验证,它是弹药验收的必做项目。

1. 第一临界状态的强度校核

弹丸处于第一临界状态时,弹体上所受载荷主要是圆柱部压力,其余载荷均较小,可只考虑圆柱部压力的影响。故在此时期仅需校核圆柱部的强度,一般应用第二类校核方法,即校核其变形或残余变形。

在圆柱部压力计算中已述及，圆柱部可简化为半无限长圆筒，承受局部环形载荷。外表面的变形可表示为

$$W_0 = \frac{A_2 - A_1 - A_0}{B_0 + B_1 + B_2} \tag{7.2.11}$$

弹体材料、尺寸等因素的影响反映在参量 A_1，B_1，…之中。

弹体的外表面总变形减去弹性恢复变形即为弹体圆柱部外半径上的残余变形，即

$$W^* = W_0 - K \cdot p_{b1} \tag{7.2.12}$$

式中，W^* 为弹体圆柱部外半径上的残余变形；K 为系数；p_{b1} 为弹体上所受局部环形载荷。

其强度条件为

$$2W^* < [2W^*] \tag{7.2.13}$$

式中，$[2W^*]$ 为战术技术条件所允许的残余变形。

2. 第二临界状态的强度校核

弹丸处于第二临界状态时，弹体受到的膛内火药气体压力作用达到最大，加速度也达到最大，因而惯性力、装填物压力等均达到最大值。相比之下，圆柱部压力下降很多，故可将圆柱部压力略去（若不略去此压力，则对弹体安全更有利）。另外，该时期弹丸的旋转角速度较小，在应力计算中可以略去由旋转产生的应力。

该时期需对整个弹体所有部位都进行强度校核，在整个弹体上找出最危险断面（应力最大断面），对最危险断面进行强度校核。校核时，可以用第一类校核方法（限制应力），也可以用第二类校核方法（限制变形）。

常用的校核方法主要有：

（1）布林克方法

将弹体简化为无限长厚壁圆筒，并将弹体分成若干断面，计算每个断面内表面处的三向主应力，用第二强度理论校核弹体内表面的强度。

对于旋转弹丸，如不计及旋转的影响，其三向应力分别为

$$\begin{cases} \sigma_z = -p \dfrac{r^2}{r_{bn}^2 - r_{an}^2} \cdot \dfrac{M_n}{M} \\ \sigma_r = -p \dfrac{r^2}{r_{an}^2} \cdot \dfrac{M_{\omega n}}{M} \\ \sigma_t = \dfrac{p_c(r_{bn}^2 + r_{an}^2)}{r_{bn}^2 - r_{an}^2} \end{cases} \tag{7.2.14}$$

式中，正号表示拉应力，负号表示压应力。如果断面位于尾锥部，则 σ_z 用式（7.2.3）代替，σ_r 用式（7.1.24）代替。

根据广义胡克定律，三个方向上的主应变分别为

$$\begin{cases} \varepsilon_z = \dfrac{1}{E}[\sigma_z - \mu(\sigma_r + \sigma_t)] \\ \varepsilon_r = \dfrac{1}{E}[\sigma_r - \mu(\sigma_z + \sigma_t)] \\ \varepsilon_t = \dfrac{1}{E}[\sigma_t - \mu(\sigma_r + \sigma_z)] \end{cases} \tag{7.2.15}$$

式中，E 为弹体金属的弹性模量；μ 为弹体金属的泊松比。

根据第二强度理论（最大应变理论），若某点处主应变超过一定值，则材料屈服（或破坏），对应此应变的相当应力为

$$\begin{cases} \overline{\sigma_z} = E\varepsilon_z = \sigma_z - \mu(\sigma_r + \sigma_t) \\ \overline{\sigma_r} = E\varepsilon_r = \sigma_r - \mu(\sigma_z + \sigma_t) \\ \overline{\sigma_t} = E\varepsilon_t = \sigma_t - \mu(\sigma_r + \sigma_z) \end{cases} \quad (7.2.16)$$

将应力表达式代入上式，取 $\mu = 1/3$，可得

$$\begin{cases} \overline{\sigma_z} = \dfrac{-p}{3M} \cdot \dfrac{r^2}{r_{bn}^2 - r_{an}^2}(2M_{\omega n} + 3M_n) \\ \overline{\sigma_r} = \dfrac{-p}{3M} \cdot \dfrac{r^2}{r_{bn}^2 - r_{an}^2}\left(2M_{\omega n}\dfrac{2r_{bn}^2 - r_{an}^2}{r_{an}^2} - M_n\right) \\ \overline{\sigma_t} = \dfrac{p}{3M} \cdot \dfrac{r^2}{r_{bn}^2 - r_{an}^2}\left(2M_{\omega n}\dfrac{2r_{bn}^2 + r_{an}^2}{r_{an}^2} + M_n\right) \end{cases} \quad (7.2.17)$$

从式（7.2.17）可知：

①轴向相当应力 $\overline{\sigma_z}$ 恒为负值，故弹体在轴向恒为压缩变形；

②切向相当应力 $\overline{\sigma_t}$ 恒为正值，故弹体内表面在切向恒为拉伸变形；

③径向相当应力 $\overline{\sigma_r}$ 的正负取决于括号内的数值。

弹体的强度条件为：

$$\begin{cases} \overline{\sigma_z} \leqslant \sigma_{0.2} \\ \overline{\sigma_r} \leqslant \sigma_{0.2} \\ \overline{\sigma_t} \leqslant \sigma_{0.2} \end{cases} \quad (7.2.18)$$

一般情况下，$\overline{\sigma_r}$ 远小于 $\overline{\sigma_z}$、$\overline{\sigma_t}$，故只需校核 $\overline{\sigma_z}$ 与 $\overline{\sigma_t}$ 即可。

最危险断面可能发生在弹尾区（因这些断面上 M_n、$M_{\omega n}$ 较大），也可能发生在弹槽处（因断面积较小）。为找出最危险断面，可作出相当应力沿弹长的分布曲线，如图 7.2.7 所示。布林克方法基于无限长厚壁圆筒的力学模型，故对于弹体圆柱部等处的断面校核比较合理，而接近弹底区域不能简化为无限长圆筒，误差较大。因此，采用布林克方法校核强度只需计算到尾锥部，不宜计算至弹底。显然，弹底断面处不符合假设条件。

布林克方法的优点是计算简单，对圆柱部之前的弹体强度与实际基本符合。因此，布林克方法仍被广大弹药设计工作者所采用。它的缺点是简化模型与弹尾部相差较大，因而弹尾部的计算误差就较大。另外，未考虑弹体的塑性变形，用材料屈服极限来限制应力，要求较苛刻。为与实际情况更接近，可将强度条件修改为

$$\overline{\sigma} \leqslant K\sigma_{0.2} \quad (7.2.19)$$

式中，K 为符合系数，它由经过考验的类似弹丸的数据得出，目前弹丸 K 值一般取 $1.2 \sim 1.4$。

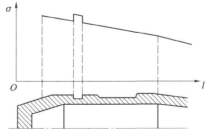

图 7.2.7　弹体上相当应力分布曲线

(2) 弹塑性计算

布林克方法基本上未考虑弹体的塑性变形，实际上，在第二临界状态，弹丸受到的膛压最大，弹体有可能发生塑性变形。因此，在各断面处均需计算其弹塑性变形，尤其在上定心部、下定心部等处，弹与枪膛间隙较小，膨胀变形过大，将会引起较大的膛线印痕，甚至发生阻塞事故。

弹塑性计算过程中，考虑弹体材料进入塑性变形后弹体外表面所发生的应变和残余变形，并将残余变形限于某一允许范围内。若材料符合线性强化规律，则其应力 – 应变曲线如图 7.2.8 所示。

当材料所受的应力 σ_i 超过屈服极限 σ_s 后，其应力为

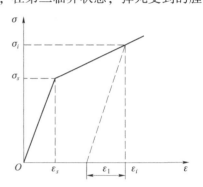

图 7.2.8　线性强化的应力 – 应变曲线

$$\sigma_i = \varepsilon_s E + (\varepsilon_i - \varepsilon_s) E' \quad (7.2.20)$$

式中，E 为材料弹性模量；E' 为材料的强化模量。

取强化系数 $\lambda = \dfrac{E - E'}{E}$，则上式可简化为

$$\sigma_i = \varepsilon_s E + \varepsilon_i E' - \varepsilon_s E' = \varepsilon_s \lambda E + \varepsilon_i (1 - \lambda) E \quad (7.2.21)$$

由此可得

$$\varepsilon_i = \frac{\sigma_i - \varepsilon_s \lambda E}{(1 - \lambda) E} = \frac{\sigma_i - \sigma_s \lambda}{(1 - \lambda) E}$$

$$= \frac{\sigma_i - \sigma_s \lambda}{(1 - \lambda) E \sigma_i} \sigma_i = \frac{\sigma_i}{E''} \quad (7.2.22)$$

式中，E'' 为总应变折算模量。

因此，弹塑性应力 – 应变关系仍可以采用弹性区相似形式的关系式，仅将弹性模量互换成折算模量 E'' 即可。

总应变折算模量可表示为

$$E'' = \frac{\sigma_i (1 - \lambda)}{\sigma_i - \sigma_s \lambda} E = \frac{1 - \lambda}{1 - \dfrac{\sigma_s}{\sigma_i} \lambda} E \quad (7.2.23)$$

按弹塑性变形计算弹体应变一般是计算弹体外表面的应变，在所选择断面的外表面处取一微元体，计算此微元体的三向主应力，如图 7.2.9 所示。

计算中可以将弹体看作只受内压的薄壁圆筒，则三向主应力为

$$\begin{cases} \sigma_z = -p \dfrac{r^2}{r_{bn}^2 - r_{an}^2} \cdot \dfrac{M_n}{M} \\ \sigma_r = 0 \\ \sigma_t = \dfrac{p_c (r_{bn} + r_{an})}{2 (r_{bn} - r_{an})} \end{cases} \quad (7.2.24)$$

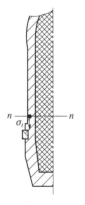

图 7.2.9　弹体外表面处的单元体

三个方向的主应变为

$$\begin{cases} \varepsilon_z = \dfrac{1}{E''}\left[\sigma_z - \dfrac{1}{2}(\sigma_r + \sigma_t)\right] \\ \varepsilon_r = \dfrac{1}{E''}\left[\sigma_r - \dfrac{1}{2}(\sigma_z + \sigma_t)\right] \\ \varepsilon_t = \dfrac{1}{E''}\left[\sigma_t - \dfrac{1}{2}(\sigma_r + \sigma_z)\right] \end{cases} \quad (7.2.25)$$

E'' 总应变折算模量可用式（7.2.23）计算，式中的 σ_i 可用综合应力表示，即

$$\sigma_i = \dfrac{1}{\sqrt{2}}\sqrt{(\sigma_z - \sigma_r)^2 + (\sigma_r - \sigma_t)^2 + (\sigma_t - \sigma_z)^2} \quad (7.2.26)$$

材料进入塑性状态后，$\mu = 0.5$。

为与试验结果相比较，尚需计算外表面的残余变形。由图 7.2.8 可见

$$\begin{aligned}\varepsilon^* &= \varepsilon_i - \varepsilon_1 = \dfrac{\sigma_i - \sigma_s \lambda}{(1-\lambda)E} - \dfrac{\sigma_i}{E} \\ &= \dfrac{(\sigma_i - \sigma_s)\lambda}{(1-\lambda)E} = \dfrac{(\sigma_i - \sigma_s)\lambda}{(1-\lambda)E\sigma_i}\cdot\sigma_i = \dfrac{\sigma_i}{E^*}\end{aligned} \quad (7.2.27)$$

式中，E^* 残余应变折算模量。

E^* 可表示为

$$E^* = \dfrac{E(1-\lambda)\sigma_i}{(\sigma_i - \sigma_s)\lambda} = \dfrac{1-\lambda}{1-\dfrac{\sigma_s}{\sigma_i}\lambda}E \quad (7.2.28)$$

式中，σ_i 可用相当应力代入。

弹体外表面的径向变形为

$$W = r\varepsilon_t \quad (7.2.29)$$

径向残余变形为

$$\begin{aligned}W^* &= r\varepsilon_t^* = r\dfrac{1}{E^*}\left[\sigma_t - \dfrac{1}{2}(\sigma_r + \sigma_z)\right] \\ &= r\dfrac{\left(1-\dfrac{\sigma_s}{\sigma_i}\right)\lambda}{E(1-\lambda)}\left[\sigma_t - \dfrac{1}{2}(\sigma_r + \sigma_z)\right]\end{aligned} \quad (7.2.30)$$

弹体强度条件为

$$2W^* < [2W^*] \quad (7.2.31)$$

式中，$[2W^*]$ 为战术技术要求所允许的残余变形，由产品图规定。

7.3 弹头壳的强度

枪弹在膛内的旋转运动，是靠弹头壳赋予的。为保证它们的旋转运动，在发射时，其强度应能承受住膛线导转侧的压力，弹头才能获得一定的角速度。

对于已选定结构尺寸的弹头壳，须对它进行强度计算，通过计算来加以确定。

枪弹弹头是靠其圆柱部嵌入膛线来获得旋转运动的，圆柱部的直径、长度尺寸在外形结构设计时已确定。

发射时，弹头壳需要验算在导转侧压力作用下，对应表面承受的挤压应力、圆柱部嵌入膛线后其突起部所受的剪切应力，以及弹丸飞离膛口后，在离心力作用下弹头壳的强度，以保证弹头正确飞行及对目标的可靠作用。

7.3.1 弹头壳的膛内性能

在导转侧力作用下，弹头壳的对应表面承受挤压应力。它所承受的最大挤压应力为

$$\sigma = \frac{N}{l_y \cdot \delta_{\min}} \tag{7.3.1}$$

式中，N 为导转侧力；l_y 为圆柱部长度；$\delta_{\min}$ 为圆柱部嵌入膛线的最小深度。

考虑到枪管与弹头的公差和热膨胀量，$\delta_{\min}$ 可由下式求出

$$\delta_{\min} = \frac{(d_y)_{\min} - (d_{ya})_{\max}}{2} - it\frac{d_{ya}}{2} \tag{7.3.2}$$

或

$$\delta_{\min} = \frac{(d_{yi})_{\min} - (d_{ya})_{\max}}{2} \tag{7.3.3}$$

式中，d_y 为弹头圆柱部直径；d_{ya} 为阳线直径；d_{yi} 为阴线直径；i 为线膨胀系数（钢 $i = 12 \times 10^{-7} \text{°C}^{-1}$）；$t$ 为猛烈射击时枪管变热的平均温度，可达 500 °C。

对于等齐膛线

$$N = p_m \frac{\pi}{n} \cdot \frac{A}{M} \tan\alpha \tag{7.3.4}$$

式中，p_m 为最大膛压；α 为膛线缠角。

各种弹头壳材料的许用压应力和许用剪应力值见表 7.3.1。

表 7.3.1 弹头壳材料的许用压应力和许用剪应力   MPa

弹头壳材料	许用压应力	许用剪应力
钢或覆铜钢	300	280
铜	250	—
铜锌合金	330	250~300

发射后，弹头壳嵌入膛线，其突起部分所受剪应力为

$$\tau = \frac{N}{l_y \cdot a} \tag{7.3.5}$$

式中，a 为阴线宽度，一般 $a \gg \delta_{\min}$，所以 $\tau < \sigma$。

7.3.2 弹头壳的膛外性能

发射时，弹头在火药气体压力作用下，获得较大的直线速度和旋转速度，使弹头壳承受很大的离心力作用。在膛内时，此力由枪管承受，对弹头壳作用不大。当弹头飞离枪口后，离心力在弹头壳内引起的切向应力就会使它发生破坏，使弹头失去稳定，以致不能命中目标。

如果有铅套，同样也将产生离心力，因铅的相对密度大，抗张强度小，所以其离心力也作用在弹头壳上，促使弹头壳破坏。

通过弹头对称轴的平面将弹头壳截开，用 F 表示截面上的作用力。由于弹头壳很薄，近似地用外径 d_y 来代替它的平均直径。在平均直径处作用着附加力 F（撕破力）和切向速度 v_T，如图 7.3.1 所示。

出枪口瞬间单元体所受的离心力 $\mathrm{d}C$ 为

$$\mathrm{d}C = \mathrm{d}m \cdot \frac{d_{cp}}{2}\omega_0^2 \tag{7.3.6}$$

式中，ω_0 为出枪口时弹丸角速度。

由于

$$\begin{cases} \omega_0 = \dfrac{\pi}{\eta \dfrac{d_y}{2}} v_0 \\ d_m = l_y t_0 \dfrac{d_y}{2} \rho_k \mathrm{d}\varphi \end{cases} \tag{7.3.7}$$

其中

$$\frac{d_{cp}}{2} \approx \frac{d_y}{2} \tag{7.3.8}$$

代入后，可得

$$\mathrm{d}C = l_y t_0 \left(\frac{\pi}{\eta}\right)^2 \rho_k v_0^2 \mathrm{d}\varphi \tag{7.3.9}$$

式中，l_y 为圆柱部长度；t_0 为弹头壳厚度；ρ_k 为弹头壳材料密度。

离心力在弹头壳断面上产生的撕破力为

$$F = \int_0^{\frac{\pi}{2}} \sin\varphi \, \mathrm{d}C = l_y t_0 \rho_k \left(\frac{\pi v_0}{\eta}\right)^2 \tag{7.3.10}$$

该力在弹头壳壁内产生的应力为

$$\sigma = \frac{F}{S} = \frac{l_y t_0 \rho_k \left(\dfrac{\pi v_0}{\eta}\right)^2}{l_y(t_0 - \delta)} = \rho_k \left(\frac{\pi v_0}{\eta}\right)^2 \frac{t_0}{t_0 - \delta} \tag{7.3.11}$$

式中，δ 为弹头壳嵌入膛线的深度，如图 7.3.2 所示。

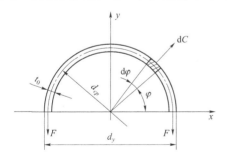

图 7.3.1 弹头壳内的切向力

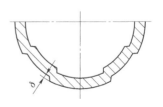

图 7.3.2 弹头壳嵌入膛线的深度

如果考虑铅套，则所受的应力 σ 为

$$\sigma = \frac{F + F_q - f_q}{l_y(t - \delta)} \tag{7.3.12}$$

$$F_q = l_q t_q \rho_q \frac{\pi^2 v_0^2}{\eta^2} \tag{7.3.13}$$

式中，F_q 为铅套产生的附加力；l_q 为铅套嵌入圆柱部长度（近似取圆柱部长度）；t_q 为铅套厚度；ρ_q 为铅套密度；f_q 为铅套承受的力。

铅套承受的力可表示为

$$f_q = l_q t_q \sigma_{bq} \tag{7.3.14}$$

式中，σ_{bq} 为铅套的强度极限。

弹头壳在离心力作用下的强度校核公式为

$$\sigma \leq [\sigma] \tag{7.3.15}$$

式中，$[\sigma]$ 为弹头壳材料的许用应力。

7.4 弹丸的飞行稳定性

7.4.1 飞行稳定性的几种形式

实际的弹丸均近似为一轴对称的刚体，它在飞行中同时具有质心运动和围绕质心的运动。

弹丸在飞行中受到空气阻力作用，通常阻力中心不通过弹丸质心，对于旋转弹丸，一般位于弹顶与质心之间。当弹轴与速度矢量不重合（即章动角 $\delta \neq 0$）时，将产生一个翻转力矩，使 δ 增大，这将影响质心运动规律，使射击准确性变差。

尾翼弹是利用尾翼作用使阻心后移到质心之后，由此所形成的力矩——稳定力矩，将使章动角减小，这样的尾翼弹称为静态稳定弹。

另一种办法是使不带尾翼的轴对称弹丸高速旋转。只要转速高于某个数值，弹轴将不会因翻转力矩的作用而翻转，而是围绕某个平均位置旋转与振动。根据弹丸在飞行中的实际情况，通常将弹道起始段的弹丸质心运动轨迹近似为一直线，叫弹道直线。随后重力影响逐渐增大，弹道向下弯曲，直到落点，此弯曲的弹道叫弹道曲线段。飞行稳定的弹丸，其弹轴不过于偏离切线，弹丸飞行稳定性越好，不但有利于提高射程，而且散布精度较高。旋转弹丸飞行稳定性包括急螺稳定性、追随稳定性及动态稳定性三部分，下面对三种稳定性进行介绍。

1. 急螺稳定性

发射时，在膛内由于各种不均衡因素的作用，使弹丸获得一个力矩冲量。当弹丸出膛口后，弹轴与弹道切线就不重合。这样，空气阻力的作用线不通过弹丸的质心，而形成一个迫使弹丸翻转的力矩。此力矩的大小取决于弹外飞行速度和弹轴对弹道切线的偏角，并在弹道的起始段具有最大值。在该力矩的作用下，弹丸将产生翻转的趋势。为了实现飞行稳定，弹丸应绕自身轴线进行高速旋转，以此来克服翻转力矩的不利作用。旋转弹丸的这种性质，称为急螺稳定效应。

2. 追随稳定性

当弹丸在弹道曲线段飞行时，弹道切线的方向时刻都在改变。这时，也要求弹丸的动力平衡轴做相应的变化，以保持二者在任何时刻都没有很大的偏差。弹丸的动力平衡轴能随着弹道切线做相应变化，这种跟随弹道切线以同样角速度向下转动的特性称为追随稳定性。弹丸的追随稳定性是由于空气动力矩对弹丸的作用达到的，在弹道顶点处，该处的空气动力矩小而弹道曲率较大，追随稳定性最差。

3. 动态稳定性

具有急螺稳定性和追随稳定性的弹丸，其弹轴的摆动虽然具有周期性，但因条件不同，其摆动幅值可能是逐渐增大或衰减。如果幅值逐渐增大，就有可能使章动角过大而导致射击密集度变差。为了保证射击的准确性，必须防止摆动幅值的增大。摆动幅值始终衰减的弹丸具有动态稳定性。

枪弹圆柱部被迫嵌入膛线，从而使弹丸产生绕其自身几何轴线的旋转运动。膛线与螺纹相似，它沿膛轴旋转一周（即 2π 弧度）前进的距离（与螺纹的螺距相当）称为膛线导程。膛线导程可表示

$$h = \eta d \tag{7.4.1}$$

式中，h 为膛线导程；d 为口径；η 为膛线缠度。

假定弹丸在膛口附近经过 dt 的时间转动 $d\gamma$ 角度，该角度与 $\dfrac{d\gamma}{2\pi}$ 相当，此时角速度可表示为

$$\omega = \frac{d\gamma}{dt} \tag{7.4.2}$$

它沿膛线前进的相应距离可表示为 $\dfrac{d\gamma}{2\pi}\eta d$。假设弹丸相对于膛口的真实速度为 v_g，则

$$v_g = \frac{d\gamma}{dt}\frac{\eta d}{dt} \tag{7.4.3}$$

可获得弹丸的起始自转角速度为

$$\omega_0 = \frac{2\pi v_g}{\eta d} \tag{7.4.4}$$

式中，ω_g 为起始自转角速度。

由于实际中 $v_g \approx v_0$，故

$$\omega_0 = \frac{2\pi v_0}{\eta d} \tag{7.4.5}$$

从上式可以看出，在初速、膛线缠度相同的情况下，口径越小，自转角速度越大；反之，口径越大，自转角速度越小。也可从表 7.4.1 列出的几种弹丸的起始自转角速度值，推算得出此结论。

表 7.4.1 常见弹丸的起始自转角速度

弹丸	d/mm	η	v_0/(m·s^{-1})	ω_0/(rad·s^{-1})	n/(r·min^{-1})
美 M193 式 5.56 mm 枪弹	5.56	54.86	997	20 540	196 100
56 式 7.62 mm 普通弹	7.62	31.5	735	19 240	183 700
54 式 12.7 mm 枪弹	12.7	30	840	13 850	132 300
56 式 14.5 mm 枪弹	14.5	29	990	14 790	141 260

另外，由于弹丸自转角速度很高，比一般机械转速高得多，故当弹丸质心或者引信零件偏离弹丸的几何轴线时，将产生极大的惯性离心加速度。例如，当零件的偏心距离为 1 mm、旋速 $\omega = 2\,000$ rad/s 时，惯性离心加速度将达 4 000 m/s^2。因此，设计弹丸时，应对弹丸的质量偏心或引信零件的偏离弹轴问题予以足够重视。

7.4.2 旋转弹丸的飞行稳定性

1. 弹丸的急螺稳定性

如上所述,弹丸在直线段的飞行稳定性是通过其急螺稳定性来衡量的。由外弹道学可知,弹丸的急螺稳定性可通过下式来分析

$$\sigma = 1 - \frac{\beta}{\alpha^2} \tag{7.4.6}$$

式中,σ 为稳定系数;α 为进动角速度;β 为翻转力矩系数。

根据弹丸飞行的具体情况,可能出现以下 3 种情况:

① 当 $\sigma<0$,即 $\beta>\alpha^2$ 时,弹丸的章动角将随时间呈指数函数(双曲正弦函数)迅速增加,表明弹丸不具备急螺稳定性。

② 当 $\sigma=0$,即 $\beta=\alpha^2$ 时,弹丸在初始力矩冲量的作用下,其章动角随时间呈直线递增,表明弹丸也不具备急螺稳定性。

③ 当 $\sigma>0$,即 $\beta<\alpha^2$ 时,表明章动角随时间在有限幅度内做周期性的振动而不翻转。即

$$\delta = \frac{1}{\alpha\sqrt{\delta}} \frac{\mathrm{d}\delta_0}{\mathrm{d}t} \sin\alpha\sqrt{\sigma}t \tag{7.4.7}$$

式中,$\dfrac{\mathrm{d}\delta_0}{\mathrm{d}t}$ 为弹丸在初始力矩冲量作用下的章动角速度。

由以上分析可知,为使弹丸具备急螺稳定性,必须使 σ 值大于零,并且 σ 值越大,弹丸的急螺稳定性也越好。当 σ 趋于极限值 1 时(相当于 $\alpha \to \infty$),由式(7.4.7)可见,弹丸在有限的外界冲量作用下,弹轴不会发生章动,并且不会偏离其初始平衡位置。

对于旋转弹丸,α 和 β 分别表示为

$$\alpha = \frac{A}{2B}\omega_0 \tag{7.4.8}$$

$$\beta = \frac{M_z}{B\delta} = k_z v^2 \tag{7.4.9}$$

式中,A 为弹丸极转动惯量;B 为弹丸的赤道转动惯量;ω_0 弹丸的角速度;M_z 为空气阻力产生的翻转力矩。

一般认为,角加速度可表示为

$$\omega_0 = \frac{2\pi v_0}{\eta d} \tag{7.4.10}$$

当章动角 δ 较小时,翻转力矩式可表示为

$$M_z = \frac{hd^2}{g} 1\,000 H(y) v^2 k_{mz}(M)\delta \tag{7.4.11}$$

式中,h 为弹丸质心至空气阻力中心的距离;$H(y)$ 称为气重函数,它取决于弹道高度,$H(0)=1$;$k_{mz}(M)$ 为翻转力矩的速度函数。

将式(7.4.8)和式(7.4.9)代入式(7.4.6),可得

$$\sigma = 1 - \frac{hd^4\eta^2}{\pi^2 gA}\left(\frac{B}{A}\right)\left(\frac{v}{v_0}\right)^2 1\,000 H(y) k_{mz}(M) \tag{7.4.12}$$

为进一步简化,将

$$A = M\mu\left(\frac{d}{2}\right)^2 = \frac{C_m\mu}{4}d^5 \qquad (7.4.13)$$

代入上式，可得

$$\sigma = 1 - \frac{4}{\pi^2} \cdot \frac{\eta^2}{\mu C_m g} \cdot \frac{h}{d} \cdot \frac{B}{A}\left(\frac{v}{v_0}\right)^2 1\,000 H(y) k_{mz}(M) \qquad (7.4.14)$$

式中，μ 为弹丸质量分布系数（又称弹丸的惯性系数）；g 为重力加速度；C_m 为弹丸的相对质量。

相对质量可表示为

$$C_m = \frac{M}{d^3} \qquad (7.4.15)$$

计算弹丸的急螺稳定性时，应当控制膛口处的急螺稳定系数，因为这点的 $H(y) = 1$，故 σ 值最小，即

$$\sigma_0 = 1 - \frac{4}{\pi^2} \cdot \frac{\eta^2}{\mu C_m g} \cdot \frac{h}{d} \cdot \frac{B}{A} 1\,000 k_{mz}(M) \qquad (7.4.16)$$

$\frac{h}{d}$ 可由下式计算

$$\frac{h}{d} = \frac{h_0}{d} + 0.57\frac{l_h}{d} - 0.16 \qquad (7.4.17)$$

式中，h_0 为弹丸质心到弧形部界面的距离；l_h 为弧形部长度，其中弹丸质心到阻心距离如图 7.4.1 所示。

对于所设计弹丸的 $k_{mz}(M)$ 取决于弹长和初速，可按下式计算

$$k_{mz}(M) = \sqrt{\frac{l_t}{4.5d}} k'_{mz}(M) \qquad (7.4.18)$$

式中，l_t 为弹长；d 为弹丸口径。

$k'_{mz}(M)$ 可通过查表 7.4.2 获得。

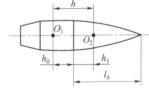

图 7.4.1 质心至阻心的距离
O_1—质心；O_2—阻心

表 7.4.2 函数 $k'_{mz}(M)$ 的数值

v_0/(m·s^{-1})	$k'_{mz}(M)$/(×10^{-4} N·m^{-3})	v_0/(m·s^{-1})	$k'_{mz}(M)$/(×10^{-4} N·m^{-3})	v_0/(m·s^{-1})	$k'_{mz}(M)$/(×10^{-4} N·m^{-3})
200	95	400	105	560	98
260	95	420	104	580	98
280	96	440	103	600	97
300	98	460	102	620	96
320	100	480	101	640	96
340	104	500	101	660	95
360	105	520	100	680	95
380	105	540	99	700	94

续表

v_0/ (m·s^{-1})	$k'_{mz}(M)$/ (×10^{-4} N·m^{-3})	v_0/ (m·s^{-1})	$k'_{mz}(M)$/ (×10^{-4} N·m^{-3})	v_0/ (m·s^{-1})	$k'_{mz}(M)$/ (×10^{-4} N·m^{-3})
720	93	800	91	1 000	88
740	93	850	90	1 050	88
760	92	900	89	1 100	87
780	91	950	88	1 150	86

函数 $k_{mz}(M)$ 也可由试验确定,试验条件(如口径、弹长等)不同,数值也不同。

表 7.4.3 为范特柴里试验结果。计算结果表明,用它进行计算所得的 η 值,与表 7.4.4 中枪弹实际采用的比较接近。

表 7.4.3 函数 $k_{mz}(M)$ 表(范特柴里试验值)

v_0/ (m·s^{-1})	$k_{mz}(M)$/ (×10^{-4} N·m^{-3})	v_0/ (m·s^{-1})	$k_{mz}(M)$/ (×10^{-4} N·m^{-3})	v_0/ (m·s^{-1})	$k_{mz}(M)$/ (×10^{-4} N·m^{-3})
0~200	95	400	137	750	131
250	98	450	137	800	130
275	103	550	136	850	129
300	111	550	135	900	129
325	122	600	133	950	129
350	130	650	132	1 000	128
375	134	700	131	1 050	128
400	137	750	131	1 100	128

表 7.4.4 现有枪弹的缠度计算结果

枪弹名称	v_0/ (m·s^{-1})	用表 7.4.2 计算的结果		用表 7.4.3 计算的结果		枪缠度 $\eta(d)$
		$k_{mz}(M)$/ (×10^{-4} N·m^{-3})	$\eta(d)$	$k_{mz}(M)$/ (×10^{-4} N·m^{-3})	$\eta(d)$	
51 式 7.62 mm 手枪弹	435	66	107~121	137	73.7~83.6	31.5
59 式 9 mm 手枪弹	303	51	225~253	111	154~175	28
53 式 7.62 mm 铅芯弹	848	82	51.6~58.5	129	39.6~44.9	31.5
53 式 7.62 mm 钢芯弹	840	87	34.3~38.8	129	28.3~32.1	31.5
53 式 7.62 mm 曳光弹	808	96	36.3~41.1	130	31.9~36.1	31.5
53 式 7.62 mm 穿甲燃烧弹	808	95	28.2~32	130	26.3~29.8	31.5
53 式 7.62 mm 试射燃烧弹	808	96	27.7~31.4	130	24.0~27.1	31.5
56 式 7.62 mm 普通弹	735	82	40.4~45.6	131	36.8~41.7	31.5
56 式 7.62 mm 曳光燃烧弹	748	84	48~54.4	131	38.6~43.7	31.5
56 式 7.62 mm 穿甲燃烧弹	733	84	40.3~52.5	131	37.2~42.3	31.5
56 式 7.62 mm 曳光弹	718	84	46.5~52.7	131	38.1~43.2	31.5
54 式 12.7 mm 穿甲燃烧弹	828	98	30.0~33.8	129	26.6~30.2	29.9

续表

枪弹名称	$v_0/$ $(\mathrm{m\cdot s^{-1}})$	用表 7.4.2 计算的结果		用表 7.4.3 计算的结果		枪缠度 $\eta(d)$
		$k_{mz}(M)/$ $(\times 10^{-4}\mathrm{N\cdot m^{-3}})$	$\eta(d)$	$k_{mz}(M)/$ $(\times 10^{-4}\mathrm{N\cdot m^{-3}})$	$\eta(d)$	
54 式 12.7 mm 穿甲燃烧曳光弹	828	98	28.6~32.4	129	24.8~28.2	29.9
56 式 14.5 mm 穿甲燃烧弹	1 000	89	34.3~38.8	128	28.3~32.1	29
56 式 14.5 mm 穿甲燃烧曳光弹	1 005	89	38.1~43.4	130	31.9~36.2	29
56 式 14.5 mm 曳光燃烧弹	998	91	35.7~40.5	130	30~34	29
美 M193 式 5.56 mm 普通弹	997	58	54.7~61.5	129	36.9~41.8	55
NATO 7.62 mm 普通弹	853	83	37.8~42.8	129	35.6~40.3	40

在理论上，只要使急螺稳定系数 $\sigma_0 > 0$，即可使弹丸保持急螺稳定。这个"稳定"的含义是弹丸飞行时，其章动角 δ 应维持在有限的范围内变化。也就是说，弹丸不会翻筋斗。由式（7.4.16）可得

$$\eta < \frac{\pi}{2}\sqrt{\frac{A\mu C_m g}{1\ 000 B \dfrac{h}{d} k_{mz}(M)}} \tag{7.4.19}$$

该不等式与 $\sigma_0 > 0$ 完全等效，它的左端是满足弹丸在弹道直线段上急螺稳定性时，枪械所容许选取的膛线缠度。换句话说，为满足弹丸在弹道直线段上的急螺稳定性，η 必须小于式（7.4.19）右端所确定的值。

急螺稳定性条件的另一种表示方法，是采用陀螺稳定因子 S 来表示，即

$$S = \frac{\alpha^2}{\beta} = \frac{1}{4k_z}\left(\frac{A}{B}\right)^2\left(\frac{\omega}{v}\right)^2 = \frac{\pi^2 g A^2}{1\ 000 B \eta^2 h d^4 k_{mz}(M)} \tag{7.4.20}$$

急螺稳定性条件为 $S > 1$，通常保持 $S = 1.3 \sim 1.5$。

2. 弹丸的追随稳定性

弹丸在曲线段飞行时，弹轴的进动运动较之于直线段上的进动运动有某些质的差别。这时，弹轴不再是绕弹道切线做圆锥运动，而是绕某一动力平衡轴做圆锥运动。动力平衡轴偏离弹道切线的夹角，称为动力平衡角，以 δ_p 表示。一般采用动力平衡角作为弹丸追随稳定性的特征数。也就是说，δ_p 值越小，弹丸的追随稳定性也越好。

动力平衡角的表达式可写为

$$\delta_p = \frac{2\alpha}{\beta}\frac{g\cos\theta}{v} \tag{7.4.21}$$

将 α、β 值代入，整理得

$$\delta_p = \frac{\pi g^2}{2}\frac{\mu C_m v_0 d}{1\ 000 \eta \dfrac{h}{d} H(y) v^3 k_{mz}(M)}\cos\theta \tag{7.4.22}$$

式中，θ 为弹道切线与水平轴的夹角。

由上式可以看出，δ_p 在弹道上是变化的。在弹道顶点附近，因 v、$H(y)$、$k_{mz}(M)$ 均达到最小值，而 $\cos\theta$ 值最大，故相应的 δ_p 也最大，即该处的追随稳定性最差，所以应把 δ_p 控制在符合要求的范围以内。

将弹道顶点的各量代入式（7.4.22）中，获得弹道顶点的飞行动力平衡角为

$$\delta_{ps} = \frac{\pi g^2}{2} \frac{\mu C_m v_0 d}{1\,000\eta \frac{h}{d} H(y_s) v_s^3 k_{mz}(M)} \tag{7.4.23}$$

式中，v_s 为弹道顶点速度；y_s 为弹道顶点的高度；δ_{ps} 为弹道顶点动力平衡角。

为保证所设计弹丸具有需要的追随稳定性，必须使弹丸在最不利条件下，也就是顶点处的动力平衡角小于一个允许值。

因为 v_s 在大射角 θ_0 下具有比较小的值，而 $H(y_s)$ 在大初速 v_0 下具有比较小的值，故当其他条件相同时，大的射角和初速将引起最大的动力平衡角。在计算弹丸追随稳定性时，应当在这个最不利的条件下进行计算。

根据追随稳定性良好的制式弹丸的弹道特征数，计算出动力平衡角的允许值。通常动力平衡角的允许范围为

$$\delta_{ps} < 10° \sim 15° \tag{7.4.24}$$

3. 弹丸飞行稳定性的综合解法

如前所述，弹丸在整个弹道上必须分别满足急螺稳定性与追随稳定性的要求，即式（7.4.16）和式（7.4.23）中的 σ_0 和 δ_{ps} 需分别符合它们允许值 $[\sigma_0]$ 和 $[\delta_{ps}]$ 的要求，即

$$1 - \frac{4\,000}{\pi^2} \frac{\eta^2}{\mu C_m g} \frac{h}{d} \frac{B}{A} k_{mz}(M) \geqslant [\sigma_0] \tag{7.4.25}$$

$$\frac{\pi g^2}{2} \frac{\mu C_m v_0 d}{1\,000\eta \frac{h}{d} H(y_s) v_s^3 k_{mz}(M)} \leqslant [\delta_{ps}] \tag{7.4.26}$$

某些情况下，欲使所设计弹丸同时满足上述两个要求很困难，甚至相互矛盾。即当改善了其中一个特征数时，又会使另一特征数变坏，如减小弹丸质心和空气阻心间距离，可提高 σ 值，但增大了 δ_{ps} 值。对于其他参量，也有类似情况。因此，必须综合全面解决弹丸飞行稳定性问题，现将有关方法介绍如下。

根据上述两个条件，考虑到 $\mu C_m = \frac{4A}{d^5}$，可得

$$\frac{1}{A} \frac{h}{d} \leqslant \left[\frac{\pi^2 g(1-\sigma_0)}{1\,000 d^5 \eta^2 k_{mz}(M)}\right]\left(\frac{A}{B}\right) \tag{7.4.27}$$

$$\frac{1}{A} \frac{h}{d} \geqslant \frac{2\pi g^2 v_0}{1\,000 d^4 \eta H(y_s) v_s^3 k_{mz}(M) \delta_{ps}} \tag{7.4.28}$$

式中，σ_0 和 δ_{ps} 均表示允许值。

$$\frac{\pi^2 g(1-\sigma_0)}{1\,000 d^5 \eta^2 k_{mz}(M)} = a \tag{7.4.29}$$

$$\frac{2\pi g^2 v_0}{1\,000 d^4 \eta H(y_s) v_s^3 k_{mz}(M)\delta_{ps}} = b \tag{7.4.30}$$

可以看出，a、b 与所设计弹丸的结构无关。当射击条件一定时，a、b 为固定不变的常量。这时飞行稳定性条件为

$$\begin{cases} \dfrac{1}{A}\dfrac{h}{d} \leqslant a\dfrac{A}{B} \\ \dfrac{1}{A}\dfrac{h}{d} \geqslant b \end{cases} \tag{7.4.31}$$

联立两式可得

$$\begin{cases} \dfrac{A}{B} \geqslant \dfrac{b}{a} \\ \dfrac{h}{d} \geqslant bA \end{cases} \tag{7.4.32}$$

或

$$\begin{cases} \dfrac{B}{A} \leqslant \dfrac{a}{b} \\ \dfrac{h}{d} \geqslant \dfrac{b^2}{a}B \end{cases} \tag{7.4.33}$$

因此，为全面满足弹丸的飞行稳定性要求，最有效的措施是减小 B 值，同时增加 h 值（如增大弹头部长度或增加风帽），使之适应上述条件。

4. 膛线缠度计算

在弹丸的急螺稳定性分析中，引出了式 (7.4.19)，枪械所选用的 η 值需小于该式右端所确定的值，即膛线缠度的上限值 $\eta_上$，可表示为

$$\eta < \eta_上 \tag{7.4.34}$$

在弹丸的追随稳定性分析中，引出了公式 (7.4.22)。若使 δ_{ps} 小于所允许的值，则膛线缠度应大于式 (7.4.23) 所确定的 η 值，这是保证追随稳定性的膛线缠度下限 $\eta_下$。枪械膛线缠度还需满足

$$\eta > \eta_下 \tag{7.4.35}$$

因此，为保证弹丸在全弹道上的飞行稳定性，枪械膛线缠度应满足

$$\eta_下 < \eta < \eta_上 \tag{7.4.36}$$

膛线缠度的应用范围如图 7.4.2 所示。

在具体选取 η 值时，除了弹丸飞行稳定性的条件外，还须考虑其他条件，如武器寿命。若 η 过小，即转速过大，武器内膛磨损加剧，会降低使用寿命。通常以 $\eta_上$ 作为计算枪械膛线缠度的标准，并乘以小于 1 的安全系数 a，可得到

$$\eta = a\eta_上 = a\frac{\pi}{2}\sqrt{\frac{A}{B}\frac{\mu C_m g}{1\,000 \frac{h}{d} k_{mz}(M)}} \tag{7.4.37}$$

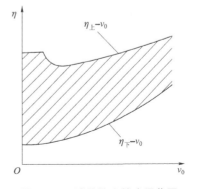

图 7.4.2 膛线缠度的应用范围

一般取 $a = 0.75 \sim 0.85$，它考虑了公式推导中一些假设的误差和严寒条件下空气密度增加对稳定性的影响，a 值的具体数值需根据具体情况来确定。

对于步、机枪膛线的缠度计算，由于它们的射角很小（高射机枪除外），弹道低伸，最大动力平衡角一般情况下远小于 $12° \sim 15°$。因此，它们的膛线缠度一般只需考虑 $\eta_\text{上}$ 即可，也就是说，应用式（7.4.37）进行计算，一般可不验算 $\eta_\text{下}$。为提高枪械寿命，安全系数 a 取较大为好，为 $0.85 \sim 0.88$。

脱壳穿甲弹的缠度计算，根据急螺稳定性条件，由式（7.4.6）可得

$$\sigma = 1 - \frac{\beta}{\alpha^2} > 0 \tag{7.4.38}$$

式中，α 为弹芯的进动角速度；β 为翻转力矩系数。

弹芯的进动角速度可表示为

$$\alpha = \frac{A_1}{2B_1}\omega_0 \tag{7.4.39}$$

式中，A_1 为弹芯极转动惯量；B_1 为弹芯赤道转动惯量；ω_0 为弹芯角速度。

枪口处弹芯角速度为

$$\omega_0 = \frac{2\pi v_0}{\eta d_z} \tag{7.4.40}$$

式中，d_z 为弹托外径。

弹芯翻转力矩系数可表示为

$$\beta = \frac{d_1^2 h}{B_1 g} 1\,000 H(y) v^2 k_{mz}(M) \tag{7.4.41}$$

式中，d_1 为弹芯直径。

在枪口处，$v = v_0$，$H(y) = 1$，则翻转力矩系数为

$$\beta = \frac{d_1^2 h}{B_1 g} 1\,000 v_0^2 k_{mz}(M) \tag{7.4.42}$$

将 α、β 值代入式（7.4.6）并整理后得到，旋转脱壳穿甲弹弹芯保证飞行稳定所需要的缠度为

$$\eta = a\frac{\pi}{2}\frac{d_1}{d_z}\sqrt{\frac{A_1\mu C_m g}{B_1 1\,000 \frac{h}{d_1} k_{mz}(M)}} \tag{7.4.43}$$

式中，g 为重力加速度；C_m 为弹芯的相对质量。

例 7-1 计算 56 式 14.5 mm 穿甲燃烧弹的急螺稳定性。

已知：

弹头相对质量 $C_m = 21.8 \times 10^3 \text{ kg/m}^3$

弹头相对长度 $\dfrac{l_t}{d} = 4.6$

弧形部相对长度 $\dfrac{l_h}{d} = 2.44$

弹头质心至弹头底面相对距离 $\dfrac{X_c}{d} = 1.74$

极转动惯量 $A = 0.1639 \times 10^{-5}$ kg·m^2

赤道转动惯量 $B = 1.375 \times 10^{-5}$ kg·m^2

弹头初速 $v_0 = 990$ m/s

56 式 14.5 mm 机枪的缠度 $\eta = 29$

解：(1) 用缠度条件计算

$$\frac{h_0}{d} = \frac{l_t}{d} - \frac{l_h}{d} - \frac{x_c}{d} = 0.42$$

$$\frac{h}{d} = \frac{h_0}{d} + 0.57\frac{l_h}{d} - 0.16 = 1.65$$

$$h = 0.02394 \text{ m}$$

$$\mu = \frac{4A}{C_m d^5} = 0.476$$

取 $a = 0.85$。

由表 7.4.2 查出 $v_0 = 990$ m/s 时，$k'_{mz}(M) = 88 \times 10^{-4}$，则

$$k_{mz}(M) = \sqrt{\frac{4.6}{4.5}} k'_{mz}(M) = 89 \times 10^{-4}$$

计算 [η]：

$$[\eta] = \alpha \frac{\pi}{2} \sqrt{\frac{A}{B} \frac{\mu C_m g}{1000 \frac{h}{d} k_{mz}(M)}}$$

$$= 0.85 \times \frac{\pi}{2} \sqrt{\frac{0.1639 \times 10^{-5}}{1.375 \times 10^{-5}} \times \frac{0.476 \times 21.8 \times 10^3 \times 9.81}{1000 \times 1.65 \times 89 \times 10^{-4}}}$$

$$= 38.4$$

56 式 14.5 mm 机枪的膛线缠度 $\eta = 29$，$\eta < [\eta]$，故判明该弹头具有急螺稳定性。

(2) 用陀螺稳定因子计算

$$S = \frac{\pi^2 g A^2}{1000 B \eta^2 h d^4 k_{mz}(M)}$$

$$= \frac{\pi^2 \times 9.81 \times (0.1639 \times 10^{-5})^2}{1000 \times 1.375 \times 10^{-5} \times 29^2 \times 0.02394 \times 0.0145^4 \times 89 \times 10^{-4}}$$

$$= 2.39$$

因 $S > 1$，故该弹头具有急螺稳定性。

第8章

药筒（弹壳）设计

前已述及，设计新弹药一般存在两种情况：一种是武器已定，仅改进弹药就能够满足所提出的战术技术要求，这种情况下，若药筒（弹壳）也需重新设计（如更换药筒材料，由黄铜改为钢），由于武器弹膛尺寸已定，可作为设计已知条件；另一种情况是整个武器系统需重新设计，这时药筒设计人员要与武器设计人员共同商定弹膛与药筒相关参量，以满足对整个系统所提出的战术技术要求。

药筒的战术技术要求通常包括使用性能和生产经济性方面的要求。在使用性能方面的要求有：

(1) 能顺利装入弹膛

要求药筒容易装填，装填到位后实现闭锁，并能可靠击发底火。这一要求是保证其战斗性能的重要条件，对于射速高的武器尤为重要。

(2) 射击时可靠闭气

射击时不允许火药气体从武器尾部泄漏。

(3) 具有一定的强度和刚度

射击时，在火药气体压力作用下，药筒产生变形，变形过程中不允许破裂；勤务处理时，药筒必须具备一定的刚度，不致因轻微碰撞而变形，阻碍其顺利入膛。

(4) 射击后能可靠退壳

可靠退壳是武器继续战斗的重要保障，武器"卡壳"意味着失去战斗力，尤其对于航空武器，更不允许"卡壳"事故发生。

(5) 能与弹丸牢固连接

对于整装式弹药，药筒应与弹丸牢固连接，不会因运输时的振动和入膛时的惯性，而造成弹丸脱落、歪斜等，以致影响其顺利装填。

(6) 长期储存的安定性

弹药需具有一定的保存期限，在储存过程中不被腐蚀，发射药的性能不发生改变。

由于在战争中弹药的消耗量较大，药筒的生产经济性更需要引起关注，通常具有以下要求：

①原料便宜，国内大量储备且易于获得；

②结构简单，具有良好的结构工艺性；

③能利用通用设备制造；

④战时动员性好。

8.1 药筒材料及各部分尺寸的确定

8.1.1 药筒材料

药筒材料的选取主要考虑其使用性能、生产工艺及经济性等方面。合理选择药筒材料具有重要意义，不仅决定药筒能否满足战术要求，还对药筒质量、生产效率和周期等具有一定影响。

1. 使用方面的要求

①具有适当的弹性（弹性模量小），射击后易于形成最终间隙，以利于抽壳；
②有足够的机械强度和刚度，防止射击时破裂和轻微碰撞时变形，并有利于抽壳；
③低温冲击性能好，防止低温射击时破裂；
④长期储存过程中，不改变制造过程中所获得的力学性能，即使稍有改变，也不影响使用性能；
⑤具有良好的抗蚀性，不致因长期储存而腐蚀、破坏；
⑥与发射药不起化学作用。

2. 工艺方面的要求

①具有良好的热、冷塑性变形能力，能适应轧、辗、冲压及引伸等加工要求；
②为恢复塑性或达到一定力学性能所采用的热处理方法应简单；
③应易进行切削加工。

3. 经济方面的要求

①国内资源丰富，材料来源广，工艺简单；
②成本低。

目前常用的药筒材料主要有黄铜、钢、轻金属及替代材料等。

（1）黄铜

它具有良好的弹性、塑性和抗腐蚀性，也有适当的强度，是较理想的药筒材料，但其来源有限，成本高，故已逐渐被钢所代替。

（2）钢

钢的主要优点是来源广、成本低。它的缺点是弹性模量大，抽壳性能较差，低温冲击性能不好，以及冲压和防腐性能差。但随着生产技术水平的提高，这些困难和缺点均相继得以克服，故枪弹弹壳已普遍采用钢制造。

覆铜钢是钢板的两面覆以 H90 铜，铜层厚度占钢板厚度 3.4%~4.0%，改善了冲压的润滑性能和弹壳防腐性能，又能节约有色金属铜。枪弹弹壳曾一度采用覆铜钢进行制造。但它仍需一部分铜，并且生产工艺复杂，边料处理困难。因此，覆铜钢正被以钢棒作为原料的工艺所代替，钢药筒所用钢的化学成分和力学性能分别见表 8.1.1 和表 8.1.2。

（3）轻质金属

用来制造药筒的轻质金属主要是铝合金，其最大特点是密度小，药筒质量小，可增加士兵弹药携带量。中国、美国和其他少数国家，已试制铝合金弹壳枪弹。

表 8.1.1 几种药筒常用钢的化学成分

序号	牌号	化学成分					
		碳	锰	硅	磷	硫	铝
1	S10A	0.06~0.12	0.25~0.50	≤0.06	≤0.03	≤0.035	0.03~0.08
2	S14A	0.11~0.17	0.25~0.50	≤0.06	≤0.03	≤0.035	0.03~0.08
3	S15A	0.12~0.18	0.25~0.50	≤0.06	≤0.03	≤0.035	0.03~0.08
4	S20A	0.16~0.22	0.25~0.50	≤0.06	≤0.03	≤0.035	0.03~0.08

表 8.1.2 几种药筒常用钢的力学性能

牌号	检验方向	σ_0/MPa		δ_5/%		α_k/(J·cm^{-2})	
		调质	正火	调质	正火	调质	正火
S10A	纵向	≥314	294~392	≥30	≥32		
	横向	≥294	294~392	≥28	≥28		
S15A	纵向	≥363	333~441	≥30	≥32	≥196	≥118
	横向	≥363	333~441	≥27	≥30	≥59	≥39
S20A	纵向	373~490	373~471	≥28	≥32	≥196	≥118
	横向	373~490		≥26		≥59	

(4) 代用材料

曾采用的代用材料有塑料、硝化纤维和硝化甘油（可燃药筒）等，通常采用这些材料不是制成整体药筒，而是组合式药筒，其底部为金属材料，体部用代用材料。图 8.1.1 所示为德国塑料空包弹。

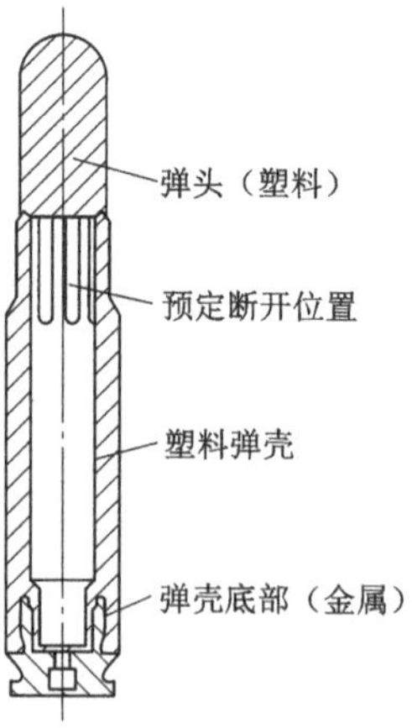

8.1.2 药筒的瓶形系数

药筒的形状主要有两种，即圆柱形和瓶形。手枪弹和分装式药筒多采用圆柱形；大部分轻武器药筒采用瓶形。

药筒采用瓶形具有以下好处：

①当武器口径、药筒长度相同时，瓶形药筒装药量多于圆柱形药筒；

②在药室容积相同的条件下，瓶形药筒长度较短，缩短了自动武器运动部分的行程长度，可提高射速、缩短武器长度；

③瓶形药筒较短，有利于抽壳。

若瓶形系数过大，会带来以下问题：

图 8.1.1 联邦德国的塑料空包弹

（弹头（塑料）、预定断开位置、塑料弹壳、弹壳底部（金属））

①过多增加武器弹膛部分的横向尺寸，会增大枪机、弹链等尺寸，使武器质量增加；
②使药筒斜肩角过大，易产生进弹故障；
③药筒底部质量增加；
④加工时需增加收口次数，否则易产生皱折。

上述问题中，前两项将直接影响武器性能。射击实践表明，步兵自动武器的故障，大部分是由供弹机构工作不可靠造成的，弹壳形状的选取，对供弹可靠性有一定影响，同时也影响武器的结构和质量。因此，新弹药设计过程中，药筒瓶形系数应在内弹道设计时，由弹药和武器设计人员共同协商确定。

所谓瓶形药筒，就是将药筒做成口部缩小形状，类似于瓶子，其口部缩小程度一般用瓶形系数 ψ 表示，如图 8.1.2 所示。

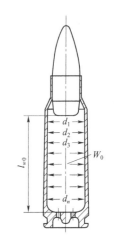

图 8.1.2　瓶形药筒

$$\psi = \frac{d_{pj}}{d} = \sqrt{\frac{l_0}{l_{w_0}}} \tag{8.1.1}$$

式中，d_{pj} 为药筒平均内径；d 为武器口径；l_0 为药室缩径长；l_{w_0} 为药室长度。

药筒平均内径可表示为

$$d_{pj} = \frac{d_1 + d_2 + d_3 + \cdots + d_n}{n} \tag{8.1.2}$$

实际计算中，为测量方便，求 d_{pj} 时常以药筒外径尺寸进行计算，这和实际相差不大。从式（8.1.1）可看出，瓶形药筒 ψ 值大于 1，圆柱形药筒 ψ 值等于 1。

实际设计时，瓶形系数的选取，常参考现有武器的弹膛或所用药筒的瓶形系数，表 8.1.3 列出了常见枪弹弹壳的瓶形系数。

表 8.1.3　常见枪弹弹壳的瓶形系数

56 式 7.62 mm	53 式 7.62 mm	54 式 12.7 mm	56 式 14.5 mm	M193 5.56 mm	M59 7.62 mm
1.29	1.36	1.47	1.69	1.32	1.33

枪弹药筒的瓶形系数通常可用下列经验公式初步估算：

$$\psi = \sqrt{0.2\left(1 + \frac{W_0}{d^3}\right)} \tag{8.1.3}$$

式中，W_0 为药室容积。

若由上式计算所得结果 $\psi < 1$ 时，则取 $\psi = 1$。通过式（8.1.3）计算的常见枪弹药筒瓶形系数见表 8.1.4。

表 8.1.4　常见枪弹弹壳的瓶形系数估算值

56 式 7.62 mm	53 式 7.62 mm	54 式 12.7 mm	56 式 14.5 mm	M193 5.56 mm	M59 7.62 mm
1.02	1.36	1.48	1.63	1.52	1.30

8.1.3　药筒各部分尺寸的确定

前面已谈到设计药筒时的两种情况，对于武器已定要求改进药筒的情况，这时弹膛尺寸已知，则药筒外部尺寸与弹膛的配合关系成为主要考虑因素，随后确定药筒各部位的壁厚；对于整个武器系统都重新设计的情况，对药筒设计者来说，已知的数据主要是药室容积和武器口径，本节对第二种情况下药筒各部分尺寸的确定进行详细介绍。

药筒各部分的尺寸包括壁厚、直径、长度等，这些尺寸是在分析所设计药筒要求和参考现有各种药筒的已有数据的基础上进行理论分析确定的。

1. 药筒壁厚

药筒壁厚直接影响它的使用性能、勤务处理和经济性，当药筒可能达到的力学性能一定时，合理选择药筒壁厚，具有以下作用：

①射击时可靠地密闭火药气体；

②射击后退壳性能良好，药筒不产生横向或纵向裂纹；

③勤务处理和使用时，具有必要的刚度（即保证药筒本身不变形，弹丸和药筒结合牢固）。

显然，上述要求互相矛盾，如为保证闭气性能，希望药筒越薄越好，但与具有必要的刚度矛盾。为解决该矛盾，通常采用变壁厚，即药筒由口部到底部逐渐增厚。

药筒壁厚一般用相对壁厚表示，其具体表示为

$$m = \frac{2t}{d} \tag{8.1.4}$$

式中，t 为某断面壁厚；d 为该断面直径。

自动武器相对壁厚的取值大于一般武器，大多数药筒的相对壁厚在 0.03 ~ 0.1 范围内，小口径弹药相对壁厚取值常接近于上限。若相对壁厚取值较大，会使药筒质量增加，减少战士弹药携带量，同时原材料消耗也增多。因此，在设计时，应尽量采用较小的壁厚，但需保证药筒具有足够强度，以满足射击和勤务处理的要求。

2. 筒口

药筒口部主要用来固定弹丸（定装式），并使其具有一定的拔弹力，同时又要求它在较低的膛压下膨胀，从而封闭弹膛，达到密闭火药气体的目的。因此，通常将筒口设计得较薄，以便提高闭气性。而提高拔弹力是靠筒口与弹丸间的过盈配合实现的，但过盈量不宜过大，过大过盈值在装配时会使药筒口部产生很大变形，损害药筒防腐层，并使口部产生较大的拉应力。为保证药筒与弹丸结合牢固，除通过过盈配合外，还可采用滚沟的办法，实现增大拔弹力，如图 8.1.3 所示。同时，口部力学性能的变化对拔弹力和闭气性也有一定的影响。

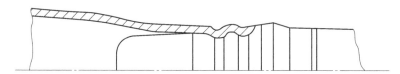

图 8.1.3 药筒与弹丸间的滚沟结合

（1）壁厚 t_k

药筒口处的壁厚是根据它和弹丸连接的牢固性、闭气性确定的，对于枪弹药筒来说，它与斜肩处的壁厚有一定的关系，而斜肩处的壁厚又与整个药筒的刚度有关，药筒各部分尺寸如图 8.1.4 所示。

枪弹药筒的口部壁厚一般为

$$t_k = (0.03 \sim 0.05)d_k \qquad (8.1.5)$$

(2) 筒口长度 l_k

药筒口部长度主要影响其与弹丸结合的强度，其中药筒筒口和弹丸的接触面越大，弹丸和药筒连接就越牢固，但其受到弹丸连接部位（圆柱部分）长度的限制。筒口长度一般为

$$l_k = (0.4 \sim 1.25)d \qquad (8.1.6)$$

式中，d 为口径。

(3) 筒口内径 d_{k0}

为获得拔弹力，筒口内径须比弹丸圆柱部分的直径小。因此，只要给出它们之间的过盈量，就可确定筒口内径。

通过对现有枪弹的大量统计可知，筒口内径的名义值比弹丸圆柱部名义直径小 $0.1 \sim 0.15$ mm。小口径枪弹由于药筒较薄、圆柱部较短等原因，过盈量取上限，大口径枪弹则取下限。筒口内径可表示为

$$d_{k0} = d_y - (0.1 \sim 0.15) \text{ mm} \qquad (8.1.7)$$

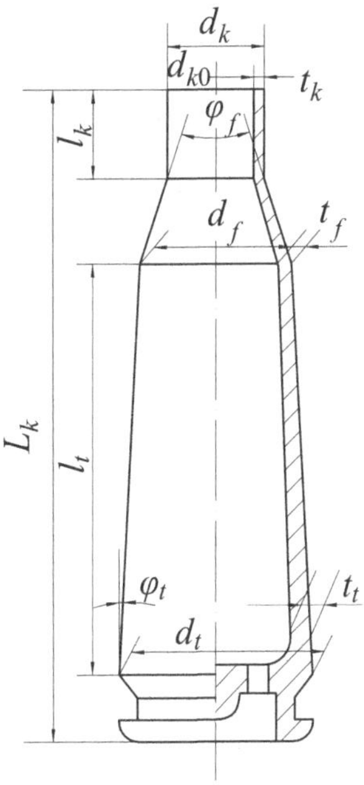

式中，d_y 为弹丸圆柱部的名义直径。

图 8.1.4 药筒各部位尺寸

但制造枪弹时，弹丸和药筒在该处存在制造公差 $-\delta d_y$ 和 $+\delta d_{k0}$。生产过程中一般控制在中公差，即控制在 $-0.5\delta d_y \sim +0.5\delta d_{k0}$，而一般

$$|\delta d_y| = |\delta d_{k0}| \qquad (8.1.8)$$

因此，实际过盈量为 $(0.1 \sim 0.15) - \delta d_y$。为防止产生间隙，在确定过盈时，应使下式成立，即

$$d_y - \delta d_y \geqslant d_{k0} + \delta d_{k0} \qquad (8.1.9)$$

例如，56 式 14.5 mm 枪弹弹丸直径为 $14.93_{-0.05}$ mm，筒口内径为 $14.82^{+0.05}$ mm，其过盈量为 $14.93 - 14.82 = 0.11$（mm），代入不等式中可得，$14.93 - 0.05 > 14.82 + 0.05$，故不会产生间隙。

有时用相对过盈量来确定筒口内径，即

$$q = \frac{d_y - d_{k0} - \delta d_y}{d_{k0}} \qquad (8.1.10)$$

式中，q 为口部的相对过盈量，一般为 $0.004 \sim 0.012$。

对于小口径枪弹，取上限；大口径枪弹取下限。如 56 式 14.5 mm 枪弹相对过盈量为 $q = \dfrac{14.93 - 14.82 - 0.05}{14.82} = 0.0042$。

(4) 筒口外径（d_k）

$$d_k = d_{k0} + 2t_k \qquad (8.1.11)$$

3. 斜肩

(1) 斜肩壁厚（t_j）

对于枪弹药筒，斜肩壁厚为

$$t_j = (0.03 \sim 0.04)d_j \tag{8.1.12}$$

式中，d_j 为药筒斜肩外径，由于 $\dfrac{d_j}{d_k} \approx \psi$，故斜肩角的大小与武器性能、定位方式等有关，采用斜肩定位的药筒，斜肩角一般为 20°~50°。

用底缘定位的药筒，φ_j 值可取小些。若斜肩角过大，则入膛困难，收口复杂；斜肩角过小，则制造误差对斜肩定位误差影响较大，并且在药室容积相同的情况下使药筒长度增加。

(2) 斜肩长（l_j）

$$l_j = \frac{1}{2}(d_j - d_k)\cot\frac{\varphi_j}{2} \tag{8.1.13}$$

4. 筒体

药筒体的尺寸是根据药室容积、瓶形系数、药筒强度、抽壳性能等因素确定的，同时还应考虑到质量小、刚度好的要求。因此，一般将药筒设计成锥形，其壁部由上至下逐渐增厚，并利用加工硬化的方法，使各部分的材料强度有不同程度提高。

(1) 筒体半锥角（φ_t）

为便于进膛和抽壳，可将药筒体部制成锥形。

对于弹匣供弹的自动武器，药筒体部的锥度不宜太大，否则弹匣须做成弧形，弧形弹匣制造、携带和使用均不方便。

手枪弹由于膛压低、药筒短（这些特点均有利于抽壳），常采用圆柱形或锥角极小的筒形药筒。

在自由枪机式和半自由枪机式武器中，由于发射后开始抽壳，锥形药筒在抽壳过程中将形成较大的缝隙，为避免火药气体从后面喷出和抽壳过程中药筒过分膨胀破裂，故采用圆柱形药筒较为有利。一般情况下，$\varphi_t = 0.5° \sim 1.5°$，手枪弹的半锥角可小至 5′。

(2) 筒体长度（l_t）

筒体长度可根据瓶形系数 ψ 和药室容积 W_0 来确定，若忽略斜肩和筒口在弹丸嵌入后剩余的一部分容积，则药室长度近似为筒体长度，即

$$l_t = l_{w_0} \tag{8.1.14}$$

式中，l_{w_0} 为药室长度。

根据瓶形系数定义，可得

$$l_t = \frac{l_0}{\psi^2} \tag{8.1.15}$$

(3) 筒体下部直径（d_t）

筒体下部直径可表示为

$$d_t = d_j + 2l_t\tan\varphi_t \tag{8.1.16}$$

(4) 筒体下部壁厚（t_t）

对于枪弹药筒，筒体下部壁厚为

$$t_t = (0.068 \sim 0.076)d_t \tag{8.1.17}$$

表 8.1.5 给出了常见枪弹药筒的相对壁厚。

表 8.1.5 常见枪弹药筒的相对壁厚

序号	枪弹名称	筒口 壁厚($\frac{t_k}{d_y}$)	筒口 长度($\frac{l_k}{d_y}$)	筒口 相对过盈量	筒口 绝对过盈/mm	拔弹力/N	斜肩 壁厚($\frac{t_2}{d_j}$)	斜肩 长度($\frac{l_2}{d_j}$)	斜肩角	筒体下部壁厚($\frac{t_t}{d_t}$)
1	51式7.62 mm手枪弹	0.036	0.446	0.017	0.14	150~700	0.031 8	0.24	31°11′	0.069
2	59式9 mm手枪弹	0.035	0.445	0.011	0.15	200~600	—	—	—	0.068
3	美7.62 mm转轮手枪弹	0.031	—	0.010 2	0.13	—	—	—	—	0.082
4	53式7.62 mm步枪弹	0.043	1.24	0.011 6	0.14	350~1 000	0.035	0.827	29°40′	0.072
5	56式7.62 mm步枪弹	0.043	0.75	0.011 6	0.12	350~1 000	0.040	0.328	32°45′	0.07
6	M193 5.56 mm步枪弹	0.048	0.87	—	—	350	0.034	0.521	40°46′	0.101
7	M59 7.62 mm步枪弹	0.056	1.10	0.007 8	0.11	300~1 000	0.041	0.505	36°37′	0.10
8	54式12.7 mm机枪弹	0.036	1.21	0.004 7	0.11	3 000~6 000	0.039	0.496	37°53′	0.076
9	56式14.5 mm机枪弹	0.055	1.0	0.004 2	0.11	1 500~4 000	0.030	0.762	40°4′	0.076
10	M2 12.7 mm机枪弹	0.044	1.31	0.003 2	0.08	—	0.043	0.78	21°28′	0.072
11	意12.7 mm机枪弹	0.031	1.03	0.004	0.10	—	0.037	0.3	34°24′	0.076
12	比12.7 mm机枪弹	0.046	1.32	0.007 1	0.14	—	0.04	0.481	33°16′	—
13	英12.7 mm机枪弹	0.039	1.16	0.006 3	0.13	—	0.039	0.96	22°24′	0.072
14	日九三式13.2 mm机枪弹	0.037	1.05	0.004	0.05	—	—	0.553	28°40′	0.07
15	法13.2 mm机枪弹	0.037	1.04	0.004	0.04	—	—	0.553	28°40′	0.074

5. 底部

底部设计主要确定药筒的底部内表面连接形状、底部厚度和筒体壁。

（1）底部与体部连接处的内形

药筒内底与筒体内壁连接处的形状直接影响体部强度、退壳性能和工艺性，枪弹药筒内底处的连接形状如图 8.1.5 所示。

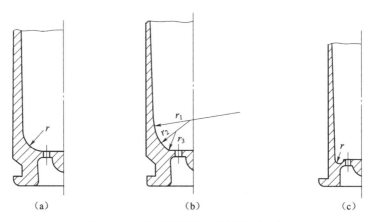

图 8.1.5　枪弹药筒内底部的圆弧形状

药筒内表面连接通常以圆弧与内底平面连接（图 8.1.5（a）），也有用两个或三个相切的圆弧与内底相接（图 8.1.5（b）），以便使下部壁厚逐渐增厚。对于有突出底缘的枪弹药筒，为使底缘易于成型，药筒体部与底部交接处可做成图 8.1.5（c）所示形状。内底连接处由于工艺原因，易产生皱折，将影响该处强度和抽壳性能。因此，在设计连接处形状时，应采取适当措施，以消除皱折。一般认为，增大连接处的圆弧可使皱折减小。

（2）底部厚度（h_d）

药筒底部厚度应保证药筒在工作过程中有足够强度，以保证武器系统的可靠工作。另外，筒底内表面（A—A 面）应在身管尾端面以内，如图 8.1.6 所示，否则火药气体将从体下部薄弱处冲出，具有较大危险。

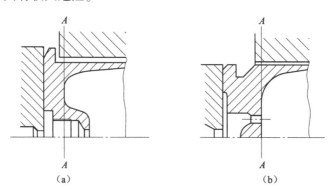

图 8.1.6　筒底内表面在内膛中的位置

枪弹药筒的底部厚度通常采用下列经验式确定：

底缘不突出的药筒

$$h_d = (0.4 \sim 0.45)d_d \tag{8.1.18}$$

式中，d_d 为底缘直径。

底缘突出的药筒

$$h_d = (0.32 \sim 0.37)d_d \tag{8.1.19}$$

6. 底火室

枪弹药筒底火室一般有两种形状，即带底火台和不带底火台，如图 8.1.7 所示。不带火台的底火室需另外装配火台或采用带火台的火帽，如图 8.1.8 所示。设计底火室时，需确定以下尺寸：

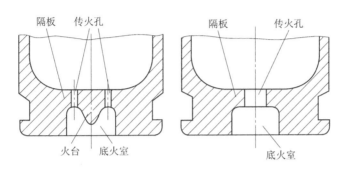

图 8.1.7 枪弹药筒底火室的形状

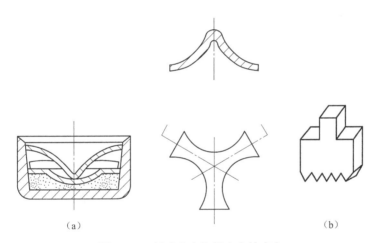

图 8.1.8 活动火台和带火台的底火

（1）底火室直径（d_s）

枪弹底火（火帽）是通过过盈配合装于底火室内，底火室直径可根据底火直径和过盈值来确定。根据实际资料统计可知，底火名义直径通常比底火室名义直径大 0.12~0.14 mm，底火室直径可通过下式确定：

$$d_s = d_{dh} - (0.12 \sim 0.14) \tag{8.1.20}$$

式中，d_s 为底火室名义直径；d_{dh} 为底火名义直径。

如果过盈量太小，则底火易脱落；过盈量太大，装配时底火变形较大，易使击发药松散，影响底火可靠作用。

另外，也可使用相对过盈量来确定底火室尺寸，即

$$d_s = \frac{d_{dh}}{1+q} \tag{8.1.21}$$

式中，q 为相对过盈量，一般取 $0.015 \sim 0.026$。

考虑到底火室和底火公差，可取最小相对过盈 $q_{\min} = 0.002 \sim 0.004$。若用 δd_s 和 δd_{dh} 分别表示底火室直径公差和底火直径公差，则

$$d_s + \delta d_s = \frac{d_{dh} - \delta d_{dh}}{1 + q_{\min}} \tag{8.1.22}$$

若略去 $q_{\min} \cdot \delta d_s$ 一项，可得

$$\delta d_s = d_{dh} - d_s(1 + q_{\min}) - \delta d_{dh} \tag{8.1.23}$$

已知 δd_{dh}，给出 $q_{\min}$ 值，即可确定 δd_s。

例如，已知 53 式 7.62 mm 枪弹 $d_{dh} = 6.53$ mm，$\delta d_{dh} = 0.05$ mm，$d_s = 6.4$ mm，求 δd_s。取 $q_{\min} = 0.004$，则

$$\delta d_s = 6.53 - 6.4 \times (1 + 0.004) - 0.05 = 0.054 \text{（mm）}$$

（2）底火室深度（h_s）

确定底火室深度时，应与火台、底火尺寸同时考虑，以保证满足下述要求：底火装入深度 $l_2 > 0$，以确保使用安全；药面与火台顶之间距离 $l_3 > 0$，使生产操作时安全；底火装入后，底火的口部与底火室之间应有一定间隙 l_1，防止装配时底火口部被压卷，产生漏烟。但上述尺寸均不能过大，以免影响发火性和结构尺寸。根据底火室和底火的装配关系，如图 8.1.9 所示，可得

$$h_{s\min} = h_{dh\max} + l_{1\min} + l_{2\max} \tag{8.1.24}$$

式中，$h_{s\min}$ 为底火室最小深度；$h_{dh\max}$ 为底火最大高度；$l_{1\min}$ 为底火口部到隔板的最小距离，一般取 $l_1 \geq 0.1$ mm（大口径枪弹可至 0.6 mm）；$l_{2\max}$ 为底火装入底火室的最大深度，一般取 $l_2 = 0.1 \sim 0.2$ mm。

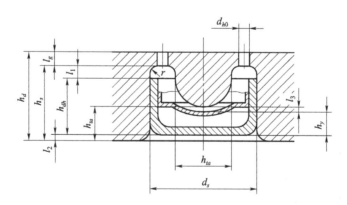

图 8.1.9 底火室与底火的装配关系

（3）底火室圆弧半径（r）

底火室圆弧半径不能过小，否则，射击时隔板易被剪断。另外，底火装配后，其口部不应超过底火室圆弧的切点过多，否则底火口部向内弯曲过多，射击时底火周围易产生漏烟。

通常小口径枪弹药筒 $r = 0.2 \sim 0.4$ mm，大口径枪弹药筒 $r = 1$ mm。

(4) 火台深度 (h_{ta})

根据装配关系，火台深度可按下式确定：

$$h_{tamin} = h_{y0} + l_{2max} + l_{3min} \tag{8.1.25}$$

式中，h_{tamin} 为火台最小深度；h_{y0} 为击发药面高度（包括锡箔厚）；l_{3min} 为药面到火台的最小距离，通常根据武器结构而定，通常 $l_3 = 0.02 \sim 0.2$ mm。

(5) 火台尺寸（d_{ta}、r_1、r_2）

火台尺寸如图 8.1.10 所示，火台直径可表示为

$$d_{ta} = (0.35 \sim 0.5)d_s \tag{8.1.26}$$

一般情况下，圆弧 r_1 取 $0.25 \sim 0.4$ mm。

圆弧 r_2 可表示为

$$r_2 = (0.35 \sim 0.5)d_{ta} \tag{8.1.27}$$

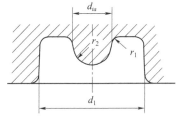

图 8.1.10　火台尺寸

(6) 传火孔

传火孔数目根据火台种类而定，带火台药筒的传火孔一般为两个，不带火台药筒仅中间有一个传火孔，如图 8.1.7 所示。传火孔面积的大小（或传火孔数目）对初速、膛压均有一定的影响，通过试验发现，传火孔数目增多（带火台药筒的传火孔直径受底火室尺寸限制，不能过分增大，常采用增加传火孔数目的方法增大传火孔面积），初速和膛压反而降低，见表 8.1.6。传火孔直径（d_{h0}）通常根据以下经验公式确定：

两孔

$$d_{h0} = (0.15 \sim 0.2)d_s \tag{8.1.28}$$

单孔

$$d_{h0} = (0.26 \sim 0.4)d_s \tag{8.1.29}$$

表 8.1.6　传火孔数目对初速、最大膛压的影响

枪弹名称	弹道性能	传火孔数目				初速和最大膛压变化值
		1	2	3	4	
51 式 7.62 mm 手枪弹	最大膛压/MPa	198	187	184	180	18
	初速/(m·s^{-1})	448	442	437	436	12
56 式 7.62 mm 步枪弹	最大膛压/MPa	257	—	—	251	1
	初速/(m·s^{-1})	727	720	719	714	13
56 式 14.5 mm 机枪弹	最大膛压/MPa	285	—	—	283	2
	初速/(m·s^{-1})	969	—	—	966	3

隔板为药筒药室和底火室隔开的那部分金属，在击发底火后，隔板承受着击发药气体压力的作用；在点燃发射药后，它将承受药室和底火室之间的压力差。因此，隔板需具有一定的厚度，它通过圆弧过渡与底火连接。但从冲传火孔的工艺来考虑，隔板不能太厚。通过试

验可知,若将56式14.5 mm和54式12.7 mm钢药筒的隔板厚度大大减小,对射击影响甚小。这种枪弹的隔板之所以较厚,主要是为了使药筒内底面位于枪管尾端面以内,以保证枪械使用安全。根据经验,隔板厚度(t_g)可由下式确定:

$$t_g = (0.16 \sim 0.3)d_s \quad (8.1.30)$$

7. 底缘尺寸

在确定底缘尺寸时,应考虑药筒的强度,防止抽壳时底缘损坏,并保证抓壳钩定位牢靠,不致滑脱;同时,不会过多增加药筒底部体积。药筒底缘各部分的尺寸如图8.1.11所示。

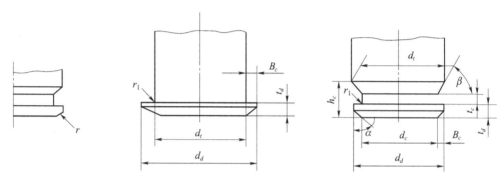

图 8.1.11 底缘尺寸

枪弹药筒的底槽深度(B_c)和厚度(t_d)可分别根据以下经验公式确定:

$$B_c = 0.6 \sim 2 \text{ mm}$$

通常手枪弹取下限,步枪弹取中间值,大口径枪弹取上限。

$$t_d = (0.09 \sim 0.13)d_t$$

一般情况下,大口径枪弹取下限,小口径枪弹取上限。底缘厚度也可表示为:

大口径枪弹

$$t_d = (1.1 \sim 1.25)B_c \quad (8.1.31)$$

小口径枪弹

$$t_d = (1.6 \sim 1.9)B_c \quad (8.1.32)$$

表8.1.7给出了一些枪弹药筒的底部尺寸。

8. 药筒全长

药筒的全长应根据药室容积最后确定,即所设计药筒最后的实际药室容积应与内弹道所要求的一致。当为旧武器系统设计药筒时,应考虑现有武器的弹膛尺寸,同时还必须满足战术技本要求。

对于底缘定位的药筒,其筒体和斜肩长度,一般与弹膛相同,为使弹药能顺利进入弹膛,不产生嵌紧现象(射击前弹丸就嵌入膛线中),导致枪机不易闭合,整装式底缘定位的药筒筒体长度需保证弹丸与膛线起始处存在一缝隙K,如图8.1.12所示。当K给定后,在已知弹膛尺寸的情况下,药筒全长即可定出。另外,斜肩定位的药筒也应考虑相应的K值。当新设计整个武器系统时,应在确定弹膛尺寸时考虑K值。

表 8.1.7 常见枪弹药的底筒的底部尺寸

枪弹名称	底厚 $\left(\dfrac{h_d}{d_d}\right)$	底火室相对过盈量 q	火台直径 $\left(\dfrac{d_{ta}}{d_s}\right)$	传火孔 直径 $\left(\dfrac{d_{tO}}{d_s}\right)$	传火孔 隔板厚度 $\left(\dfrac{t_g}{d_s}\right)$	底缘 宽度 B_c/mm	底缘 厚度 $\left(\dfrac{t_d}{d_d}\right)$	底缘 斜度 α/(°)	底缘 圆弧 r/mm
51 式 7.62 mm 手枪弹	0.41	0.024	0.49	0.2	0.23	0.7	0.127	—	0.5
59 式 9 mm 手枪弹	0.4	0.024	0.49	0.2	0.2	0.7	0.126	—	≤0.5
美 7.62 mm 转轮手枪弹	0.42	—	0.49	0.2	0.23	0.35	0.148	—	—
53 式 7.62 mm 步枪弹	0.35	0.02	0.53	0.16	0.16	1.03	0.131	—	—
56 式 7.62 mm 步枪弹	0.37	0.026	0.45	0.19	0.22	0.9	0.132	—	0.5
M193 5.56 mm 步枪弹	0.53	—	—	0.44	0.44	0.54	6.121	—	0.5
M59 7.62 mm 步枪弹	0.37	0.015	0.45	0.19	0.26	0.75	0.117	—	0.5
54 式 12.7 mm 机枪弹	0.42	0.015	0.43	0.15	0.46	1.8	0.093	45	—
56 式 14.5 mm 机枪弹	0.35	—	0.43	0.15	0.51	2	0.074	45	—
M2 12.7 mm 机枪弹	0.41	—	—	0.38	0.36	1.6	0.1	—	—
意 12.7 mm 机枪弹	0.32	—	—	0.16	0.36	1.25	0.119	—	—
比 12.7 mm 机枪弹	0.45	—	—	0.31	0.38	1.58	0.1	—	—
英 12.7 mm 机枪弹	0.33	—	—	0.15	0.38	1.7	0.081	—	—
日九三式 13.2 mm 机枪弹	0.44	—	—	0.26	0.38	1.8	0.09	45	—
法 13.2 mm 机枪弹	0.45	—	—	0.26	0.38	1.65	0.09	—	—

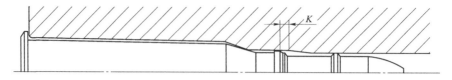

图 8.1.12　弹丸与膛线起始间的 K 值

8.2　初始间隙的选择

为保证弹药能顺利进膛和抽壳，药筒与膛壁之间有一定的径向间隙，一般称为初始间隙。通常可通过初始间隙值将药筒与弹膛的尺寸联系起来，即用其中的一个尺寸来确定另一个尺寸。

初始间隙为弹膛名义尺寸（内径）与药筒相应名义尺寸（外径）之差的一半，即

$$u_0 = \frac{1}{2}(D - d) \tag{8.2.1}$$

式中，u_0 为初始间隙；D 为弹膛内径；d 为药筒外径。

在选定初始间隙时，要考虑到初始间隙对最终间隙的影响，以及药筒的强度与闭气作用等。

由于药筒和弹膛存在制造公差，初始间隙将在某一个范围内变化，通常所称的初始间隙是它的最小值，或称为保证间隙，实际的间隙应比它大。

保证间隙应能保证药筒顺利入膛、可靠闭气和退壳，另外，也应考虑药筒强度。这些要求彼此之间存在矛盾，若使闭气性好和保证药筒强度，则初始间隙应较小，发射时药筒贴膛迅速，变形量小；为保证药筒顺利入膛和可靠退壳，初始间隙应较大，这样药筒入膛容易，射击后药筒的恢复变形量增加。

材料的应力-应变曲线如图 8.2.1 所示。可以看出，当药筒内的应力超过弹性极限后，材料开始强化，其中有一段强化较快。若增大初始间隙，会使药筒材料强化增加，有利于形成最终间隙。若初始间隙过大，药筒切向变形增加，易产生破裂。材料变形一般分为三个区域，如图 8.2.2 所示，分别是弹性区（I 区），应力和应变在该阶段成正比关系，材料符合胡克

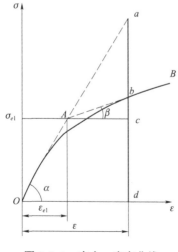

图 8.2.1　应力-应变曲线

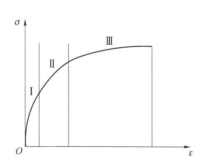

图 8.2.2　材料变形的三个区域

定律；小变形区（Ⅱ区），该区域材料的变形量不大，但强化作用较显著，初始间隙选在此范围内较合适；大塑性变形区（Ⅲ区），该区域材料的变形虽大，但强化作用不显著，变形量过大易使药筒产生破裂。

显然，初始间隙选在Ⅱ区对药筒强度和可靠退壳有利。初始间隙的最大值和最小值分别为

$$u_{0\max} = \frac{1}{2}(D_{\max} - d_{\min}) \tag{8.2.2}$$

$$u_{0\min} = \frac{1}{2}(D_{\min} - d_{\max}) \tag{8.2.3}$$

式中，$u_{0\max}$、$u_{0\min}$分别为初始间隙的最大值和最小值；$D_{\max}$、$D_{\min}$分别为弹膛内径的最大值和最小值；$d_{\max}$、$d_{\min}$分别为药筒外径的最大值和最小值。

另外，也可以使用相对间隙来表示初始间隙，即

$$\delta_0 = \frac{D-d}{d} = \frac{2u_0}{d} \tag{8.2.4}$$

式中，δ_0为相对初始间隙。

枪弹药筒与弹膛间初始间隙的一般范围见表8.2.1，现有常见枪和弹的初始间隙见表8.2.2。

表8.2.1 枪弹初始间隙的一般范围

部位	$u_{0\max}$/mm	$\delta_{0\max}$	$u_{0\min}$/mm	$\delta_{0\min}$
体下部	0.1~0.15	0.02	0.025~0.05	0.005
斜肩下部	0.1~0.18	0.02	0.025~0.1	0.005
斜肩上部	0.1~0.2	0.03	0.025~0.1	0.01

初始间隙通常沿药筒长度方向上相等，或在筒口处间隙稍大。这是因为弹丸装入药筒后，药筒口部内径公差、壁厚公差和弹丸直径公差均影响药筒口部外径，加之弹丸和药筒在装配时轴线不完全重合，为消除它们对进膛的影响，药筒口部的初始间隙要大一些。

同时，在弹药进膛闭锁后，药筒底面与枪机弹底窝平面之间也应有一定的间隙，该间隙称为弹底间隙（闭锁间隙），用符号Δ表示。

弹底间隙是实现武器闭锁机构作用所需要的参量，其随着武器使用过程中闭锁零件的磨损及射击过程中各零件的弹性变形和温度变形而增大。弹底间隙应选择合适，不应过大或过小。若过小，会影响武器动作灵活性，甚至发生不闭锁发火事故；过大时，易引起药筒横断或底部炸裂。另外，由于药筒外表面通常为锥体，发射时若药筒后移量过大，会使药筒与弹膛的间隙增大，容易产生纵裂或火药气体泄出。

表8.2.3为常见枪和弹间的弹底间隙值。可以看出，新枪出厂时，闭锁间隙数值的下偏差允许出现负值，也就是说，允许有过盈。对于口径较大、射速较高的枪械，则过盈较大，甚至在整个使用期间保持一定的过盈。斜肩定位的枪弹，当推弹突笋以较大的速度将它推进膛后，枪机到位停止运动，而枪弹因惯性继续向前运动，药筒被压缩，长度略微减短，闭锁间隙增加，这就有可能在发射时产生瞎火或断壳。为避免发生这种故障，将弹底间隙取为过盈。另外，这也可以缓冲枪机复进到位的冲击。

表 8.2.2　常见枪和弹的初始间隙值

部位	间隙	54 式 7.62 mm 手枪弹	54 式 7.62 mm 冲锋枪	53 式 7.62 mm 重机枪	56 式 7.62 mm 冲锋枪	54 式 12.7 mm 高射机枪	56 式 14.5 mm 高射机枪	比利时 FN 7.62 mm 自动步枪	美 M14 7.62 mm 自动步枪
体下部	$2u_{0max}$/mm	0.22	0.19	0.26	0.176	0.23	0.255	0.35	0.252
	δ_{0max}/mm	0.022	0.019	0.021	0.016	0.011	0.009 5	0.029	0.021
	$2u_{0min}$/mm	0.11	0.08	0.06	0.006	0.04	0.065	0.18	0.08
	δ_{0min}/mm	0.011	0.008	0.005	0.000 5	0.001 8	0.002 4	0.15	0.007
斜肩下部	$2u_{0max}$/mm	0.18	0.59	0.255	0.15	0.37	0.29	0.24	0.554
	δ_{0max}/mm	0.019	0.063	0.022	0.015	0.019 4	0.011	0.021	0.048
	$2u_{0min}$/mm	0.08	0.48	0.074	0.05	0.18	0.10	0.09	0.404
	δ_{0min}/mm	0.009	0.051	0.005	0.005	0.009	0.004	0.008	0.035
斜肩上部	$2u_{0max}$/mm	0.24	0.18	0.26	0.44	0.32	0.39	0.43	0.397
	δ_{0max}/mm	0.028	0.021	0.03	0.051	0.023	0.024	0.05	0.046
	$2u_{0min}$/mm	0.10	0.03	0.08	0.17	0.03	0.20	0.21	0.177
	δ_{0min}/mm	0.012	0.004	0.009	0.02	0.002	0.012	0.024	0.02

表 8.2.3　常见枪和弹间的弹底间隙值

武器名称	斜肩至底面距离或底缘厚度/mm	应闭锁样板/mm	出厂不闭锁样板/mm	寿终前不闭锁样板/mm	制造间隙（最大及最小）/mm	磨损许可量/mm	最大弹底间隙/mm
56 式 7.62 mm 冲锋枪	$33_{-0.2}$	32.85	32.95	33.15	0.15 / −0.15	0.2	0.35
56 式 7.62 mm 半自动步枪	$33_{-0.2}$	32.85	32.95	33.15	0.15 / −0.15	0.2	0.35
56 式 7.62 mm 轻机枪	$33_{-0.2}$	32.85	32.95	33.15	0.15 / −0.15	0.2	0.35
58 式 7.62 mm 轻机枪	$1.63_{-0.13}$	1.625	1.676	1.828	0.176 / −0.005	0.152	0.328
57 式 7.62 mm 重机枪	$1.63_{-0.13}$	1.625	1.676	1.828	0.176 / −0.005	0.152	0.328
54 式 12.7 mm 高射机枪	$92.6_{-0.3}$	91.92	92.04	92.34	0.26 / −0.68	0.3	0.56
56 式 14.5 mm 高射机枪	$99.3_{-0.2}$	99.15	99.30	—	0.2 / −0.15	—	—

对于采用刚性拉壳钩的枪械（如56式14.5 mm高射机枪），在枪机停止运动后，弹壳靠惯性向前运动时，底缘有可能被拉弯。为解决这个问题，在设计闭锁机构时，常用压缩弹壳的办法，即将弹膛尺寸缩短，每次推弹入膛时，使弹壳产生压缩量。这样就保证了枪弹底平面紧贴在枪机弹底窝平面上，防止发射时弹壳横断、拉弯底缘和瞎火等故障，并能缓冲枪机到位的撞击。

8.3 抽壳理论

抽壳理论是描述射击过程中药筒与膛壁间形成最终间隙过程的理论，其中影响最终间隙的因素较多，如初始间隙、药筒材料、尺寸和力学性能、弹膛结构尺寸和力学性能、火药气体压力、膛内温度等。工程人员通过考虑药筒和弹膛的切向变形或药筒壁和弹膛壁的振动，建立了多种抽壳模型，研究最终间隙的形成过程和主要影响因素。本节对考虑药筒和弹膛切向变形的抽壳模型进行介绍。

8.3.1 射击过程中药筒的移动和变形

射击时，根据火药气体压力的变化情况，可将药筒的移动和变形分为以下四个阶段来研究。

1. 第一阶段：从药筒开始膨胀到与膛壁接触为止

该阶段初期，火药气体压力迅速增加，药筒与弹头（丸）同时受到火药气体压力的作用，分别向前和向后移动，消除弹底间隙，药筒特别是其口部将产生径向膨胀，引起切向变形。药筒口部的径向膨胀会使它与弹丸之间出现缝隙，这样火药气体就会从缝隙中溢出，冲入药筒外壁与膛壁之间，有时甚至到达斜肩处。这可由药筒口部被熏黑现象来证实，熏黑的长短与药筒结构尺寸（口部壁厚、力学性能等）及火药燃速等有关。

随着火药气体压力升高，药筒的膨胀量也增大，使初始间隙消除，药筒壁与膛壁接触。与此同时，闭锁构件开始产生压缩变形，药筒沿轴向移动和伸长。由于药筒力学性能和尺寸（壁厚与直径）沿长度方向变化，各部位与膛壁接触先后顺序不同，通常斜肩或筒口先贴膛。

药筒壁在弹性变形范围内所能承受的最大火药气体压力可近似表示为

$$p = \frac{2t}{d_0}\sigma_e \tag{8.3.1}$$

式中，p 为药筒壁在弹性变形范围内所能承受的最大火药气体压力；t 为所研究断面处药筒的壁厚；d_0 为所研究断面处药筒的内径；σ_e 为所研究断面处药筒材料的弹性极限。

以56式7.62 mm步枪弹的钢弹壳为例，它的口部 $t_k = 0.29$ mm，$\sigma_{ek} = 441$ MPa，$d_{k0} = 7.8$ mm，则

$$p = \frac{2t_k}{d_{k0}}\sigma_{ek} = 32.7 \text{ MPa}$$

即在膛压大于32.7 MPa时，口部开始产生塑性变形。

药筒的弹性相对切向变形量 ε_{e1} 和弹性径向位移量 u_e 可分别表示为

$$\varepsilon_{e1} = \frac{\sigma_e}{E_1} \tag{8.3.2}$$

$$u_e = \frac{\sigma_e d}{2E_1} \tag{8.3.3}$$

式中，d 为所研究断面药筒的外径；E_1 为药筒材料的弹性模量。

以 56 式 7.62 mm 步枪弹的钢弹壳为例，$E_1 = 216$ GPa，口部 $d_k = 8.4$ mm，$\sigma_{ek} = 441$ MPa，体下部 $d_t = 11.35$ mm，$\sigma_{et} = 540$ MPa，则口部弹性径向位移量 $u_e = \frac{\sigma_e d}{2E_1} = 0.0086$ mm，体下部弹性径向位移量 $u_e = \frac{\sigma_e d}{2E_1} = 0.0141$ mm。实际它的口部间隙为 0.085 ~ 0.22 mm，体下部间隙为 0.003 ~ 0.088 mm。由计算结果可以看出，弹壳口部在贴膛之前已开始产生塑性变形，从而使材料产生强化。而膛内高温火药气体对药筒壁加热，使药筒产生温度变形。

2. 第二阶段：从药筒壁与膛壁接触到最大膛压

该阶段药筒与膛壁一起产生径向变形，而药筒大部分部位产生塑性变形，弹膛仅为弹性变形。同时，在药筒壁紧贴弹膛壁的情况下，作用在药筒底部的火药气体压力，使药筒随闭锁构件的持续压缩而继续产生纵向拉伸。与此同时，药筒与膛壁、枪机紧密接触，在火药气体压力作用下，产生压缩变形；底火室内也受火药气体作用，使底部处于复杂应力状态。火药气体继续对药筒壁加热，药筒和弹膛温度都不断提高，继续产生热变形。

该阶段末期，药筒的变形量达到最大值。若切向变形超过允许值，则药筒产生纵裂；若轴向变形超过允许值，则药筒产生横裂甚至横断。

3. 第三阶段：从最大膛压降至大气压力

膛压开始下降后，弹膛产生弹性恢复，恢复到它的初始位置。药筒也产生弹性恢复，但它不能恢复到原来的位置。这时药筒与弹膛间可能产生间隙，也可能产生过盈，且药筒与弹膛仍处于热变形中。

随着膛压下降，药筒也沿轴向做弹性恢复。如果药筒弹性恢复量比枪机的小，则枪机不能自由恢复原位，枪机将压药筒向前，使药筒楔紧在膛内，影响抽壳。另外，药筒的温度一般比弹膛的高，它的热变形不利于抽壳。

4. 第四阶段：从膛内压力降到大气压起至抽壳完毕

单发射击时，膛壁温度一般低于药筒温度，药筒将向膛壁传递热量，温度下降，并产生恢复变形（冷缩）。对于自动武器来说，若是在一定压力情况下抽壳，就不存在第四阶段。同时，自动武器的射速高，膛壁温度也高，不利于药筒冷却。

8.3.2 抽壳理论

为计算射击后药筒与弹膛间的最终间隙，需建立药筒与膛壁间形成最终间隙的物理模型——抽壳理论，下面介绍几种主要的抽壳理论。

1. 马秋宁理论

马秋宁认为，射击后药筒的弹性恢复变形大于弹膛内壁变形，通过变形差就得到了最终间隙，其可表示为

$$\delta_1 = \frac{\sigma_{e1}}{E_1} - \varepsilon_k \tag{8.3.4}$$

式中，δ_1 为相对最终间隙；σ_{e1} 为药筒材料的弹性极限；E_1 为药筒材料的弹性模量；ε_k 为弹

膛内表面的切向变形。

弹膛内表面的切向变形可表示为

$$\varepsilon_k = \frac{2}{3} \frac{p_1}{E_2} \cdot \frac{2R_2^2 + R_1^2}{R_2^2 - R_1^2} \qquad (8.3.5)$$

式中，p_1 为弹膛内表面的压力；R_1、R_2 分别为弹膛内、外半径；E_2 为弹膛材料的弹性模量。

从上式可以看出，马秋宁理论未考虑材料的强化，即将药筒材料视为理想塑性体，形成的最终间隙有 3 种情况，即 $\delta_1 > 0$、$\delta_1 = 0$ 和 $\delta_1 < 0$。同时，由式 (8.3.4) 可知，只有当 $\dfrac{\sigma_{e1}}{E_1} > \varepsilon_k$ 时，才能形成正的最终间隙。

图 8.3.1 所示为马秋宁理论示意图。其中纵坐标表示应力，横坐标表示切向应变。Ⅰ—Ⅰ 为射击前药筒外壁的位置，Ⅱ—Ⅱ 为发射前弹膛内壁的位置，二者之间有初始间隙 δ_0。射击时，药筒先产生弹性变形，随后产生塑性变形，变形到 Ⅱ—Ⅱ 位置时，就与弹膛贴合，然后一起变形达到膨胀的极限位置 Ⅱ′—Ⅱ′。膛压下降后，弹膛壁按加载线 AB 恢复到初始位置 Ⅱ—Ⅱ。药筒在卸载后不能按加载线 Oab 恢复，而是沿与加载线 Oa 相平行的 bc 线恢复，变形结束后形成最终间隙 δ_1。当 c 点位于 A 点以左，则最终间隙为正值；c 点位于 A 点右边，则最终间隙为负值，即出现"卡壳"。

从图 8.3.2 中可以看出，药筒口部形成负间隙，下部形成正间隙。其原因是两处材料的弹性极限不同和卸载后弹性恢复量不同。图中 $Oabc$ 为药筒口部的变形线，$Oa'b'c'$ 为筒体下部的变形线，AB 为弹膛壁的变形线。

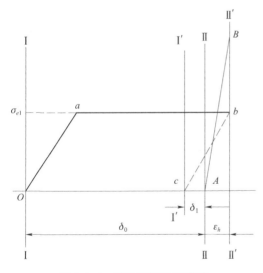

图 8.3.1　马秋宁理论示意图

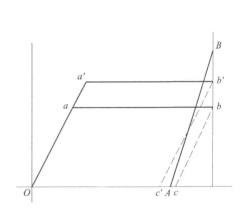

图 8.3.2　筒口和筒体下部变形示意图

马秋宁理论未考虑材料的强化、温度变形和变形速度等许多重要因素的影响，计算结果与试验结果有较大误差。

2. 格拉基林理论

格拉基林理论的特点是考虑了材料的强化，药筒和弹膛壁的变形关系如图 8.3.3 所示。

发射时，药筒壁内的应力起初在弹性区内变化，当应力超过 σ_{e1} 后，药筒即发生塑性变形，同时材料产生强化，应力沿曲线 ab 变化。膛压下降时，药筒壁内的切向应力沿直线 ab 变化。

在实际计算中，为了简化，常用直线 ab 代替曲线 ab，药筒材料的强化模数可表示为

$$E_1' = \tan\alpha' \tag{8.3.6}$$

由图 8.3.3 可以看出，为计算最终间隙，需知道弹膛壁的变形 ε_k 和药筒的弹性恢复变形 ε_e'，即

$$\delta_1 = \varepsilon_e' - \varepsilon_k \tag{8.3.7}$$

其中

$$\varepsilon_e' = \frac{\sigma_1}{E_1} \tag{8.3.8}$$

而

$$\sigma_1 = \sigma_{e1} + \sigma_e' = \sigma_{e1} + (\delta_0 + \varepsilon_k - \varepsilon_{e1})E_1' \tag{8.3.9}$$

所以

$$\varepsilon_e' = \frac{\sigma_{e1}}{E_1} + (\delta_0 + \varepsilon_k - \varepsilon_{e1})\frac{E_1'}{E_1} \tag{8.3.10}$$

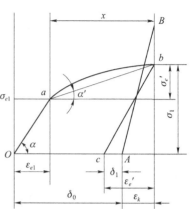

图 8.3.3　格拉基林理论示意图

若取

$$n = \frac{E_1'}{E_1} \tag{8.3.11}$$

$$x = \delta_0 + \varepsilon_k - \varepsilon_{e1} \tag{8.3.12}$$

则

$$\varepsilon_e' = \frac{\sigma_{e1}}{E_1} + nx \tag{8.3.13}$$

$$\delta_1 = \left(\frac{\sigma_{e1}}{E_1} - \varepsilon_k\right) + nx \tag{8.3.14}$$

式中，ε_e' 为卸载后药筒的切向弹性恢复变形；σ_1 为膨胀到极限位置时，药筒壁内的切向应力；σ_e' 为药筒因塑性变形强化而引起的应力增量；x 为药筒的塑性变形量。

对于变形的某一截面来说，$\dfrac{\sigma_{e1}}{E_1}$ 和 ε_k 均为常数，故最终间隙为 nx 的函数。又因 x 为 δ_0 的函数，所以最终间隙是初始间隙的函数。

根据材料试验可求出 $n = f(x)$ 的关系图表，由于药筒各部位的力学性能不同，在具体计算最终间隙时，应分段进行。

3. 普罗托波波夫原理

普罗托波波夫原理除了考虑材料的强化外，还考虑了温度对形成最终间隙的影响，普罗托波波夫原理示意图如图 8.3.4 所示。

假设 O—O 为药筒外壁的初始位置，A—A 为弹膛内壁的初始位置，B—B 为最大膛压时药筒和弹膛壁的位置。在膛压上升过程中，药筒在火药气体压力作用下开

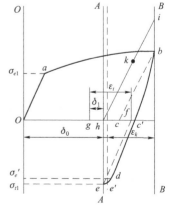

图 8.3.4　普罗托波波夫原理示意图

始径向膨胀，药筒壁的应力-应变关系按曲线 Oab 变化，塑性变形过程中，材料产生强化。当药筒变形到 $A—A$ 位置，药筒与弹膛接触，随后与弹膛一起变形到 $B—B$ 位置，该过程中，弹膛壁内的应力-应变关系沿 hi 线变化。

在膛压下降过程中，如果不考虑热变形，弹膛将沿 hi 线向 $A—A$ 位置恢复，药筒则应沿 bc 线进行弹性恢复。但这时药筒还受火药气体加热，从而产生热膨胀，故药筒将沿 bc' 曲线进行恢复。当膛压降至大气压时，药筒到达 c' 点，此时弹膛壁的应力相当于 k 点应力的值。随后弹膛继续恢复，压缩药筒，使其先产生弹性压缩（沿 $c'd$ 线），进而产生塑性压缩（沿 de 线），到达 e 点（实际是 e' 点）。这时若进行抽壳，则因药筒被弹膛紧箍（以过盈量 $c'h$ 表示），所需抽壳力较大。如果药筒温度下降，产生收缩量 ε_t，当 $\varepsilon_t > c'h$ 时，就形成最终间隙 δ_1，反之，就将产生过盈量，即

$$\delta_1 = \varepsilon_t - \frac{\sigma_{t1}}{E_1} \tag{8.3.15}$$

为研究不同因素对最终间隙的影响，普罗托波波夫曾进行了一系列试验，下面是静压试验、射击试验和隔热试验相关结果。

试验采用的是口径为 20 mm 的铜药筒，选取同一批产品，以保证尺寸和力学性能的一致性，药筒形状接近圆柱形。

（1）静压试验

取 12 发药筒，其壁厚为 0.7 mm，将其装入钢模内做静压试验（在 20 ℃ 条件下），初始间隙为 0.58 mm，试验装置如图 8.3.5 所示。

测量加压前后药筒的直径，求出差值（测量误差不超过 1 μm），其结果如图 8.3.6 所示。

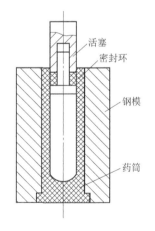

图 8.3.5 药筒静压试验装置

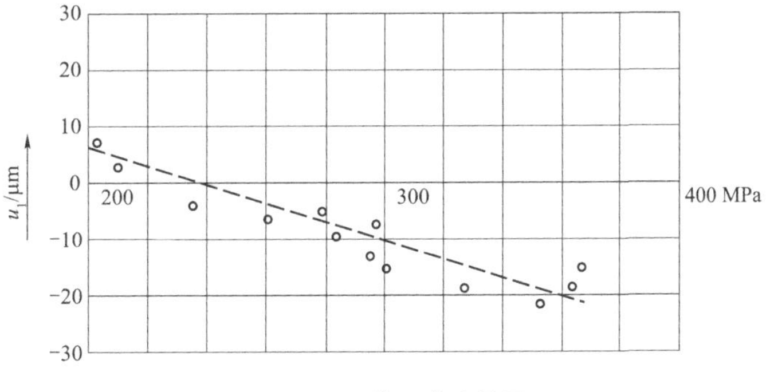

图 8.3.6 静压试验结果

由图 8.3.6 可以看出，最终间隙随压力（静压）的增加而逐渐减小，当压力大于 235 MPa 后，最终间隙由正值变为负值。

（2）射击试验

为减小轴向应力的影响，采用刚性固定措施，所用药筒及弹膛尺寸与静压试验时的相同，并在同一断面上测量。测量结果如图 8.3.7 所示。

由图 8.3.7 可知，射击时（动载荷）的最终间隙比静载荷（图 8.3.6）时所获得的最终

间隙要大很多。这是由于材料在承受动载荷时的应力-应变曲线比静载荷时的高,另外,还有温度的影响。

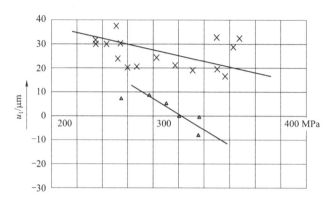

图 8.3.7 射击和隔热试验结果

(3) 隔热试验

在药筒内表面贴上一层厚纸,这层厚纸在射击时来不及烧尽,可起隔热的作用。试验条件和测量情况与射击试验时的相同,其结果如图 8.3.7 中"△"号所示。

由图中可以看出,射击时受高温加热的药筒在冷却时所产生的冷缩变形能使最终间隙增大。

普罗托波波夫还研究了射击时药筒壁内的温度分布情况。图 8.3.8 表示药筒壁厚不同时,温度与时间的关系曲线。其中横坐标为由火药点燃时算起的时间,纵坐标为药筒外表面的温度。由图中可以看出,药筒壁越薄,加热温度越高。利用图 8.3.8($t = 6 \times 10^{-3}$ s)作出了一条温度与药筒壁厚间的关系曲线,如图 8.3.9 所示。

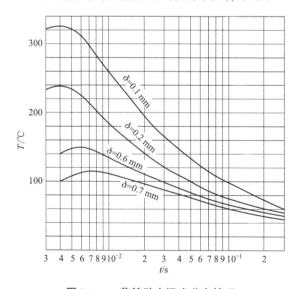

图 8.3.8 药筒壁内温度分布情况

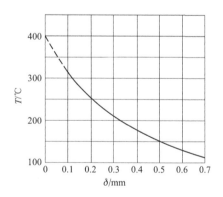

图 8.3.9 温度与药筒壁厚的关系曲线

8.4 最终间隙计算

药筒是变强度、不等截面、带底的锥形壳体,在冲击变载荷和高温的作用下,变形情况复杂，是一个冲击变载荷作用下有温度影响的复杂弹塑性动力学问题。从理论上准确计算最终间隙，存在较大困难。

在上节中曾提到了一些计算最终间隙的公式，但不便于直接计算，本节介绍实用的计算最终间隙的相关方法。

8.4.1 第一种计算方法

为计算最终间隙，现作如下假设：

①不考虑药筒的锥度；
②认为药筒材料完全进入塑性状态；
③药筒与膛壁接触时，其内表面受火药气体压力作用，外表面受膛壁的反作用力；
④药筒未与膛壁接触前，药筒的轴向变形仅仅是切向变形引起的；
⑤药筒壁与膛壁接触后，它们之间不产生相对轴向移动，轴向变形可忽略。

基于抽壳理论可知，相对最终间隙应等于

$$\delta_1 = \varepsilon_1 - \varepsilon_k \tag{8.4.1}$$

式中，ε_1 为膛压下降后药筒外壁的弹性恢复变形；ε_k 为膛压下降后弹膛内壁的弹性恢复变形。

ε_1 可用广义胡克定律求出，即

$$\varepsilon_1 = \frac{1}{E_1}[\sigma_t - \mu(\sigma_r + \sigma_z)] \tag{8.4.2}$$

所以

$$\delta_1 = \frac{1}{E_1}[\sigma_t - \mu(\sigma_r + \sigma_z)] - \varepsilon_k \tag{8.4.3}$$

根据平衡方程和塑性区的应力应变关系等，可求出三向应力值 σ_r、σ_t、σ_z，从而求出最终间隙。

在药筒壁上取一个单元体，如图 8.4.1 所示。将其向径向投影，取 $\sin\dfrac{d\varphi}{2} \approx d\varphi$，略去高阶项，可得

$$\frac{\partial \sigma_r}{\partial r} + \frac{\sigma_r - \sigma_t}{r} = 0 \tag{8.4.4}$$

由塑性力学知识可得下列关系：

$$\sigma_z - \sigma_t = \frac{2\sigma_i}{3\varepsilon_i}(\varepsilon_z - \varepsilon_t) \tag{8.4.5}$$

$$\sigma_r - \sigma_t = \frac{2\sigma_i}{3\varepsilon_i}(\varepsilon_r - \varepsilon_t) \tag{8.4.6}$$

为从上述三式中解出 σ_r、σ_t、σ_z，必先求出 ε_r、ε_t、ε_z、σ_i 和 ε_i。下面建立几何方程来求变形：

$$\varepsilon_t = \frac{\omega}{r} \tag{8.4.7}$$

$$\varepsilon_r = \frac{d\omega}{dr} \tag{8.4.8}$$

对圆管来说，轴向变形沿管子长度方向不变，并与半径

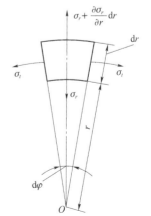

图 8.4.1 药筒壁上的单元体

无关,即 ε_z 为常数。对药筒来说

$$\omega = u_0 + \Delta R \tag{8.4.9}$$

结合式(8.4.9),式(8.4.7)可表示为

$$\varepsilon_t = \frac{u_0 + \Delta R}{r} \tag{8.4.10}$$

式中,u_0 为初始间隙;ΔR 为火药气体压力作用下膛壁内表面径向移动量;r 为所研究截面药筒的半径。

由假设④和⑤可知,药筒的轴向变形仅取决于未与弹膛接触前药筒的切向变形。药筒未与膛壁接触前的径向位移为 u_0,故切向变形应为

$$\varepsilon_t = \frac{u_0}{r} \tag{8.4.11}$$

轴向变形为

$$\varepsilon_z = -\frac{u_0(a\mu + b\mu')}{r} \tag{8.4.12}$$

式中,a 为贴膛前径向位移中的弹性部分;r 为药筒外径;b 为贴膛前径向位移中的塑性部分;μ 为弹性变形的泊松比;μ' 为塑性变形的泊松系数。

径向位移中弹性部分可表示为

$$a = \frac{\sigma_{e1} r_1}{E_1 u_0} \tag{8.4.13}$$

贴膛前径向位移中的塑性部分可表示为

$$b = 1 - a \tag{8.4.14}$$

取

$$a\mu + b\mu' = \nu \tag{8.4.15}$$

所以

$$\varepsilon_z = -\nu \frac{u_0}{r} \tag{8.4.16}$$

由体积不变定律 $\varepsilon_r + \varepsilon_t + \varepsilon_z = 0$ 可知

$$\varepsilon_r = -\varepsilon_t - \varepsilon_z = -\frac{u_0(1-\nu) + \Delta R}{r} \tag{8.4.17}$$

应力强度 σ_i 与应变强度 ε_i 之间的关系可用简单拉伸时的应力-应变关系(真实应力图)来描述(如图8.2.1所示),由图中可以看出,曲线上任意点 b 处的应力应为

$$\sigma = \sigma_{e1} + (\varepsilon - \varepsilon_{e1})\tan\beta \tag{8.4.18}$$

通过变换后可得

$$\sigma = E_1 \varepsilon \left[1 - \lambda \left(1 - \frac{\varepsilon_{e1}}{\varepsilon} \right) \right] \tag{8.4.19}$$

式中,$\lambda = \dfrac{E_1 - E_1'}{E_1}$,$E_1' = \tan\beta$。

可得到塑性变形范围内应力强度与应变强度之间的关系为

$$\sigma_i = E_1 \varepsilon_i \left[1 - \lambda \left(1 - \frac{\varepsilon_{e1}}{\varepsilon_i} \right) \right] \tag{8.4.20}$$

由塑性力学可知，应变强度为

$$\varepsilon_i = \frac{\sqrt{2}}{3}\sqrt{(\varepsilon_r - \varepsilon_t) + (\varepsilon_t - \varepsilon_z) + (\varepsilon_z - \varepsilon_r)} \tag{8.4.21}$$

将式（8.4.10）、式（8.4.16）和式（8.4.17）代入，则得

$$\varepsilon_i = \frac{\sqrt{2}}{3}\sqrt{\frac{6[u_0^2(\nu^2 - \nu + 1) + u_0\Delta R(2-\nu) + \Delta R^2]}{r^2}} \tag{8.4.22}$$

令

$$A = u_0^2(\nu^2 - \nu + 1) + u_0\Delta R(2-\nu) + \Delta R^2 \tag{8.4.23}$$

则

$$\varepsilon_i = \sqrt{\frac{12}{9}\frac{A}{r^2}} \tag{8.4.24}$$

令

$$B = \sqrt{\frac{12}{9}\cdot A} \tag{8.4.25}$$

结合式（8.4.24）和式（8.4.25）可知

$$\varepsilon_i = \frac{B}{r} \tag{8.4.26}$$

将 ε_i 代入式（8.4.20）即可求出 σ_i。

根据已求得的 ε_r、ε_t、ε_z 和 ε_i、σ_i，把它们代入式（8.4.4）、式（8.4.5）和式（8.4.6）中联立求解，便可求出 σ_r、σ_t 和 σ_z。从式（8.4.5）和式（8.4.6）中可得

$$\sigma_z - \sigma_t = -\frac{2\sigma_i}{3\varepsilon_i}\cdot\frac{u_0(1+\nu) + \Delta R}{r} \tag{8.4.27}$$

$$\sigma_r - \sigma_t = -\frac{2\sigma_i}{3\varepsilon_i}\cdot\frac{u_0(2-\nu) + 2\Delta R}{r} \tag{8.4.28}$$

将 σ_i 和 ε_i 值代入式（8.4.28），得

$$\sigma_r - \sigma_t = -\left[\frac{2}{3}E_1(1-\lambda) + \frac{2}{3}\frac{\sigma_{e1}\lambda r}{B}\right]\cdot\frac{u_0(2-\nu) + 2\Delta R}{r} \tag{8.4.29}$$

令 $u_0(2-\nu) + 2\Delta R = C$，则

$$\sigma_r - \sigma_t = -\frac{2E_1 C}{3r}(1-\lambda) - \frac{2}{3}\frac{\sigma_{e1}\lambda C}{B} \tag{8.4.30}$$

从式（8.4.4）可得

$$d\sigma_r = -(\sigma_r - \sigma_t)\frac{dr}{r} \tag{8.4.31}$$

将式（8.4.30）代入上式得

$$d\sigma_r = \frac{2E_1 C}{3r}(1-\lambda)\frac{dr}{r^2} + \frac{2}{3}\frac{\sigma_{e1}\lambda C}{B}\frac{dr}{r} \tag{8.4.32}$$

对上式积分，边界条件为当 $r = r_0$ 时，$\sigma_{r0} = -p$；当 $r = r$ 时，$\sigma_r = \sigma_r$，则可得

$$\sigma_r = -p + \frac{2E_1 C}{3r}(1-\lambda)\left(\frac{r - r_0}{rr_0}\right) + \frac{2}{3}\frac{\sigma_{e1}\lambda C}{B}\ln\frac{r}{r_0} \tag{8.4.33}$$

σ_r 值由内壁向外壁逐渐减小，壁厚不大，内外表面的应力值相差不大，可近似认为

$$\sigma_r = -p = 常数 \tag{8.4.34}$$

将 $\sigma_{r0} = -p$ 代入式（8.4.30）可得

$$\sigma_t = -p + \frac{2E_1 C}{3r}(1-\lambda) + \frac{2}{3}\frac{\sigma_{el}\lambda C}{B} \tag{8.4.35}$$

药筒的内外径相差不大，可近似认为 σ_t 沿整个壁厚相等，将 $r = r_1$ 代入可得

$$\sigma_t = -p + \frac{2E_1 C}{3r_1}(1-\lambda) + \frac{2}{3}\frac{\sigma_{el}\lambda C}{B} \tag{8.4.36}$$

根据式（8.4.27）可求出轴向应力 σ_z：

$$\sigma_z = \sigma_t - \frac{2\sigma_i}{3\varepsilon_i}\frac{u_0(1+\nu) + \Delta R}{r} \tag{8.4.37}$$

令 $u_0(1+\nu) + \Delta R = d$，则

$$\sigma_z = \sigma_t - \frac{2\sigma_i}{3\varepsilon_i}\frac{d}{r} \tag{8.4.38}$$

将 σ_i 和 ε_i 代入上式得

$$\sigma_z = \sigma_t - \frac{2}{3}\frac{E_1 d}{r}(1-\lambda) - \frac{2}{3}\frac{\sigma_{el}\lambda d}{B} \tag{8.4.39}$$

将 σ_t 代入，最后得

$$\sigma_z = -p + \frac{2E_1 C(1-\lambda)}{3r_1}(C-d) + \frac{2\sigma_{el}\lambda C}{3B}(C-d) \tag{8.4.40}$$

将 σ_r、σ_t 和 σ_z 值代入式（8.4.3），最终间隙的可表示为

$$\delta_1 = \frac{1}{E_1}\left\{p(2\mu-1) + \frac{2}{3}[C(1-\mu)+\mu d]\left[\frac{E_1(1-\lambda)}{r_1} + \frac{\sigma_{el}\lambda}{B}\right]\right\} - \varepsilon_k \tag{8.4.41}$$

若考虑变形速度对最终间隙的影响，只需将弹性极限提高 K_v 倍，K_v 是考虑变形速度的速度系数，则

$$\delta_1 = \frac{1}{E_1}\left\{p(2\mu-1) + \frac{2}{3}[C(1-\mu)+\mu d]\left[\frac{E_1(1-\lambda)}{r_1} + \frac{K_v \sigma_{el}\lambda}{B}\right]\right\} - \varepsilon_k \tag{8.4.42}$$

通常情况下，K_v 取 1.15。

下面将讨论温度的影响，在受热时，药筒内外表面的温度不同。为讨论方便，用平均温度来考虑它的温度变形，误差不会太大。我们认为药筒总的径向位移不超过 $u_0 + \Delta R$，即 $\varepsilon_{el} + \varepsilon_{rp} + \varepsilon_T = \delta_0 + \varepsilon_k$。热变形 ε_T 减小了塑性变形 ε_{rp}，不影响 ε_{el}，药筒整个温度变形可分为 4 个时期来讨论：

（1）初期

即由火药点燃到火药气体压力达到最大这个阶段。药筒的平均温度在此期间增长，这样药筒壁因火药气体压力而产生的切向变形和因加热产生的温度变形方向一致。

在此期间，由温度变形而产生的变形为

$$(\delta_t)_1 = \alpha(\Delta T)_1 \tag{8.4.43}$$

式中，α 为药筒材料的线膨胀系数，对于黄铜，$\alpha = 1.84 \times 10^{-5} \text{℃}^{-1}$；钢，$\alpha = 1.2 \times 10^{-5} \text{℃}^{-1}$。

$(\Delta T)_1$ 为这一时期中药筒增加的温度，可表示为

$$(\Delta T)_1 = T_1 - T_0 \tag{8.4.44}$$

式中，T_0 为射击前药筒的温度；T_1 为最大膛压时药筒的温度。

该时期药筒热变形的方向和火药气体使药筒产生膨胀变形的方向一致，故热变形减小了弹塑性变形之和。

（2）第二时期

从最大膛压到药筒温度达到最大值阶段。由于最高温度滞后于最大膛压，这样在膛压刚开始下降时，药筒仍继续加热，药筒继续产生温度变形，且与药筒壁恢复变形的方向相反，变形复杂。

该时期增加的温度为

$$(\Delta T)_2 = T_m - T_1 \tag{8.4.45}$$

式中，T_m 为药筒壁的最高平均温度。

加热产生的变形为

$$(\delta_t)_2 = \alpha(\Delta T)_2 \tag{8.4.46}$$

（3）第三时期

从最高温度到膛压完全下降阶段，在该阶段，药筒壁的温度开始下降，变形也减小。温度下降可表示为

$$(\Delta T)_3 = T_m - T_3 \tag{8.4.47}$$

温度产生的变形为

$$(\delta_t)_3 = \alpha(\Delta T)_3 \tag{8.4.48}$$

（4）第四时期

从膛压完全下降到开始退壳阶段，药筒温度将继续降低。

该时期的温度下降为

$$(\Delta T)_4 = T_3 - T_c \tag{8.4.49}$$

式中，T_c 为抽壳时的温度。

温度产生的变形为

$$(\delta_t)_4 = \alpha(\Delta T)_4 \tag{8.4.50}$$

我们认为使最终间隙减小的变形为负，即加热时药筒的变形为负，冷却时药筒的恢复变形为正。

在四个时期中，药筒总的温度变形为

$$(\delta_t)' = (\delta_t)_1 + (\delta_t)_2 + (\delta_t)_3 + (\delta_t)_4 \tag{8.4.51}$$

其中，$(\delta_t)_1$、$(\delta_t)_2$ 均为负值。

实际影响最终间隙的温度变形为

$$\delta_t = (\delta_t)' - (\delta_t)_1 = -\alpha(T_c - T_1) \tag{8.4.52}$$

将 δ_t 代入式（8.4.42），可得最终间隙为

$$\delta_1 = \frac{1}{E_1}\left\{p(2\mu - 1) + \frac{2}{3}[C(1 - \mu) + \mu d] \cdot \left[\frac{E_1(1 - \lambda)}{r_1} + \frac{K_v \sigma_{e1} \lambda}{B}\right]\right\} - \alpha(T_c - T_1) - \varepsilon_k \tag{8.4.53}$$

该计算方法未考虑筒底的影响，下面再介绍一种计算方法，其考虑了靠近筒底处变形的一些特点。该方法将药筒材料作为理想塑性体处理，在相对变形量较小时，可简化计算。

8.4.2 第二种计算方法

首先作如下假设：

① 不考虑药筒的锥度；
② 药筒的变形量较小，将药筒材料视为理想塑性体；
③ 药筒壁与弹膛壁接触后，其内表面受火药气体压力，外表面受膛壁反作用力的作用；
④ 近底部药筒的轴向应力是由筒壁内应力和筒壁外表面的摩擦力引起的。

与第一种计算方法相同，药筒的最终间隙可表示为

$$\delta_1 = \varepsilon_1 - \varepsilon_k \tag{8.4.54}$$

若考虑温度的影响，则

$$\delta_1 = \varepsilon_1 + \alpha(T_1 - T_c) - \varepsilon_k \tag{8.4.55}$$

根据广义胡克定律，可得

$$\varepsilon_1 = \frac{1}{E_1}[\sigma_t - \mu(\sigma_r + \sigma_z)] \tag{8.4.56}$$

所以

$$\delta_1 = \frac{\sigma_t}{E_1} - \frac{\mu}{E_1}(\sigma_r + \sigma_z) + \alpha(T_1 - T_c) - \varepsilon_k \tag{8.4.57}$$

射击时，药筒的受力情况各部分不同，由于筒底的影响，射击时近筒底处所受的轴向应力与筒体处不同，如图 8.4.2 所示。靠近筒底处受筒底的牵制作用，切向变形减小，与弹膛间的作用力也较小，该处的轴向应力主要是由筒底的火药气体压力及筒壁与膛壁之间的摩擦力引起的。距筒底较远部分，受筒底的影响较小，可按照一般的圆管变形来考虑。下面分别求近筒底处和距筒底较远部位所受的三向应力 σ_r、σ_t 和 σ_z，将所求得的三向应力代入式 (8.4.57)，即可求出该部位的最终间隙。

1. 近筒底处的三向应力

（1）径向应力 σ_r

根据抽壳理论可知，当火药气体压力达到最大值时，药筒材料已完全进入塑性变形阶段，弹膛为弹性变形。为求药筒壁内的径向应力，可将药筒与弹膛统一视为一厚壁筒，在内压（火药气体压力）作用下产生变形。厚壁筒首先为弹性变形，随后内表面产生塑性变形，随着变形的增加，塑性区逐渐扩大。当压力达到 p_m（最大膛压）时，它的塑性区已经扩大到 r_1（药筒外半径），如图 8.4.3 所示。

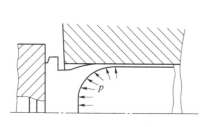

图 8.4.2　药筒底部附近的变形

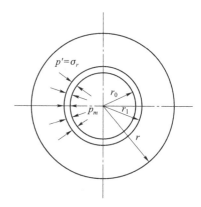

图 8.4.3　药筒底部附近的变形

为计算简便，现认为它的轴向变形为零，平面变形的平衡方程为

$$\frac{\mathrm{d}\sigma_r}{\mathrm{d}r} + \frac{\sigma_r - \sigma_t}{r} = 0 \qquad (8.4.58)$$

米塞斯的屈服条件为

$$\sigma_t - \sigma_r = \frac{2}{\sqrt{3}}\sigma_{e1} \qquad (8.4.59)$$

将屈服条件代入平衡方程，则得

$$\frac{\mathrm{d}\sigma_r}{\mathrm{d}r} - \frac{2}{\sqrt{3}}\frac{\sigma_{e1}}{r} = 0 \qquad (8.4.60)$$

即

$$\mathrm{d}\sigma_r = \frac{2}{\sqrt{3}}\sigma_{e1}\frac{\mathrm{d}r}{r} \qquad (8.4.61)$$

对上式进行积分，并将积分条件 $r = r_0$ 时，$\sigma_r = -p_m$；$r = r_1$ 时，$\sigma_r = -p'$代入，则得

$$-p' + p_m = \frac{2}{\sqrt{3}}\sigma_{e1}\ln\frac{r_1}{r_0} \qquad (8.4.62)$$

即

$$\sigma_r = -p' = -\left(p_m - \frac{2}{\sqrt{3}}\sigma_{e1}\ln\frac{r_1}{r_0}\right) \qquad (8.4.63)$$

令 $p_T = \frac{2}{\sqrt{3}}\sigma_{e1}\ln\frac{r_1}{r_0}$，则

$$\sigma_r = -p' = -(p_m - p_T) \qquad (8.4.64)$$

考虑到变形速度的影响，最后得

$$p_T = 1.15K_v\sigma_{e1}\ln\frac{r_1}{r_0} \qquad (8.4.65)$$

(2) 轴向应力 σ_z

在近筒底附近取微环 i，如图 8.4.4 所示。认为药筒材料为理想塑性体，它的外表面受摩擦力 Δp_{Tpi} 的作用，筒底内表面受火药气体压力的作用，则壁内受应力 σ_{epj}。壁内所受的总力为

$$Q_0 = \pi d_{0pj} t_0 \sigma_{epj} \qquad (8.4.66)$$

式中，t_0 为微环 i 的平均壁厚；σ_{epj} 为微环 i 的平均弹性极限；d_{0pj} 为微环 i 的平均直径。

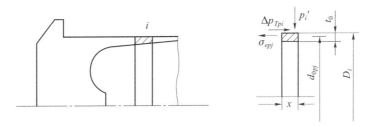

图 8.4.4 药筒近底处的微元体

微环 i 外表面所受摩擦力可表示为

$$\Delta p_{Tpi} = \pi D_i x f p'_i \qquad (8.4.67)$$

式中，p'_i 为弹膛与药筒壁间的作用力；f 为摩擦系数；x 为微环 i 的宽度；D_i 为微环 i 的外径。

微环 i 除受本段摩擦力的牵制外，还受其他段的牵制，总摩擦力为

$$p_{Tp} = \sum_{i=1}^{i=K} \sum p_{Tpi} \tag{8.4.68}$$

轴向应力 σ_{zi} 可表示为

$$\sigma_{zi} = \frac{Q_0 - p_{Tp}}{F_i} \tag{8.4.69}$$

其中

$$F_i = \pi d_{0pj} t_0 \tag{8.4.70}$$

（3）切向应力 σ_t

由能量塑性条件可解出切应力的表达式，能量塑性条件为

$$(\sigma_t - \sigma_r)^2 + (\sigma_t - \sigma_z)^2 + (\sigma_z - \sigma_r)^2 = 2\sigma_{e1}^2 \tag{8.4.71}$$

可求得 σ_t 为

$$\sigma_t = \frac{\sigma_r + \sigma_z + \sqrt{[-(\sigma_r + \sigma_z)]^2 - 4(\sigma_z^2 + \sigma_r^2 - \sigma_z \sigma_r - \sigma_{e1}^2)}}{2} \tag{8.4.72}$$

经化简，并考虑变形速度的影响，最后可得

$$\sigma_t = \frac{\sigma_r + \sigma_z}{2} + \frac{1}{2}\sqrt{4(K_v \sigma_{e1})^2 - 3(\sigma_z - \sigma_r)^2} \tag{8.4.73}$$

将前面求出的 σ_r 和 σ_z 代入式（8.4.73），即可求出 σ_t。

2. 距筒底较远部位药筒壁内的三向应力

（1）径向应力 σ_r

径向应力的计算公式与近筒底处相同，即

$$\sigma_r = -p' = -(p_m - p_T) \tag{8.4.74}$$

（2）切向应力 σ_t

由塑性条件（式（8.4.59））可求出药筒壁的切向应力

$$\sigma_t - \sigma_r = \frac{2}{\sqrt{3}} \sigma_{e1} \tag{8.4.75}$$

而

$$\sigma_r = -p' \tag{8.4.76}$$

可得

$$\sigma_t = \frac{2}{\sqrt{3}} \sigma_{e1} - p' \tag{8.4.77}$$

考虑到变形速度的影响，则

$$\sigma_t = \frac{2}{\sqrt{3}} K_v \sigma_{e1} - p' \tag{8.4.78}$$

（3）轴向应力 σ_z

由塑性区的应力-应变关系可得

$$\sigma_z - \sigma_r = \frac{2}{3} \frac{\sigma_i}{\varepsilon_i} (\varepsilon_z - \varepsilon_r) \tag{8.4.79}$$

将 $\sigma_r = -p'$ 代入，可得

$$\sigma_z = \frac{2}{3}\frac{\sigma_i}{\varepsilon_i}(\varepsilon_z - \varepsilon_r) - p' \tag{8.4.80}$$

式中，σ_i 为应力强度；ε_i 为应变强度。

其中应力强度可表示为

$$\sigma_i = K_v \sigma_{e1} \tag{8.4.81}$$

应变强度可表示为

$$\varepsilon_i = \frac{\sqrt{2}}{3}\sqrt{(\varepsilon_t - \varepsilon_z)^2 + (\varepsilon_z - \varepsilon_r)^2 + (\varepsilon_r - \varepsilon_t)^2} \tag{8.4.82}$$

式中，ε_t 为药筒壁的切向变形；ε_z 为药筒壁的轴向变形；ε_r 为药筒壁的径向变形。

切向变形可表示为

$$\varepsilon_t = \delta_0 + \varepsilon_k - K_v \frac{\sigma_{e1}}{E_1} \tag{8.4.83}$$

药筒壁的轴向变形在贴膛前是由切向变形引起的，考虑到 $\mu = 0.5$，则

$$\varepsilon_z = \frac{1}{2}\left(\delta_0 - K_v \frac{\sigma_{e1}}{E_1}\right) \tag{8.4.84}$$

根据体积不变定律，切向变形可表示为

$$\varepsilon_r = -(\varepsilon_t + \varepsilon_z) \tag{8.4.85}$$

求出药筒壁各处的三向应力 σ_t、σ_r、σ_z 后，将各值代入最终间隙计算公式（8.4.57）中，即可求出最终间隙 δ_1。

由于药筒各部位的强度、壁厚不同，故最终间隙需分段计算，近筒底处壁厚变化较大，则应力变化也较显著，应分段小些，距筒底较远处，段可分得大些。

8.5 抽壳力的计算

求出药筒与弹膛间的最终间隙后，即可求抽壳力，可看出最终间隙值直接影响到抽壳力的大小。

武器的抽壳情况与其性能有关，有的在膛压完全下降后（$p = 0$）抽壳，有的在一定膛压下抽壳。一般武器是在膛压完全下降后抽壳，而自动武器通常在有一定膛压下抽壳，下面介绍这两种情况的抽壳力计算。

8.5.1 在一定膛压下抽壳时抽壳力的计算

计算在一定膛压下的抽壳力，首先应确定抽壳时膛内压力，一般有两种情况，即弹丸在膛内开始抽壳、飞出膛口后开始抽壳。

若弹丸在膛内即开始抽壳，则此时膛内的火药气体压力可根据 $p - t$ 曲线求出。

若弹丸飞出膛口后开始抽壳，则此时的火药气体压力可根据下式计算

$$p_c = p_g \mathrm{e}^{-\frac{t}{b}} \tag{8.5.1}$$

式中，p_c 为抽壳时火药气体压力；p_g 为膛口压力；t 为弹丸飞离膛口至开始抽壳的时间。

根据试验，可知后效期的时间 $\tau = (4 \sim 5)b$，下面介绍确定 b 的过程。

在后效期中，火药气体的总冲量 J 与后坐部分的动量相等，即

$$J = M(v_{\max} - v_g) \tag{8.5.2}$$

式中，M 为后坐部分的质量；$v_{\max}$ 为后坐部分的最大速度；v_g 为弹丸刚出膛口时后坐部分的速度。

由图 8.5.1 可以看出，后效期火药气体的冲量为

$$J = \int_0^\infty Sp_g e^{-\frac{t}{b}} dt = Sp_g b \tag{8.5.3}$$

式中，S 为膛口的内截面积。

由内弹道学理论可知

$$M(v_{\max} - v_g) = M\left(\frac{m + \beta\omega}{M}v_g - \frac{m + 0.5\omega}{M}v_g\right) = \omega v_g(\beta - 0.5) \tag{8.5.4}$$

式中，v_g 为弹丸出膛口的速度；ω 为发射药的质量；m 为弹丸的质量；β 为后效作用系数。

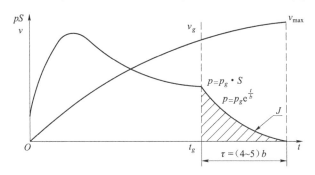

图 8.5.1 后效期的压力变化

联立式（8.5.2）、式（8.5.3）和式（8.5.4）可得

$$b = \frac{\omega v_g}{Sp_g}(\beta - 0.5) \tag{8.5.5}$$

β 可根据以下经验公式确定

$$\beta = \frac{1\,300}{v_g} \tag{8.5.6}$$

对于具体的武器和弹药，β 的经验关系式可根据试验测定获得。表 8.5.1 为常见枪弹的后效作用系数实测结果。

表 8.5.1 几种枪弹的后效作用系数

51 式 7.62 mm 手枪弹	56 式 7.62 mm 步枪弹	53 式 7.62 mm 步枪弹	NATO 7.62 mm 枪弹
$\dfrac{1\,170}{v_g}$	$\dfrac{1\,070}{v_g}$	$\dfrac{1\,290}{v_g}$	$\dfrac{1\,110}{v_g}$

为了确定抽壳力，需求出药筒与弹膛之间的作用力。药筒与弹膛之间的作用力，除与抽壳时火药气体的压力有关外，还与最大膛压、弹膛与药筒的结构尺寸及材料性能等有关，这些因素综合表现为最终间隙的性质（间隙或过盈）和大小。因此，在确定药筒与弹膛的作用力之前，除了求出抽壳时的火药气体压力外，还需知道药筒的最终间隙。

由于药筒的壁厚和力学性能在整个长度上变化,所以计算药筒与弹膛间的作用力时,需将药筒分段,将每段视为等厚圆筒,逐段计算,如图8.5.2所示。具体计算步骤如下。

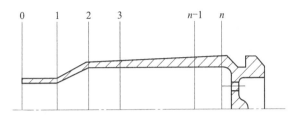

图 8.5.2　药筒分段图

①计算最大膛压时药筒所承受的内压 p_2:
根据薄壁筒公式,可得

$$p_2 = \frac{t}{r_0}\sigma_1 \tag{8.5.7}$$

式中,t 为药筒壁厚;r_0 为药筒内半径;σ_1 为药筒壁内的切向应力。

②计算最大膛压时药筒壁与膛壁间的压强 p_1:

$$p_1 = p_m - p_2 \tag{8.5.8}$$

③计算弹膛的变形 ε_k:

$$\varepsilon_k = \frac{2}{3} \frac{p_1}{E_2} \frac{2a^2 + 1}{a^2 - 1} \tag{8.5.9}$$

式中,a 为弹膛外径和内径之比。

a 可以表示为

$$a = \frac{R_2}{R_1} \tag{8.5.10}$$

式中,R_2 为弹膛外径;R_1 为弹膛内径。

④根据 p_1、p_2、ε_k 及 δ_1 作曲线图,如图8.5.3所示。

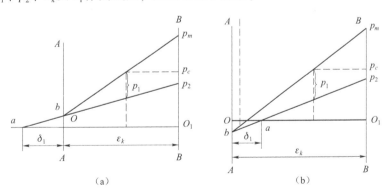

图 8.5.3　药筒壁与膛壁间的压强

⑤根据抽壳时膛内火药气体压力 p_c,由图8.5.3求出抽壳时药筒与弹膛内壁间的压强 p_z。

图8.5.3中以横坐标表示变形量,纵坐标表示压强。BB 线为弹膛变形的起始位置,AA 线为最大膛压时药筒和弹膛的位置,故 OO_1 为弹膛的变形量 ε_k。若最终间隙为正,则 a 点在 O 点的左方,如图8.5.3（a）所示;若最终间隙为负(过盈),则 a 点在 O 点的右方,如图

8.5.3（b）所示。线段 ap_2 是药筒承载的变化，直线 bp_m 与 ap_2 的纵坐标之差，表示药筒与弹膛内壁间的压强。

若抽壳时膛内压力为 p_c，则由图 8.5.3 可得某截面上药筒与弹膛壁间的压力 p_z，由 p_z 即可求出抽壳时，药筒与膛壁间的摩擦力 ΔR_i。药筒各段摩擦力相加得总摩擦力，总摩擦力减去火药气体推药筒向后的作用力即可得到药筒的抽壳力。

计算摩擦力时，药筒口部表面可按圆柱形考虑，瓶形系数小的药筒（即收口量较小的药筒），可不考虑斜肩对抽壳力的影响。

求药筒体部的摩擦力有两种方法，即考虑体部外表面的锥度和不考虑锥度。若不考虑体部外表面锥度，药筒体（包括口部）摩擦力可表示为

$$\Delta R_i = \pi d_i l_i f p_{zi} \tag{8.5.11}$$

式中，ΔR_i 为所取段的摩擦力；d_i 为所取段的外径；l_i 为所取段的长度；f 为摩擦系数；p_{zi} 所取段药筒外表面与弹膛壁间的比压。

总摩擦力 R 可表示为

$$R = \pi f \sum_{i=1}^{n} d_i l_i p_{zi} \tag{8.5.12}$$

火药气体对药筒底部和口部的作用力分别为

$$R' = \frac{\pi}{4}(d_k^2 - d_{k0}^2) p_c \tag{8.5.13}$$

$$R'' = \frac{\pi}{4} d_{d0}^2 p_c \tag{8.5.14}$$

式中，R' 为火药气体对药筒口部端面的作用力；R'' 火药气体对药筒底部的作用力；d_{k0} 为药筒口部内径；d_k 为药筒口部外径；d_{d0} 为药筒底部内径。

抽壳力可表示为

$$Q_c = R - (R' + R'') \tag{8.5.15}$$

当考虑药筒外表面锥度时，认为药筒内表面为圆柱形，外表面的锥度是由药筒壁厚度变化形成的，抽壳时，火药气体压力为径向力。药筒外表面有锥度时，摩擦力如图 8.5.4 所示，可将各力向母线方向投影，则得

$$\Delta R_i = \pi d_i l_i (f p_i' - p_i'') \frac{1}{\cos \varphi_t} \tag{8.5.16}$$

其中

$$p_i' = p_c \cos \varphi_t \tag{8.5.17}$$

$$p_i'' = p_c \sin \varphi_t \tag{8.5.18}$$

将 p_i' 和 p_i'' 代入上式，则得

$$\Delta R_i = \pi d_i l_i f p_{zi} \left(1 - \frac{1}{f} \tan \varphi_t \right) \tag{8.5.19}$$

药筒体部的总摩擦力 R 为

$$R = \pi f \left(1 - \frac{1}{f} \tan \varphi_t \right) \sum_{i=1}^{n} d_i l_i p_{zi} \tag{8.5.20}$$

考虑斜肩对抽壳力的影响时，斜肩处的作用力（图 8.5.5）可用下式表示

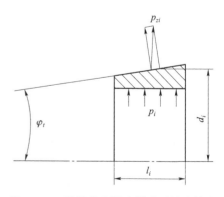

图 8.5.4　药筒外表面有锥度时的摩擦力

$$\Delta R' = \frac{\pi}{2}(d_k + d_j)l_j\left(fp_z - p_z\tan\frac{\varphi_j}{2} + p_c\tan\frac{\varphi_j}{2}\right)$$
(8.5.21)

式中，d_k 为药筒口部外径；d_j 为药筒下斜肩外径；φ_j 为斜肩角。

则抽壳力为

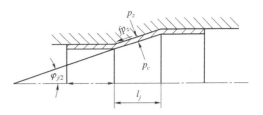

图 8.5.5 药筒斜肩处的作用力

$$Q_c = R + \Delta R' + \Delta R_k - (R' + R'')$$
(8.5.22)

式中，ΔR_k 为药筒口部的摩擦力。

8.5.2 膛压降至大气压时抽壳力的计算

膛压降至大气压后，若药筒与弹膛存在间隙（正的最终间隙），抽壳时只需克服药筒的惯性力。若药筒与弹膛间存在过盈（负的最终间隙），则过盈值可由最终间隙的计算公式求得。药筒与弹膛壁间的作用力可由下式计算，即

$$p_z = u_1 \frac{E_1}{r_1\left(\dfrac{r_1^2 + r_0^2}{r_1^2 - r_0^2} + \mu\right)}$$
(8.5.23)

式中，p_z 为药筒与弹膛间单位面积上的压力；u_1 为药筒与弹膛间的过盈。

由于药筒与弹膛都为锥形，在抽壳过程中，过盈值 u_1 是逐渐减小的，如图 8.5.6 所示。在位置 I 时，过盈等于 u_1；到位置 III 时，$u_1 = 0$，则 $p_z = 0$。

抽壳过程中的过盈值 $(u_1)_x$ 为

$$(u_1)_x = u_1 - x\tan\varphi_t$$
(8.5.24)

抽壳过程中，药筒与弹膛间的作用力可表示为

$$p_x = (u_1 - x\tan\varphi_t)\frac{E_1}{r_1\left(\dfrac{r_1^2 + r_0^2}{r_1^2 - r_0^2} + \mu\right)}$$
(8.5.25)

接触面上的总压力 N 为

$$N = p_x F$$
(8.5.26)

式中，F 为接触面积。

某瞬间的抽壳力为

$$Q_i = fN$$
(8.5.27)

在抽壳过程中，Q_i 与 x 的变化如图 8.5.7 所示，直线下面的面积表示抽壳所需的能量，可用下式表示

$$A = \frac{Ql}{2}$$
(8.5.28)

式中，Q 为最大抽壳力，即 $x=0$ 时的抽壳力；l 为 $(u_1)_x = 0$ 时所需的抽出量。

由于药筒强度和壁厚沿整个长度上变化，所以过盈值 u_1 和作用力 p_z 是分段求出的。假设每段的强度和壁厚相同，验算药筒强度时采用最大抽壳力，即将各段 $x=0$ 时的抽壳力相加，总的抽壳能量是各段的抽壳能量之和。

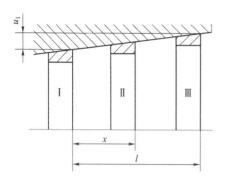

图 8.5.6　抽壳过程中过盈值的变化

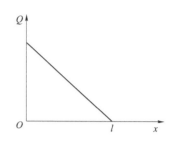

图 8.5.7　抽壳力与行程 x 的关系

8.6　影响抽壳力的因素

抽壳力的大小是影响武器退壳机构的工作可靠性和药筒工作正常的一个重要因素，抽壳力过大，会把底缘拉缺，严重影响武器的工作。影响抽壳力的因素很多，下面对几种主要因素进行分析说明。

8.6.1　药筒的材料和力学性能

药筒材料对抽壳力的影响，可用 σ_{e1}、E_1 和 E_1' 三个量来分析，它们都直接影响着药筒的塑性变形量、弹性恢复量和抽壳力。

对某一种材料来说，E_1 值的变化不大，不同材料的 E_1 值变化较大。E_1 小，σ_{e1} 大，则药筒的弹性恢复量大，对形成最终间隙有利，可减小抽壳力。

图 8.6.1 为不同材料药筒的应力 – 应变曲线，可看出 E_1 和 σ_{e1} 对弹性恢复量的影响，为便于讨论，不考虑它们的强化。

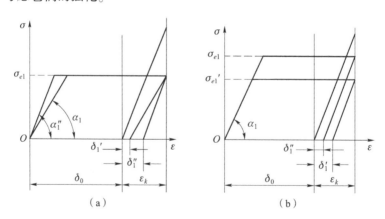

图 8.6.1　不同材料药筒的应力主应变图
(a) 改变弹性模量；(b) 改变弹性极限

由图 8.6.1 可知，当改变药筒材料的弹性模量 E_1 时，若 E_1 增加（即 α_1 增加），则过盈量（负最终间隙）加大，抽壳力增加。当改变药筒材料的弹性极限 σ_{e1} 时，若 σ_{e1} 增加，则过盈量减小，抽壳力减小。

黄铜的 E_1 比钢的小一半，若由黄铜药筒改为钢药筒，克服抽壳困难是关键。当材料的 E_1 大时，要增大最终间隙，可利用材料冲压时的加工硬化或改变材料的化学成分（如提高含碳量），也可用热处理的办法来提高 σ_{e1}。

图 8.6.2 为不同材料的弹性模量对最终间隙 u_1 的影响（σ_{e1} 一定）。从图 8.6.2 可知，由于强化后弹性恢复量加大，对形成最终间隙有利，抽壳力有所降低。可见，材料强化对抽壳有利。材料的强化性能通常用强化模量 E_1' 表示，E_1' 大，表明材料的强度可以提高较多，对形成最终间隙有利。钢和黄铜材料在塑性变形量达到一定值后，弹性极限和强度极限提高得较慢，如图 8.6.3 所示。因此，采用加工的方法提高强度具有一定的局限性。

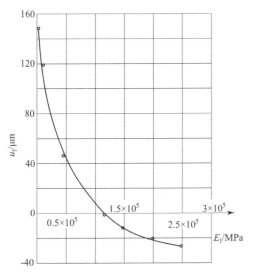

图 8.6.2　弹性模量 E_1 对最终间隙 u_1 的影响

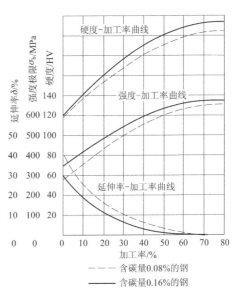

图 8.6.3　含碳量为 0.08% 和 0.16% 钢的 σ_b、硬度、δ 与加工率的关系

药筒各部分的力学性能应满足以下几个要求：退壳性能要求、闭气性的要求及与弹丸牢固结合的要求等，但药筒的力学性能由口部向筒体下部逐渐增加。

药筒材料的强度越高，则易保证退壳性能，即易形成最终间隙。药筒所允许的最低强度可通过试验确定，低于此强度，将出现难退壳现象。保证药筒退壳性能的主要部位是筒体下部，只要那里的力学性能满足一定的要求，就能保证退壳质量。这一区域（高强度区）长度主要取决于火药气体压力，火药气体压力越高，该区域越长。对于火药气体压力超过 280 MPa 的药筒，这个区域的长度应不小于药筒全长的一半；对于火药气体压力较低的药筒，该长度应不小于药筒全长的 1/3。

筒底的力学性能对药筒的退壳质量也有很大影响，它直接影响底缘附近 10~15 mm 处最终间隙的大小。若药筒筒底的强度不足，发射时变形较大，会使药筒产生卡紧现象，不易抽出。

黄铜、钢、铝的物理力学性能见表 8.6.1，表 8.6.2 给出了不同材料制成的 56 式 14.5 mm 药筒的静止抽壳力值（用重锤通过滑轮测出）。从表中可以看出，黄铜药筒抽壳力最小,因含碳量高的钢的弹性极限和强度极限较高,钢药筒选其作为原材料较佳,但冲压加工困难。

表 8.6.1 黄铜、钢、铝的物理力学性能

材料	弹性模量/($\times 10^5$ MPa)	弹性极限/MPa	导热系数	20~300 ℃ 线膨胀系数 ($\times 10^{-6}$ ℃$^{-1}$)	质量密度/(g·cm^{-3})	比热
H-70 黄铜	1.1~1.2	100	93	2.9	8.53	0.394
F-18 钢	2.15~2.2	250	46.5	12.1~13.5	7.85	0.502
LY12 退火硬铝	0.72	110	188.4	24.8	2.8	0.904

表 8.6.2 56 式 14.5 mm 药筒的静止抽壳力值

药筒材料	静止抽壳/N	
	最大	最小
H-70 黄铜	0	0
F11(0.08% C)沸腾钢	4 900	1 494.5
F18(0.16% C)镇静钢	186.2	4.9

8.6.2 药筒尺寸

影响抽壳力的药筒尺寸主要是壁厚、药筒的锥度和长度等。药筒壁厚增大,能够替弹膛多承受一部分火药气体压力,使弹膛处弹性变形量减小,对形成最终间隙有利。若壁厚过大,冲压加工的总加工率减小,降低了药筒的强度,对形成最终间隙不利。从已经形成负间隙的情况来看,在同一负间隙的条件下,薄壁药筒的卡紧力要小。实践证明,在药筒强度允许条件下减小体部壁厚,是降低抽壳力的方法之一。

锥形药筒较圆柱形药筒的抽壳阻力小,其在向后抽出的过程中,药筒与弹膛间的过盈值逐渐减小,因而抽壳力从最大值逐渐减小。药筒体部锥度越大,过盈值变化越快,可能在药筒被拉出小距离之后,抽壳力就降至零。但从考虑外形对供弹机构等的影响来说,药筒锥度不能太大。

对于药筒长度来说,药筒越长,抽壳力越大。

8.6.3 初始间隙

从抽壳理论的分析讨论和最终间隙的计算公式中可以看出,药筒与弹膛间必须有一定的初始间隙,射击后才能形成最终间隙。若初始间隙增大,药筒的塑性变形量增加,强化程度提高,有利于抽壳。从图 8.6.3 可以看出,由于材料的强化率随加工量的增大而减小,通过增大初始间隙来改进抽壳性能具有一定局限。初始间隙增大过多,特别是在低温试验时,会引起药筒纵裂。56 式 14.5 mm 钢药筒初始间隙对最终间隙的影响如表 8.6.3 和图 8.6.4 所示。

表 8.6.3　56 式 14.5 mm 钢药筒初始间隙对最终间隙的影响

距底面 25mm 处	初始间隙/mm	0.081	0.105	0.107	0.111	0.183	0.215
	最终间隙/mm	-0.079	-0.077	-0.075	-0.069	-0.058	-0.055
距底面 50 mm 处	初始间隙/mm	0.078	0.086	0.096	0.100	0.212	0.252
	最终间隙/mm	-0.062	-0.061	-0.056	-0.056	-0.051	-0.050
距底面 80 mm 处	初始间隙/mm	0.094	0.102	0.136	0.172	0.244	0.270
	最终间隙/mm	-0.062	-0.060	-0.058	-0.057	-0.056	-0.054

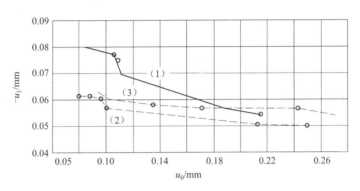

图 8.6.4　56 式 14.5 mm 钢药筒初始间隙 u_0 对最终间隙的影响

由图 8.6.4 可以看出，初始间隙增大，最终间隙也增大，最终间隙的增长率随初始间隙的增大而减小。图 8.6.5 为 56 式 14.5 mm 钢药筒各点硬度对最终间隙的影响。从图 8.6.5 可以看出，药筒强度越高，弹性恢复量越大，对形成最终间隙有利。因此，在易卡壳的部位，适当地利用加工硬化来提高材料的强度会有利于抽壳。但强度过大，延伸率低，药筒易破裂。

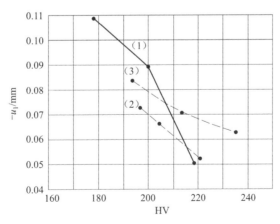

图 8.6.5　56 式 14.5 mm 钢药筒各点硬度对最终间隙的影响

8.6.4　最大膛压

图 8.6.6 为最大膛压对最终间隙的影响。从图中可以看出最大膛压对抽壳力的影响规律，即最大膛压比较大时，弹膛的弹性变形量也大。若最大膛压由 p_m' 变为 p_m''，则弹性变形

量由 ε'_k 变为 ε''_k。若使用同一种药筒，则后一种情况药筒的塑性变形量较大，虽然塑性变形量增加会使它因强化而提高弹性恢复量，但它在数量上不能抵消残余变形的影响，药筒的最终间隙将减小（由 δ'_1 变为 δ''_1），抽壳力增大。因此，膛压升高会使最终间隙减小，对抽壳不利。对自动武器来说，抽壳困难易造成射击故障。

8.6.5 弹膛的壁厚

适当地增加弹膛的壁厚，可以减小弹膛的弹性变形量，对降低抽壳力有利。表 8.6.4 和表 8.6.5 给出了 56 式 14.5 mm 黄铜药筒在不同膛壁厚度和火药气体压力下各部位的最终间隙和抽壳力。

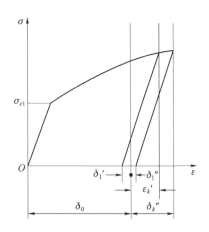

图 8.6.6 最大膛压对最终间隙的影响

表 8.6.4 弹膛壁厚度和火药气体压力对 56 式 14.5 mm 黄铜药筒最终间隙的影响　　mm

距底缘距离/mm	弹膛外径/mm	火药气体压力/MPa				
		100	200	270	325	400
20	42	0.042	−0.028	−0.072	−0.089	—
	50	0.044	−0.020	−0.028	−0.036	−0.070
	70	0.062	−0.008	−0.008	−0.020	−0.046
50	42	0.050	0.017	−0.006	−0.017	—
	50	0.051	0.032	0.019	0.007	−0.016
	70	0.054	0.039	0.024	0.014	0.003
80	42	0.056	0.030	0.014	0.002	—
	50	0.065	0.044	0.030	0.021	0.007
	70	0.065	0.051	0.037	0.026	0.014

表 8.6.5 56 式 14.5 mm 黄铜药筒在不同弹膛厚度和火药气体压力下的抽壳力　　MPa

火药气体压力/MPa	弹膛外径/mm		
	42	50	70
100	0	0	0
200	470	157	29
270	2 313	500	147
325	2 773	2 421	412
400	—	4 635	2 029

弹膛的弹性变形量可表示为

$$\varepsilon_k = \frac{2}{3} \frac{p_1}{E_2} \frac{2a^2+1}{a^2-1} \tag{8.6.1}$$

当 $a > 2.5 \sim 3$ mm 时，ε_k 的减小不显著，如图 8.6.7 所示。同时，a 过大，会使武器质量增加。因此，增加弹膛壁厚有限。采用热套等方法使弹膛产生压缩预应力，也可使 ε_k 减小。

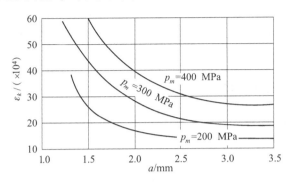

图 8.6.7 圆壁筒厚度与弹性变形量的关系

8.6.6 药筒与弹膛的表面状态

由于药筒与弹膛的表面状态（干净或污秽、干与湿、有润滑或无润滑、弹膛镀铬或不镀铬）影响摩擦系数，间接对抽壳力产生影响。同时，药筒外表面的粗糙度或弹膛内表面的加工质量，也会对退壳性能产生影响，尤其是自动武器。另外，钢药筒表面的防腐层对摩擦系数也有一定的影响。

8.6.7 闭锁机构的刚度

射击过程中，火药气体压力通过药筒传给闭锁机构，使闭锁机构相关零件产生弹性变形，药筒后移伸长。膛压下降后，闭锁机构和药筒开始弹性恢复。若闭锁机构刚度较差，则后移量较大，由于药筒有锥度，药筒的径向塑性变形大。在闭锁机构恢复过程中，会将药筒推向膛内，使药筒在膛内卡紧的程度增加，抽壳力增大。

8.6.8 抽壳时机

自动武器通常是在一定膛压下抽壳，射击频率越高，则抽壳越早。同时，膛内火药气体压力较高，抽壳力较大。因此，对于射速要求不高的武器，适当延迟开锁和抽壳时间，降低抽壳时的膛压，是减小抽壳力的主要措施。

8.6.9 弹膛温度

弹膛温度越高，则药筒的散热条件越差，抽壳越困难。可见，连续射击对抽壳不利。

对于上述影响抽壳力的因素和改变抽壳条件的各项措施，均是就单一因素分别进行讨论的，而实际上它们之间有些互相制约，有的还与整个武器的性能要求矛盾。因此，对抽壳问题要全面分析和考虑，并进行大量试验，以便得到合理解决。

8.7 药筒的强度校核

药筒的强度验算是校核药筒在射击过程中和抽壳时的强度，它是根据射击的各个阶段药筒所承受的载荷、变形进行验算的。

射击时药筒壁在火药气体压力作用下主要是切向变形，该变形量不能过大，否则药筒会产生纵向破裂。另外，由于火药气体对药筒底部的作用使药筒产生轴向伸长，若伸长量过大，会使药筒产生局部变形或横断。抽壳时，药筒壁和底缘应能承受抽壳力的作用，使之不被破坏。

8.7.1 药筒的轴向变形

从大量射击实践中发现，射击后药筒体部的局部拉薄、裂纹或断裂，常是由药筒的轴向变形量过大造成的。

射击前，药筒在膛内有初始间隙和弹底间隙。射击时，膛内火药气体压力迅速增加，当对弹丸底部的作用力大于药筒口部对弹丸的箍紧力（拔弹力）时，弹丸开始向前运动。与此同时，作用在药筒底部的火药气体压力使药筒向后移动。药筒壁受火药气体压力的作用而产生切向变形，径向增大。随着压力的升高，变形量增大，迅速消除了初始间隙，与弹膛壁紧贴，将产生摩擦而阻止药筒向后运动。由于药筒的壁厚和强度沿长度变化，故药筒与膛壁的接触长度逐渐增加。当接触表面的摩擦力总和大于作用在药筒上的轴向力时，药筒就不能移动，将在其底部压力的作用下产生轴向拉伸变形。如果药筒底部的闭锁间隙加上闭锁系统的弹性变形量，超过药筒允许的拉伸变形量（横断前的最大拉伸变形），药筒就发生横断。另外，作用在斜肩上的火药气体压力也会使药筒产生轴向变形。对于底缘定位的药筒，若斜肩处的空隙不大，则药筒轴向仅为弹性变形或小量塑性变形；若空隙过大，就可能使药筒壁拉薄或拉断。

药筒的壁厚和力学性能沿长度变化，而摩擦系数受接触表面状态的影响较大，所以轴向变形的计算就比较繁杂，同时计算结果也不精确，下面对药筒的轴向变形进行分析。

由于药筒的直径、壁厚和力学性能沿其长度变化，为研究方便起见，在药筒上取一小段 Δl_i，如图 8.7.1 所示。假设该段的直径、壁厚和力学性能不变，作用在药筒底部的总压力为

$$P' = p \frac{\pi}{4} d_{i0}^2 \tag{8.7.1}$$

式中，P' 为药筒底部总压力；p 为药筒内火药气体压力；d_{i0} 为药筒内底直径。

在某段 l_x 长度上所承受的摩擦力为

$$R = \pi f \sum_{i=1}^{x} d_i \cdot \Delta l_i \cdot p_{zi} \tag{8.7.2}$$

式中，d_i 为第 i 段药筒的外径；p_{zi} 为第 i 段药筒外表面与弹膛壁间的作用力；f 为摩擦系数。

若不考虑惯性力，则在 Δl_i 段右端断面上所受的轴向应力为

$$\sigma_{zi} = \frac{4P' - 4\pi f \sum_{i=1}^{x} d_i \cdot \Delta l_i \cdot p_{zi}}{\pi(d_i^2 - d_{i0}^2)} \tag{8.7.3}$$

式中，d_{i0} 为第 i 段药筒的内径。

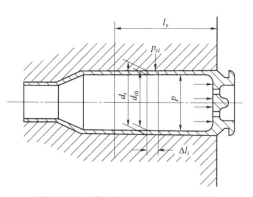

图 8.7.1 药筒发射时的轴向变形

在上式中若

$$P' = \pi f \sum_{i=1}^{x} d_i \Delta l_i p_{zi} \tag{8.7.4}$$

表明在 $l_x = \sum\limits_{i=1}^{x} \Delta l_i$ 段上的摩擦阻力与火药气体向后的推力平衡，该段向左的外表面就只存在阻止药筒向后移动的静摩擦，l_x 左端面及其左方各断面内不存在轴向应力，l_x 段向右各部分将产生大小不等的变形。在膛压增长过程中，某一断面的应力达到该断面的极限强度时，药筒发生横断，此时的总伸长量为极限伸长量。某断面的伸长量可用下式表示

$$\delta \Delta l_i = \sigma_{zi} \frac{\Delta l_i}{E_1} \tag{8.7.5}$$

$$\delta \Delta l_i = \sigma_{ei} \frac{\Delta l_i}{E_1} + \frac{\sigma_{zi} - \sigma_{ei}}{E'_{1i}} \Delta l_i \tag{8.7.6}$$

式中，$\delta \Delta l_i$ 第 i 段 Δl_i 的伸长量；σ_{ei} 第 i 段的弹性极限；E'_{1i} 为第 i 段的强化模数。

其中式（8.7.5）表示弹性变形，式（8.7.6）表示弹塑性变形，药筒的应力 – 应变曲线如图 8.7.2 所示。

取各小段圆筒体伸长量 $\delta \Delta l_i$ 的总和，便得到药筒的轴向伸长量，可表示为

$$\delta l_x = \sum_{i=1}^{x} \delta \Delta l_i \tag{8.7.7}$$

为使药筒在发射时不产生横断，应使其在发射时可能发生的轴向伸长量小于药筒的极限伸长量，故其不横断的条件为

$$\delta l_{限} > \Delta_{制} + \Delta_{磨} + \Delta_{弹} \tag{8.7.8}$$

式中，$\delta l_{限}$ 为药筒的极限伸长量；$\Delta_{制}$ 为制造间隙；$\Delta_{磨}$ 为磨损间隙；$\Delta_{弹}$ 为弹性间隙。

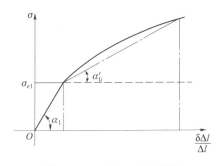

图 8.7.2 应力 – 应变曲线

对于有斜肩的药筒，火药气体作用于斜肩内表面，会增大药筒壁的内应力，有可能使危险断面产生在靠近斜肩附近的地方。

上面在讨论药筒轴向变形时，未考虑药筒切向变形对轴向变形的影响，以及药筒与闭锁系统接触后对药筒轴向变形的影响、闭锁系统弹性恢复时对药筒的轴向压缩等。

一般情况下，药筒轴向变形的大小（伸长或缩短）与药筒直径、初始间隙和弹底间隙的大小、药筒材料的强度（加工硬化）及武器闭锁机构的刚度等有关。初始间隙大、弹底间隙偏小、药筒材料强度偏高，都会使药筒贴膛时间稍迟，这样就不易产生轴向变形，药筒以切向变形为主；反之，若初始间隙小、弹底间隙偏大、药筒材料强度偏低，则药筒贴膛较快、较紧，药筒的轴向变形较大。实际上，当弹底间隙大到一定程度时，容易使药筒产生横断或炸壳。

8.7.2 药筒壁的强度

抽壳时，药筒壁的承载情况与药筒的抽壳情况有关。前面已讨论了两种抽壳情况，即在一定膛压下抽壳和膛压降至大气压时抽壳。抽壳情况不同，药筒承载情况也不同。通常情况

下，在一定膛压下抽壳，药筒的承载相对大些。无论哪种抽壳情况，药筒壁的强度均由它所承受的抽壳阻力来确定。

在一定膛压下抽壳，虽然作用在药筒底部内表面的火药气体压力将有助于抽壳，但仍需克服药筒与膛壁间作用力所产生的较大摩擦阻力。当膛压降至大气压后抽壳，若药筒与膛壁间存在过盈，则药筒壁承受的抽壳阻力为该过盈值产生的药筒与膛壁间的摩擦阻力。下面讨论在一定膛压下抽壳时药筒壁的强度。

计算时先将药筒分段，并假定每段药筒的壁厚和力学性能相同，药筒分段方式如图 8.7.3 所示。随后计算药筒各段的抽壳阻力，根据抽壳阻力来验算药筒各段壁厚的强度。

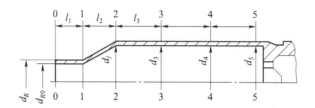

图 8.7.3　药筒壁分段示意图

第一段为药筒口部。该段摩擦力可由下式确定

$$R_1 = \pi d_k l_1 f p_{z1} \tag{8.7.9}$$

式中，p_{z1} 为抽壳时药筒口部与弹膛之间的作用力；d_k 为药筒口部外径。

火药气体对药筒口部端面的作用力 R_0 为

$$R_0 = \frac{\pi}{4} d_k^2 (1 - b_1^2) p_c \tag{8.7.10}$$

式中，b_1 为药筒口部内外径之比；p_c 为抽壳时火药气体压力。

药筒口部内外径之比可表示为

$$b_1 = \frac{d_{k0}}{d_k} \tag{8.7.11}$$

抽壳时，第一段的阻力为

$$R = R_1 - R_0 \tag{8.7.12}$$

断面 1—1 上药筒壁的强度条件为

$$Q_{b_1} \geqslant R \tag{8.7.13}$$

Q_{b_1} 为断面 1—1 上药筒壁所能承受的轴向力，即

$$Q_{b_1} = \frac{\pi}{4} d_k^2 (1 - b_1^2) \sigma_{b_1} \tag{8.7.14}$$

式中，σ_{b_1} 为 1—1 断面上药筒壁的强度极限。

第二段为斜肩。该段需考虑斜肩锥度，如图 8.7.4 所示。图中 p_j 为药筒与弹膛间的作用力，p_c 为抽壳时火药气体压力。

上述各力在轴向的投影 p_2 为

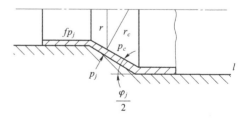

图 8.7.4　斜肩处药筒与弹膛间的作用力

$$p_2 = p_j f\cos\frac{\varphi_j}{2} - p_j\sin\frac{\varphi_j}{2} + p_c\sin\frac{\varphi_j}{2} \tag{8.7.15}$$

斜肩上总的抽壳阻力为

$$R_2 = \frac{\pi}{2}(d_k + d_j)\frac{l_2}{\cos\frac{\varphi_j}{2}}p_2$$

$$= \frac{\pi}{2}(d_k + d_j)l_2\left(fp_j - p_j\tan\frac{\varphi_j}{2} + p_c\tan\frac{\varphi_j}{2}\right) \tag{8.7.16}$$

断面 2—2 所受拉力为第一段和第二段抽壳阻力的总和，即

$$R_{12} = R_1 - R_0 + R_2 \tag{8.7.17}$$

断面 2—2 上药筒壁的强度条件为

$$Q_{b_2} = \frac{\pi}{4}d_j^2(1 - b_2^2)\sigma_{b_2} \tag{8.7.18}$$

式中，b_2 为直径比；σ_{b_2} 为斜肩处药筒的强度极限。

直径比可表示为

$$b_2 = \frac{d_{j0}}{d_j} \tag{8.7.19}$$

式中，d_{j0} 为斜肩处药筒的内径。

同理，可验算药筒壁其他各段的强度。对自动武器来说，随着抽壳过程的进行，膛压不断下降，摩擦力也不断减小。可见，沿筒体长度上壁厚应发生变化，以适应受力情况的改变。

8.7.3　药筒底缘的强度

抽壳时，武器的抽壳力是通过底缘传递给药筒的，故药筒底缘应能承受抽壳力的作用，在抽壳力作用下，底缘主要承受剪切应力，它的强度可根据下式校核

$$\tau = \frac{Q}{F} \leqslant [\tau] \tag{8.7.20}$$

式中，τ 为底缘承受的剪切应力；Q 为抽壳力；F 为底缘承受剪切的面积；$[\tau]$ 为底缘允许的剪应力。

8.7.4　药筒底部的强度

射击前，药筒与膛壁间有初始间隙 u_0，射击后，药筒壁与膛壁紧贴，但筒底附近由于筒底的牵制和壁厚的影响，使变形受阻，从而产生不接触段 l_1，如图 8.7.5 所示。

l_1 可用试验或经验关系式确定。图 8.7.5 中的 l_0 可表示为

$$l_0 = 1.6r \tag{8.7.21}$$

式中，r 为筒底与筒壁连接处的半径。

由于药筒根部不能紧贴弹膛，火药气体对药筒内壁作用会使底缘附近产生剪切应力和弯矩，如图 8.7.6 所示。由于弯矩作用，在药筒壁上还产生了拉伸和压缩应力，如图 8.7.7 所示。

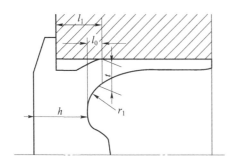

图 8.7.5 筒底附近的不接触段示意图

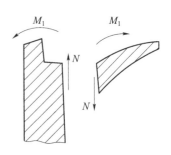

图 8.7.6 筒底附近的剪切应力和弯矩

药筒底部的受力较复杂,除了受火药气体压力外,由于火药气体对不接触段 l_0 的作用,在筒底产生了许多附加力和力矩,如图 8.7.8 所示。

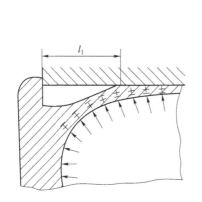

图 8.7.7 筒底附近筒壁上的应力

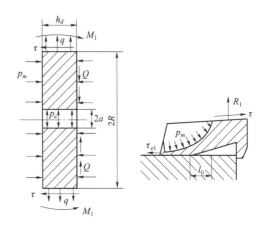

图 8.7.8 药筒底部的受力

1. 作用于药筒底部半径方向上的力 R_1

力 R_1 是由火药气体作用于不接触段 l_0 所引起的,作用于不接触段上的总力为

$$F_0 = 2\pi R l_0 p_m \tag{8.7.22}$$

将此力视为均匀作用于筒底外缘厚度上的力,即

$$\frac{F_0}{2\pi R h_d} = \frac{p_m l_0}{h_d} = q \tag{8.7.23}$$

2. 弯矩 M_1

它是因火药气体作用于不接触段 l_0 造成的,由筒体传给筒底。

3. 底火室内作用的压力 p_a

它是由火药气体进入底火或底火室引起的,它的大小与底火的结构有关,应小于火药气体压力。

4. 作用于筒底内表面的力 F_1

$$F_1 = p_m \pi (R^2 - a^2) \tag{8.7.24}$$

5. 筒底外表面与枪机镜面间摩擦力产生的切应力 Q

取其平均值,则

$$Q = \frac{p_m f}{2} \tag{8.7.25}$$

6. 筒体牵制筒底轴向变形的力 τ

它是由于火药气体对筒底内表面的作用,使筒底随枪机闭锁件一起产生轴向位移时,筒底与筒底附近的筒体壁相平衡的力。

附 录
枪弹主要性能测试及有关问题

在进行产品检验时,其检验项目、试验方法和合格判定等内容在《制造与验收规范》及国家军用标准 GJB 3196A—2005《枪弹试验方法》中都有明确规定。本附录着重对速度、膛压、射击密集度三个主要性能参数试验要求进行讨论,以纠正目前社会上某些不正确的认识。

F1 速度测试

F1.1 速度特征值

速度特征值一般规定有速度平均值($\bar{v}_x$)、极差值(Δv_x)或标准偏差(s),以及在高温或低温条件下测试时的速度变化量。

（1）速度平均值

一组枪弹样本,在规定温度条件下保温,并在此温度下用规定的测速弹道枪射击,测出每发弹在距枪口规定距离(x)上的速度(v_{xi}),根据 v_{xi} 计算出枪弹的平均速度。

$$\bar{v}_x = \frac{1}{n}\sum_{i=1}^{n} v_{xi}$$

（2）速度极差

一组枪弹样本中速度的最大值($v_{x\max}$)与最小值($v_{x\min}$)的差值(Δv_x)。

$$\Delta v_x = v_{x\max} - v_{x\min}$$

（3）速度标准偏差(s)

一组样本中,每发速度值在其速度平均值附近的离散程度。

$$s = \sqrt{\frac{\sum_{i=1}^{n}(\bar{v}_x - v_{xi})^2}{n-1}}$$

（4）速度的高温和低温性能

在高温和低温下所测试的速度平均值与标温时所测试的速度平均值相比,速度平均值的减少量（速度降）不应超过技术规范规定值,速度平均值的增量不限制。

以 5.8 mm 通用普通弹和 M855 型 5.56 mm 普通弹为例,其速度特征值规定见表 F.1。

表 F.1 速度特征值与指标规定

弹温	测试特征值	符号	枪弹名称	
			5.8 mm 通用普通弹	M855 型号 5.56 mm 普通弹
标温	平均值	$\bar{v}_x$	$\bar{v}_2 = (915 \pm 10)$ m/s	$\bar{v}_{23.8} = (914.4 \pm 12.2)$ m/s
	极差值	Δv_x	$\Delta v_2 \leq 40$ m/s	—
	标准偏差值	s	—	≤ 12.2 m/s
高、低温	高、低温下对速度的要求	$\bar{v}_x$	速度平均值与标温速度平均值相比,减少量不超过 42 m/s	速度平均值与标温速度平均值相比,减少量不超过 76.2 m/s。速度增加量不限制

注:速度测试时,枪弹样本及所用标准弹的保温要求:
(1) 国军标规定:标温 (20 ± 1)℃;高温 $(+50 \pm 2)$℃;低温 (-45 ± 2)℃。
(2) 美军标规定:标温 (21.1 ± 1)℃;高温 (51.7 ± 1.1)℃;低温 (-53.8 ± 2.8)℃。
(3) 保温时间:国军标规定保温时间均不少于 3 h;美军标规定保温时间均不少于 1 h。

F1.2 枪弹速度测试方法

枪弹速度测试,就是选定距枪口的某个距离点(记为 x)作为测量速度的位置,在弹头飞行的弹道上设置一套采集弹头信号的测速装置(一般由两个靶组成),两靶间设定一个距离(记为 s),靶的作用是把采集的弹头信号转换成电信号输入计时仪,并显示出弹头通过两靶间距的时间(记为 t)。用两靶间的距离 s(m)除以时间 t(s),就得到了弹头在两靶中间点$\left(记为 \dfrac{s}{2}\right)$的速度。在布置测速靶时,使两靶的中间点到枪口的距离等于 x,即得到技术规范规定的速度 v_x。

速度试验方法,通常是按测速系统所采用的测速靶来分类的,常用的测速靶有天幕靶、光幕靶、线圈靶、钢板靶等。

例如,选用光幕靶系统测速,光幕靶的靶间距设为 2 m,要求测试距枪口 5 m 处的枪弹速度。在布置光幕靶时,把光幕靶的第一靶设置在距枪口 4 m 的位置上,第二靶设置在距枪口 6 m 的位置上,两靶之间的靶距调整到 2 m,两靶面之间保持平行且与弹道垂直,此时测得的速度值就是 v_5 的速度。

天幕靶(又称红外测速仪):一套两台。在室外使用时,以天空为背景;在室内使用时,需要配上光源。其测速原理为:在红外探测器前设有一个很窄的狭缝光栏,通过光学镜头在空间形成一个扇形的有一定厚度的探测面。当弹头穿过此探测面时,进入镜头到达红外探测器的光线就被挡掉一部分,光通量就会发生变化。光通量的变化使探测器后的电路中的电信号也随之变化,经对信号放大、处理、整形之后触发计时仪。它具有体积小、视场角大、灵敏度高、使用方便等特点,适合在室外 50~1 000 m 射程上安装使用。

光幕靶(又称光电靶):一套两台。它的光幕是一面光屏,由光源光电管提供光源,用光电传感器接收。它把弹头通过光幕时光通量的改变,转换成电信号来启动或停止计时仪。

适用于枪弹弹头的各种材料和结构,它最适合在室内靶道测$v_5 \sim v_{25}$时的靶距上使用。如果选择的靶距小于 3 m,前靶的测量精度容易受到枪口火光和烟焰的影响。国际上对枪弹速度的测试普遍要求用光幕,如 9 mm 手枪弹测v_{16},5.56 mm 和 7.62 mm 步机枪弹测$v_{4.57}$或$v_{23.8}$等。

线圈靶:一套两台。它是利用弹头通过线圈时改变磁通量来获取电信号的。因此,弹头的主要材料应当是导磁体,如采用覆铜钢制造的覆铜壳钢芯弹头,它不适用于黄铜弹头壳制造的铅芯弹、曳光弹等弹种。它的优点是不受枪口火光和烟焰的影响,适用于近距离的测速,如v_2、v_5。由于圆形线圈的内径为$\phi150$ mm,方形线圈靶的孔径为 150 mm × 150 mm,过弹的孔径偏小,使它的使用受到靶距的限制。

钢板靶(又称通断靶):它的第一靶就是在枪管口部安装的夹具上安装镀银铜丝线,让弹头出枪口时切断铜线给出电信号启动计时仪,每射击 1 发枪弹后,都要重新连接镀银铜丝线。它的第二靶是由一块安装有断路器的钢板悬挂在支架上,钢板接受弹头的冲击,使断路器给出电信号,使计时仪停止计时。例如,用于步机枪弹测v_{25}时,钢板安装在距枪口 50 m 处;用于手枪弹测$v_{12.5}$时,钢板安装在 25 m 处。随着光幕靶测试技术的进步,钢板靶也面临被淘汰的局面。

从常用的几种测速靶来看,它们各有优点,也各有不足。因此,为满足不同结构的弹种和不同性质的测试要求,可根据需要选择靶型。

F1.3 关于速度的极差与标准偏差

目前,国内习惯用极差(Δv_x),国外习惯用标准偏差(s)。

极差在使用时比较简便,只需计算一组样本中实测的最大值和最小值之差即可。标准偏差值的统计计算相对较复杂,但标准偏差的大小能反映出所测样本速度值的分布相对于平均值的离散程度。

在采用速度测试的极差值来判定质量符合性时,一般情况下规定的极差值(指标值)是规定的平均速度范围的两倍,并规定在第二样本复试(加倍数量)时,从两个组的极差中取最大的组(即测试结果最差的)作为复试的合格判定依据。显然,复试时的质量要求严于初试。

在采用速度测试的标准偏差来判定质量符合性时,规定的标准偏差值一般也是平均速度范围的两倍。复试时,样本量同样是初试样本量的两倍,但复试时的标准偏差是按样本量的全数计算的。显然,速度在初、复试时保持了质量要求的一致性。

根据《质量管理及技术和方法》书中的介绍,可以用极差(Δv_x)来估计平均值($\bar{x}$)的标准偏差(s),即

$$s = \frac{\Delta v_x}{d_2} \tag{F.1}$$

式中,s 为用速度极差值估计的标准偏差值;Δv_x 为极差值;d_2 为符合系数,见表 F.2。

表 F.2 符合系数 d_2

样本量 n	10	11	12	13	14	15	16	17	18	19	20
d_2	3.078	3.173	3.258	3.336	3.407	3.472	3.532	3.588	3.640	3.689	3.735

根据公式（F.1）可把极差值和标准偏差进行相互转换，见表 F.3。

表 F.3 极差与标准偏差相互转换估计值

枪弹名称	产品图规定		条件		转换值	
	极差	标准偏差	射弹数	d_2	极差	标准偏差
M80 型 7.62×51 mm 弹	—	≤9.75	20	3.735	36.4	—
M855、M193 型 5.56×45 mm 弹	—	≤12.2	20	3.735	45.6	—
5.8×42 mm 普通弹	≤40	—	20	3.735	—	10.7

另外，从表 F.1 还可以看出，美军标对速度特征值规定了速度的平均值和标准偏差值，其速度平均值的范围值就是按速度标准偏差的两倍来确定的（$\bar{v}_{23.8}$ =（914.4 ± 12.2）m/s）。从正态分布（μ, σ）图看，落在 [（$\mu - \sigma$），（$\mu + \sigma$）] 的概率为 68.3%。说明速度平均值（v_x）的范围在均值（μ = 914.4）左右偏离 1 个 σ 是比较合适的，这一规定对今后新产品的速度定值具有参考价值。

例如，5.8 mm 狙击步枪弹，战术技术指标规定，速度 $\bar{v}_2$ =（810 ± 10）m/s，速度的极差 Δv_2 ≤ 25 m/s，样本量为 n = 10。按以上所述，可以估算出该弹速度的标准偏差 s = 25/3.078 = 8.122，其速度的平均值则应确定为 $\bar{v}_2$ = 810 ± s =（810 ± 8）m/s。如果速度（810 ± 10）m/s 不变，把样本量调整为 20 发，估计的标准偏差为 8 m/s。此时估算的极差约为 30 m/s（注：$R = s \cdot d = 8 × 3.735 = 29.88$（m/s））。

通过对该弹速度、极差、标准偏差的估算，表明在制定速度指标体系时，应充分考虑到测试样本量、速度平均值的允许偏差与极差、标准偏差之间存在的关联性和规律性，不宜直接用测试结果的统计值作为建立指标值的唯一依据。

F1.4 关于速度的高低温性能的讨论

枪弹在低温条件下射击时，一般情况下，由于发射药燃烧速度变慢，速度和膛压都要下降。为了不使其因下降太多，而对射击距离、射击密集度和威力有较大影响，枪弹都对低温的速度降提出了必要的限制。

低温速度下降量主要取决于发射药的性能。不同的发射药对温度的敏感程度不一样，一般用药温系数（L_{KV}）来表示。几种发射药的药温系数见表 F.4。

表 F.4 几种发射药的药温系数

枪弹名称	9×18 mm 手枪弹	51 式 7.62 mm 手枪弹	56 式 7.62 mm 普通弹	53 式 7.62 mm 普通弹	5.8 mm 弹药	美军标 5.56 mm 弹药	美军标 7.62 mm 弹药
发射药实例	多-125	多-45	单基药	单基药	双基药	双基药	双基药
低温下速度药温系数	0.001 4	0.001 4	0.009	0.001 2	0.000 7	0.001 03	0.001 21

注：1. $L_{KV} = \dfrac{\Delta v}{\Delta t \cdot \bar{v}_0}$。

2. 9×18 mm、51 式 7.62 mm 手枪弹、56 式、53 式 7.62 mm 弹的 L_{KV}，来自华东工学院《内弹道学》P176。

3. 5.56 mm 弹及 7.62×51 mm 弹的 L_{KV} 来自美国轻武器弹药军事规范（MIL-P-3984）的规定。

例如，5.8 mm 枪弹，$\bar{v}_2 = 915$ m/s，-45 ℃下药温系数为 0.07%。用公式计算，速度下降 $\Delta v = L_{KV} \cdot \Delta t \cdot \bar{v}_2 = 0.000\,7 \times [20 - (-45)] \times 915 = 42$（m/s）。因此，在制造与验收规范中，规定该弹在 -45 ℃条件下，速度下降量小于 42 m/s。

又如，5.56×45 mm 枪弹，$\bar{v}_{45.7} = 990.6$ m/s，$L_{KV} = 0.103\%$，用公式计算，速度下降量 $\Delta v = 0.001\,03 \times [21.1 - (-53.8)] \times 990.6 = 76.4$（m/s）。其技术标准规定，在 -54 ℃条件下，速度下降量小于 76.4 m/s。

F2 膛压测试

F2.1 膛压特征值

膛压是指发射药在膛内燃烧生成的火药燃气压强。膛压特征值有最大膛压平均值（$\bar{P}_m$）、最大膛压最大值（$P_{m\max}$）、最大膛压最小值（$P_{m\min}$），以及导气孔压力平均值（$\bar{P}_p$）和枪口压力平均值（$\bar{P}_g$）等。

1. 最大膛压平均值

一组枪弹样本，在规定温度条件下保温，并在此温度下使用规定的弹道枪射击，测出每发弹的膛压值（P_{mi}），计算出该组样本的算术平均值。

$$\bar{P}_m = \frac{1}{n} \sum_{i=1}^{n} P_{mi}$$

2. 最大膛压最大值和最大膛压最小值

与测定 $\bar{P}_m$ 是同一个样本，仅从所测的 P_{mi} 中找出膛压最高的一个单发值（$P_{m\max}$）和膛压最低的一个单发值（$P_{m\min}$）。

3. 膛压标准偏差

与测试最大平均膛压是一个样本，仅按所测的 P_{mi} 值来计算该样本中每发弹以其膛压平均值为基准的离散程度，其计算式如下：

$$s = \sqrt{\frac{\sum_{i=1}^{N} (\bar{P}_m - P_{mi})^2}{n-1}}$$

4. 导气孔压力和枪口压力

导气孔压力和枪口压力根据需要而定。国外枪弹一般除规定测试 $\bar{P}_m$ 和 $P_{m\max}$ 外，大都对 $\bar{P}_p$ 也做出规定，而国内一般仅测试 $\bar{P}_m$ 和 $P_{m\max}$。枪口压力在战术技术指标或检验项目中一般不做要求，在高精度狙击枪弹中才会做出规定。

5. 膛压的高温和低温性能

一般在高温和低温下测试的最大膛压平均值与标温时所测的最大膛压平均值相比，膛压的增加量（高温膛压升）不应超过技术规范的规定，膛压的减少（低温的膛压降）不限制。

膛压测试时，枪弹保温温度、时间与速度测试时的规定相同。

以 5.8 mm 通用普通弹和 M855 型 5.56 mm 普通弹为例，膛压测试特征值和验收规范的指标要求见表 F.5。

表 F.5　膛压（铜柱法）测试特征值与指标要求

测试特征值	符号	5.8 mm 通用普通弹	M855 型 5.56 mm 普通弹
标温最大膛压平均值	$\overline{P_m}$	255～289.3 MPa	≤358.5 MPa（52 000 psi）
最大膛压最大值	$P_{m\max}$	≤318.7 MPa	≤399.9 MPa（58 000 psi）
	$\overline{P_m}+3s$	—	≤399.9 MPa（58 000 psi）
导气孔压力（标温）	$\overline{P_p}-3s$	—	≥87.5 MPa（12 700 psi）
高、低温性能	$\overline{P_m}$	高温测试结果与标温结果相比，膛压平均值的增加量不超过 35 MPa；低温测试结果应不超过 289.3 MPa	高、低温测试结果分别与标温结果比，膛压平均值的增加量不超过 34.5 MPa（5 000 psi），膛压平均值的减小不限制

F2.2　膛压的测试方法

膛压测试方法主要有两种：一种是铜柱法（铜球法），一种是电测法。

1. 铜柱法

铜柱法又称铜柱测试系统，是国内枪弹生产企业通用的测压方法。在测压弹道枪的弹膛壁部钻有测压孔，在测压孔上安装机械结构的测压器，在测压器的活塞杆顶部安装标准的测压铜柱。弹膛内的火药气体压力通过测压器上的活塞孔作用到活塞杆底平面上，并使置于活塞杆顶面的铜柱产生压缩变形。通过测量铜柱在试验前和试验后的高度，查铜柱批的压力换算表而得到每发枪弹的膛压值。当采用铜柱法测试导气孔压力时，方法是相同的。

枪弹膛压值的大小与弹膛上测压孔距枪管尾端面的距离有很大的关系，测压孔位于弹膛一锥体上（弹壳体中部）所测得的膛压值要高于位于弹膛四锥体上（弹壳口部）所测得的膛压值。国内的测压弹道枪普遍选择在弹壳口部测压。国外则普遍选择在弹壳体中部位置测压。

国内与国外都用铜柱法测压时，即使测压孔的位置相同，也会由于测压系统所规定的器材和试验规范不同，可能使试验的结果出现差异。在外贸合同签订前，如果有条件，最好先送样品到订购方的检测机构进行试测，防止因测压器材和测试条件的差异影响到产品验收。

2. 电测法

电测法又称为压电传感器系统，是国外枪弹膛压测试普遍使用的测试方法。这个系统将压电传感器安装在测压枪的弹膛壁部的测压孔上，当弹膛内的火药气体压力作用到传感器上时，同时引起传感器变形并产生可测量的电荷。由数据处理系统进行数据处理，得到枪弹射击时的最大膛压值，并可从该方法测试的膛压曲线中计算出枪弹导气孔压力和弹头在弹膛内的作用时间等。

F2.3　有关测压问题的讨论

1. 关于膛压测点位置

内弹道过程是一个十分复杂的物理、化学过程，发射药的点火与燃烧状态、火药颗粒形状与装填密度等，都使膛内压力分布呈非均匀性。根据内弹道理论，弹头底部压力（P_d）

最小,而弹壳内底部压力(P_T)最大,如在最大膛压(P_m)点时,其P_d、P_T的关系是$P_d < P_m < P_T$。因此,同一样本会因测点位置不同而表现出不同的压力特征量,所以谈及某某弹的膛压时,应说明测压孔的位置,最关心的是最大膛压。根据膛内弹头运动规律,以及电测法测出的$P-L$曲线,最大膛压应是在弹头圆柱部全部挤进前发生。因此,铜柱法测压的测点位置只要小于阴线起始部到枪管尾端面的距离即可。为了使用方便,把测点设在弹壳口部(在弹膛的坡膛处)位置是可行的。同时,应指出,由于铜柱法所测压力不是实际压力值。在实践中,一般明确一个测点,并规定一个压力值,以此来规范内弹道的稳定性。为弥补铜柱法不能了解$P-L$变化全貌的缺陷,国外又对导气孔位置的压力及膛内运动时间做出规定,这无疑是很必要的。

另外,根据实践总结,一般认为将铜柱所测压力增大12%~15%(接近电测法膛压值)可作为弹壳强度、枪管强度设计的依据。

2. 膛压的标准偏差

国外产品最大膛压的最大值($P_{m\max}$),一般用最大膛压平均值加三倍标准偏差来表示,即$P_{m\max} \leq \overline{P_m} + 3\sigma$。这一规定符合正态分布原则,显得有理有据,且便于掌握应用。

根据SAAMI标准介绍,膛压标准偏差可用最大膛压平均值(标温时的指标值)乘以4%的系数来确定。例如,$\overline{P_m}=50\,000\text{ psi}$时,$s=50\,000\times 0.04=2\,000\text{(psi)}(13.7\text{ MPa})$,这一结果与表F.5中M855弹的膛压标准偏差($s=2\,000\text{ psi}$)是相符的。依此类推,5.8 mm通用普通弹膛压的标准偏差应为$s=289.3\times 0.04=11.57\text{(MPa)}$。此时,最大膛压的单发值$P_{m\max}=289.3+11.57=324\text{(MPa)}$,比规范中的规定值($P_{m\max}\leq 318.7\text{ MPa}$)大1.6%。可见,此系数有一定参考价值。

3. 膛压的高低温性能

由于国内外所用的发射药的主要原材料和组分相差不大,其对温度的稳定性也基本相同,故在高温条件下膛压增量(膛压升)也基本相同。在表F.5中,两种弹所规定的高温膛压升相差很小。而对于低温条件下限制膛压增加量的要求,国内外的技术标准规定则有所不同。以美军标为代表的规定是低温实测最大膛压平均值与标温实测最大膛压平均值相比,升高量与高温试验时的增加量要求一致(34.5 MPa);国内以5.8 mm枪弹为代表的规定,是要求低温实测最大膛压平均值不超过标温最大膛压指标范围值中的上限值。在一般情况下,低温实测速度和膛压都会较标温实测值低一些,当低温压实测值超过标温实测值时,习惯把这种现象称为低温膛压反常,这种情况的产生主要是发射药在低温状态下的燃烧速度升高所致,应当对其进行限制。为此,特规定枪弹低温膛压实测值不应超过标温膛压平均值的规定值(规定单侧控制值时),或不超过标温膛压平均值规定范围值(规定双侧控制值时)的上限值。

4. 关于最大膛压平均值的下限值

枪弹在标温条件下一般只规定一个最大膛压平均值($\overline{P_m}$)即可。只有5.8 mm普通弹、5.8 mm通用普通弹的$\overline{P_m}$增加了一个下限值。其原因是我国未对导气孔压力和膛内作用时间加以控制。因此,在生产实践中,易出现发射药燃速减慢、最大膛压平均值偏低,而装药量偏多的现象。其结果是枪口压力和高温膛压增大,对减小枪口烟焰和抽壳性能都是不利的。

增加标温最大膛压平均值的下限控制值的初衷是好的，但应当注意双侧控制时下限值的选择，即指标范围值的公差大小应能满足正常生产验收的产品质量水平，并适度留有余地。一般情况下，公差值不宜小于 35 MPa。

F3　射击密集度测试

F3.1　射弹散布的基本特征

射击密集度是指一组样本射击后，在立靶上弹着点密集的程度，其是考核弹道散布的主要手段。射弹散布有其规律性，一般表现是：

①越靠近散布中心，弹着点越密；离散布中心越远，弹着点越少。因此，射弹散布是不均匀的。

②不论在高低方向上，还是在水平方向上，散布中心两侧的弹着点数目大致相等。射弹散布上下、左右基本是对称的。

③正常枪弹的射弹散布有一定范围，随着射击距离的变化，散布的范围也不相同。

④射弹散布具有群体性。只有在相同射击条件下，用一定数量的射弹才能看出其密集的程度。

射弹散布的均匀性、对称性、有限性和群体性反映了射弹散布的基本特征。在实践中，若立靶上弹孔分布不符合上述特征，则认为射弹散布是不正常的。

F3.2　射击密集度的特征值及测量计算方法

用来衡量射弹散布大小的定量值，称为射击密集度的特征值。常用的特征值有半数射弹散布圆半径（R_{50}）、全数射弹散布圆半径（R_{100}）、全数射弹平均半径（MR）、全数射弹标准偏差（水平方向 σ_x、高低方向 σ_y）、全数射弹矩形（$H+L$）、全数射弹散布圆直径（D_{100}）等。

射击密集度的测量计算方法简介如下：

（1）R_{50} 及 R_{100} 的测量方法

以射击 20 发枪弹的靶纸为例。在靶纸上画直角坐标，使横坐标的上、下和纵坐标的左、右各有 10 个弹孔，且使坐标线两侧最近弹孔的距离相等；以坐标原点为圆心（O）画圆，使圆周的内、外各有 10 个弹孔，且使圆周线距圆周内、外最近弹孔的距离相等，此圆的半径即为 R_{50}；以坐标原点为圆心画圆，使圆周通过最远弹孔的外边缘，此圆的半径即为 R_{100}。

（2）MR 的测量方法

以射击 10 发枪弹的靶纸为例。以最左边的弹孔中心为基准，分别测量出 10 个弹孔的水平距离（x_i），计算出弹孔在水平方向分布的平均值（$\bar{x}$），并在该位置点画出纵坐标；以最下边的弹孔中心为基准，分别测量出 10 个弹孔在垂直方向分布的平均值（$\bar{y}$），并在该位置点画出横坐标。两条轴线的交点（O）即为射弹的散布中心 $O(\bar{x}, \bar{y})$。以散布中心为原点，测量每个弹孔的中心至原点的距离（L_i），并计算出平均值，该值即为 MR，即

$$\mathrm{MR} = \frac{1}{n}\sum_{i=1}^{n} L_i$$

(3) σ_x、σ_y 的测量方法

以射击 30 发枪弹的靶纸为例。以最左边的弹孔中心为基准,分别测量出 30 个弹孔的水平距离 (x_i),计算出弹孔在水平方向分布的平均值 ($\bar{x}$) 和标准偏差 σ_x。即

$$\sigma_x = \sqrt{\frac{\sum_{i=1}^{n}(x_i - \bar{x})^2}{n-1}}$$

同理,

$$\sigma_y = \sqrt{\frac{\sum_{i=1}^{n}(y_i - \bar{y})^2}{n-1}}$$

(4) $H+L$ 的测量方法

以射击 10 发枪弹的靶纸为例。测量最上边与最下边的两个弹孔中心的距离 (H);测量最左边与最右边的两个弹孔中心的距离 (L)。把 H 和 L 相加,即为 $H+L$。

(5) D_{100} 的测量方法

以射击 10 发枪弹的靶纸为例。作一个能包含 10 个弹孔中心的最小直径的圆。此圆直径即为 D_{100}。

F3.3 对射击密集度的有关讨论

1. 对不同散布特征值的选用原则

对射击密集度的测定,是用同一支枪,并把一个样本分成几个组,在相同条件下,按一定的射击方法,求出各组特征量的平均值。可见,射击密集度是测量一个样本的总体离散程度的。根据这一原理可以认为,仅规定 $\bar{R}_{50}$,不规定 $\bar{R}_{100}$ 的检测方法是不能对射弹整体散布水平做出正确判定的。$\overline{H+L}$ 和 $\bar{D}_{100}$ 的特征值属一个类型,这两个特征值虽考虑了射弹全体的散布,但只要有一发弹远离,将导致特征值发生较大的变化,也不能正确反映射弹的整体水平。相反,MR 和标准偏差则比较合理,因为一个样本的所有射弹都参与了计算,能较好地反映射弹散布的整体水平。所以,在选用特征值时,应遵循以下原则:对手枪弹和步机枪弹,应选用 $\overline{\text{MR}}$ 或标准偏差 (σ_x、σ_y);对比赛用弹(如小口径汽枪弹、5.6 mm 运动弹)或高精度狙击弹,应选用 $\bar{D}_{100}$;$\overline{H+L}$ 采用的较少,这种方法仅适用于射距较短时,因靶纸上的弹孔过于密集,用其他特征值不能测量出其特征值时才用此方法。

2. 不同散布特征值之间的转换

上述几种特征值都是对射弹散布大小的定量描述,由于采用的特征值不同,会得出不同的特征量。但它们都来自同一张靶纸,故相互之间是可以转换的。运用概率论和数理统计知识从理论上可推导出它们之间的数学关系,并与实际射击密集度试验值进行比较,得出

$$\overline{\text{MR}} = 1.06 \bar{R}_{50}$$

据此关系式,可将 $\bar{R}_{50}$ 值转换成 $\overline{\text{MR}}$ 值,并进行数据修约后,可得表 F.6 的特征量。

表 F.6　$\overline{R}_{50}$ 与 $\overline{\mathrm{MR}}$ 的转换关系

靶距/m	100	200	300	800
$\overline{R}_{50}$/cm	≤2.3	≤4.6	≤6.9	≤23.0
$\overline{\mathrm{MR}}$/cm	≤2.5	≤5.0	≤7.5	≤25.0

注：5.8 mm 机枪弹进行 300 m 距离射击密集度试验，50 张靶纸（每张纸都满足规定值 $\overline{R}_{50}$ ≤6.9 cm 的规定）统计结果：$\overline{\mathrm{MR}} = 1.07 \overline{R}_{50}$。统计所得的比值与换算公式的系数相当。

$$\overline{R}_{50} = 1.18 \overline{\sigma}$$

此关系式引用自《弹药工程》一书"射击密集度"章节的概念和关系：$\mathrm{CEP} = 1.1774\sigma$。式中的 CEP 表示圆概率误差，表示发射一定数量的导弹，落在以 CEP 值为半径的圆内的数量为 50%。

经收集多种步机枪弹试验靶纸计算，证明这个关系式中的系数适用于枪弹散布密集度计量值 R_{50} 与 σ 之间的转换，取 $\overline{R}_{50} = 1.18\overline{\sigma}$。利用它可将 $\overline{\sigma}$、$\overline{\mathrm{MR}}$、$\overline{R}_{50}$ 联系起来。例如，在枪弹外贸合同中规定测试密集度指标 $\overline{\sigma}$ 时，可以用 $\overline{\sigma}$ 值估计出 $\overline{\mathrm{MR}}$ 和 $\overline{R}_{50}$。

以 SS109 型 5.56 mm 普通弹为例，已知射距 200 m 的密集度验收指标是水平方向的 σ_x 和高度方向的 σ_y，均不超过 5.6 cm，据此可估计相同射距时的 $\overline{R}_{50}$、$\overline{\mathrm{MR}}$ 计量值：

$$\overline{R}_{50} = 1.18 \times 5.6 = 6.608 \text{（cm）}, \text{ 取 } \overline{R}_{50} \leq 6.6 \text{ cm}$$

$$\overline{\mathrm{MR}} = 1.06 \times 1.18 \times 5.6 = 7.004 \text{（cm）}, \text{ 取 } \overline{\mathrm{MR}} \leq 7.0 \text{ cm}$$

3. 关于样本量的选用

射弹散布是一种随机现象。通过大量的重复试验（随机试验），随机现象就会出现一定的规律性。这个规律性就是随机事件出现的次数与试验总次数之比在某一数值附近摆动，这种规律称为随机事件的统计规律。可见，样本量的大小及其分组对射弹散布的客观判定是有影响的。

从理论上讲，样本量越大，组数越多，越能反映散布的固有规律。但考虑到大量的、重复性的试验中试验条件不易保持不变（如枪管的磨损、热变形、枪架的震动等），以及试验费用等原因，样本量也不能过大。实践中，根据所确定的特征量不同，其样本量也有所不同：

①R_{50} 测试的样本量为 60 发，每靶射击 20 发，分别测量每靶的 R_{50}，计算三靶的平均值 $\overline{R}_{50}$。

②MR 测试的样本量为 90 发，每靶射击 10 发，测量每靶的 MR，计算 9 靶的平均值 $\overline{\mathrm{MR}}$。

③标准偏差 σ 的测试样本量为 90 发，每靶射击 30 发，测量每靶的 σ_x 和 σ_y，计算 σ_x 的三靶平均值和 σ_y 的三靶平均值。

④D_{100} 测试的样本量为 100 发（5.6 mm 运动弹），每靶 10 发，测量每靶的 $D100$，计算 10 靶的平均值 $\overline{D}_{100}$。

⑤狙击弹测试的样本量为 30 发（5.8 mm 狙击弹），每靶射击 5 发，测量每靶的 $D100$，计算六靶的平均值 $\overline{D}_{100}$。

上述这些规定是现行的测试样本量,其中国外枪弹抽取样本量较大(约 90 发),而国内枪弹抽取的样本量较少(60 发),特别是像射击密集度为第一要素的狙击弹,样本量就显得不合理(太少)。至于样本量取多少才比较合理,以及样本量相同时分成几个组,目前还缺乏理论研究和实践支撑。

对于外贸产品,只能根据国外标准执行;对于国内枪弹产品,应由测试 $\overline{R}_{50}$ 改为测试 $\overline{MR}$,其样本量仍以 60 发为宜。

参 考 文 献

[1] 高乃同. 自动武器弹药学 [M]. 北京：国防工业出版社，1990.
[2] 《枪弹手册》编写组. 枪弹手册 [M]. 北京：国防工业出版社，1988.
[3] 弹药技术丛书编辑部. 枪弹技术实践 [M]. 北京：北京理工大学出版社，1995.
[4] 《步兵自动武器及弹药设计手册》编写组. 步兵自动武器及弹药设计手册 [M]. 北京：国防工业出版社，1977.
[5] 钱伟长. 穿甲力学 [M]. 北京：国防工业出版社，1984.
[6] 刘荫秋. 创伤弹道学概论 [M]. 北京：新时代出版社，1985.
[7] GJB 1362A—2007，军工产品定型程序和要求 [S].
[8] GJB 3196—2005，枪弹试验方法 [S].
[9] MIL – P – 3984—1998, Military Specifications Propellants for Small Arms Ammunition [S].
[10] 李伟如. 射击与命中的科学 [M]. 北京：兵器工业出版社，1994.
[11] 王儒策. 弹药工程 [M]. 北京：北京理工大学出版社，2002.
[12] 曹兵，郭锐，杜忠华. 弹药设计理论 [M]. 北京：北京理工大学出版社，2016.
[13] 李向东，王议论，钱建平，等. 弹药学概论 [M]. 北京：国防工业出版社，2017.
[14] DonaldE C, Sidney S J. Ballistics: Theory and Design of Guns and Ammunition (2nd Edition) [M]. Boca Raton: CRC Press, 2007.
[15] Rosenberg Z, Dekel E. Terminal Ballistics [M]. Berlin: Springer, 2012.
[16] 张小兵. 枪炮内弹道学 [M]. 北京：北京理工大学出版社，2014.
[17] 王志军，尹建平. 弹药学 [M]. 北京：北京理工大学出版社，2005.
[18] 卞荣宣. 世界轻武器100年 [M]. 北京：国防工业出版社，2004.
[19] 方向，张卫平，高振儒. 武器弹药系统工程与设计 [M]. 北京：国防工业出版社，2012.
[20] 郎志正. 质量管理及其技术和方法 [M]. 北京：中国标准出版社，2003.
[21] 吴志林. 抽壳问题的研究 [D]. 南京：南京理工大学，1991.
[22] 吴志林. 大口径机枪双头弹技术研究 [D]. 南京：南京理工大学，1999.
[23] 龚若来. 穿甲弹侵彻金属靶板的数值模拟 [D]. 南京：南京理工大学，2003.
[24] 谭俊. 新型50 in穿甲爆炸燃烧弹结构设计与试验研究 [D]. 南京：南京理工大学，2013.
[25] 霍永清. 某型军用霰弹散布问题的研究 [D]. 南京：南京理工大学，2013.
[26] 车号召. 轻量化弹壳在发射过程中的动态响应分析 [D]. 南京：南京理工大学，2014.
[27] 贺琪. 中小口径枪弹侵彻威力模型 [D]. 南京：南京理工大学，2016.

[28] 范浩霖. 5.8毫米穿甲弹工程研制 [D]. 南京：南京理工大学，2016.

[29] 陈哲. 7.62×51毫米穿甲弹研究 [D]. 南京：南京理工大学，2016.

[30] 饶昌政. DBP10式5.8 mm普通弹 [J]. 轻兵器，2011（23）：21-23.

[31] 玉龙. 中国5.8毫米重机枪弹 [J]. 兵器知识，2012（7）：44-45.

[32] Liu K, Ning J G, Wu Z L et al. A comparative investigation on motion model of rifle bullet penetration into gelatin [J]. International Journal of Impact Engineering, 2016（103）：169-179.

[33] 刘坤，吴志林，徐万和等. 3种小口径步枪弹的致伤效应 [J]. 爆炸与冲击，2014，34（5）：608-614.

[34] 莫根林，吴志林，冯杰等. 步枪弹侵彻明胶的表面受力模型 [J]. 兵工学报，2014，35（2）：164-169.

[35] 刘坤，吴志林，徐万和等. 弹头侵彻明胶的运动模型 [J]. 爆炸与冲击，2012，32（6）：616-622.